建筑工程识图与造价快速入门

褚振文　编著

中国建筑工业出版社

图书在版编目(CIP)数据

建筑工程识图与造价快速入门/褚振文编著．—北京：中国建筑工业出版社，2014.1
ISBN 978-7-112-16025-9

Ⅰ.①建… Ⅱ.①褚… Ⅲ.①建筑制图-识别②建筑工程-工程造价 Ⅳ.①TU2②TU723.3

中国版本图书馆 CIP 数据核字(2013)第 256035 号

本书主要内容包括三篇：上篇　建筑工程基本知识；中篇　建筑工程造价基本知识；下篇　造价实例编制。

本书可供爱好建筑造价初学人员和建筑类大专院校学生学习。

责任编辑：封　毅　张　磊
责任设计：张　虹
责任校对：张　颖　关　健

建筑工程识图与造价快速入门
褚振文　编著
*
中国建筑工业出版社出版、发行（北京西郊百万庄）
各地新华书店、建筑书店经销
北京科地亚盟排版公司制版
北京市书林印刷有限公司印刷
*
开本：787×1092 毫米　1/16　印张：13¼　字数：325 千字
2014 年 3 月第一版　2015 年 3 月第二次印刷
定价：**30.00** 元
ISBN 978-7-112-16025-9
(24802)

前　　言

本书主要有三大部分内容，第一部分叙述了建筑工程基础知识，第二部分是建筑工程造价知识，第三部分是根据我国最新颁布实施的国家标准《建设工程工程量清单计价规范》GB 50500—2013、《房屋建筑与装饰工程工程量计算规范》GB 50854—2013 与《通用安装工程工程量计算规范》GB 50856—2013 的规定，编写的建筑工程造价实例。本书具有以下特点：

1. 从建材、房屋构造、识图、造价知识开始，系统地教您学习造价。

2. 强调实际工程知识，简化理论，突出书的实用性。

3. 识图实际案例采用立体图解释，直观、易懂。造价实例工程量有详细计算过程，并辅以立体图解释，易学易懂。

4. 工程量清单、工程量计算，工程量清单计价及报价的编制等与实际案例相同，使您在学理论的同时，又有身临“实战”的感觉。

由于水平有限，时间仓促，书中错误在所难免，望广大读者见谅，并请按国家有关规定改正。您对本书有什么意见、建议，欢迎发送至 289052980@qq. com 交流沟通！

目　录

上篇　建筑工程基本知识

上篇　建筑工程基本知识

第1章　常用建筑材料简介

1.1　水泥

水泥，粉状水硬性无机胶凝材料。加水搅拌后成浆体，能在空气中硬化或者在水中更好地硬化，并能把砂、石等材料牢固地胶结在一起。用它胶结碎石制成的混凝土，硬化后不但强度较高，而且还能抵抗淡水或含盐水的侵蚀。长期以来，它作为一种重要的胶凝材料，广泛应用于土木建筑、水利、国防等工程。

1.1.1　水泥分类

1. 水泥按用途及性能分为：

(1) 通用水泥：一般土木建筑工程通常采用的水泥。通用水泥主要有六大类水泥，即硅酸盐水泥、普通硅酸盐水泥、矿渣硅酸盐水泥、火山灰质硅酸盐水泥、粉煤灰硅酸盐水泥和复合硅酸盐水泥。

(2) 专用水泥：专门用途的水泥，如道路硅酸盐水泥等。

(3) 特性水泥：某种性能比较突出的水泥。如：快硬硅酸盐水泥、低热矿渣硅酸盐水泥等。

2. 水泥按主要技术特性分为：

快硬性（水硬性），水化热，抗硫酸盐性，膨胀性，耐高温性。

1.1.2　水泥强度

水泥的强度是评价水泥质量的重要指标，是划分水泥强度等级的依据。水泥的强度是指水泥胶砂硬化试体所能承受外力破坏的能力，用兆帕（MPa）表示。它是水泥重要的物理力学性能之一。

1. 强度分类

根据受力形式的不同，水泥强度通常分为抗压强度、抗折强度和抗拉强度三种。

2. 强度指标

普通硅酸盐水泥强度指标如表1-1所示：

普通硅酸盐水泥的强度指标表　　**表1-1**

品　种	强度等级	抗压强度（MPa）	抗压强度（MPa）	抗折强度（MPa）	抗折强度（MPa）
		3d	28d	3d	28d
普通硅酸盐水泥	32.5	11.0	32.5	2.5	5.5
	32.5R	16.0	32.5	3.5	5.5

续表

品　种	强度等级	抗压强度（MPa）	抗压强度（MPa）	抗折强度（MPa）	抗折强度（MPa）
		3d	28d	3d	28d
普通硅酸盐水泥	42.5	16.0	42.5	3.5	6.5
	42.5R	21.0	42.5	4.0	6.5
	52.5	22.0	52.5	4.0	7.0
	52.5R	26.0	52.5	5.0	7.0

1.2　混凝土

混凝土，简称为“砼”。通常讲的混凝土一词是指用水泥作胶凝材料，砂、石作骨料；与水（加或不加外加剂和掺合料）按一定比例配合，经搅拌、成型、养护而得的水泥混凝土，它广泛应用于土木工程。

1.2.1　混凝土分类

按表观密度分类：

1. 重混凝土

干燥状态下表观密度在 2800kg/m³以上的混凝土属于重混凝土。

2. 普通混凝土

干燥状态下表观密度在 2000kg/m³至 2800kg/m³之间的混凝土属于普通混凝土。普通混凝土使用最广泛，一般由天然的砂、石子作为骨料配制而成，可以用于各种民用工程。

3. 轻混凝土

干燥状态下表观密度小于 2000kg/m³。常见的有加气混凝土、多孔混凝土，一般用于制造保温隔热材料。

1.2.2　混凝土组成

混凝土由水泥，粒料（骨材，砂、石），掺合料，水组成。

1.2.3　混凝土材料性质

混凝土通常都有较强的抗压强度，但是抗拉强度相对较弱，所以通常需要在混凝土里加入其他材料（如钢筋）以增强其拉力。

1.2.4　混凝土配合比

混凝土依照其组成成分比例的不同，会有不同的性质。

1.2.5　混凝土使用流程

混凝土使用流程是拌合，捣实，养护。

1.3　砂浆

砂浆：由一定比例的砂子和胶结材料（水泥、石灰膏、黏土等）加水和成，也叫灰浆。常用的有水泥砂浆、混合砂浆（或叫水泥石灰砂浆）、石灰砂浆和黏土砂浆。

1.3.1　砂浆的成分

普通砂浆材料是用石膏、石灰膏或黏土掺加纤维性增强材料加水配制成膏状物，称为灰、膏、泥或胶泥。常用的有麻刀灰（掺入麻刀的石灰膏）、纸筋灰（掺入纸筋的石灰膏）、石膏灰（在熟石膏中掺入石灰膏及纸筋或玻璃纤维等）和掺灰泥（黏土中掺少量石灰和麦秸或稻草）。

1.3.2　砂浆的分类

根据组成材料，普通砂浆还可分为：①石灰砂浆。由石灰膏、砂和水按一定配比制成，一般用于强度要求不高、不受潮湿的砌体和抹灰层；②水泥砂浆。由水泥、砂和水按一定配比制成，一般用于潮湿环境或水中的砌体、墙面或地面等；③混合砂浆。在水泥或石灰砂浆中掺加适当掺合料如粉煤灰、硅藻土等制成，以节约水泥或石灰用量，并改善砂浆的和易性。常用的混合砂浆有水泥石灰砂浆、水泥黏土砂浆和石灰黏土砂浆等。

1.3.3　砂浆的使用

砂浆拌成后和使用时，均应盛入贮灰器内。如砂浆出现泌水现象，应在砌筑前再次拌合。砂浆应随拌随用。水泥砂浆和水泥混合砂浆必须分别在拌成后 3h 和 4h 内使用完毕；如施工期间最高气温超过 30℃，必须分别在拌成后 2h 和 3h 内使用完毕。

1.3.4　砂浆的配合比

常见砂浆的配合比如表 1-2 所示：

砂浆配合比（kg/m^3）　　**表 1-2**

技术要求	水泥砂浆			混合砂浆			
	稠度：70 ～90（mm）			稠度：70 ～90（mm）			
原材料	水泥：32.5 级			河砂：中砂			
	水泥	河砂	水	水泥	河砂	灰膏	水
M5.0	210	1450	310～330	190	1450	160	270～290
	1	6.9	参考用水量	1	7.63	0.84	参考用水量
M7.5	230	1450	310～330	250	1450	100	270～290
	1	6.3	参考用水量	1	5.8	0.4	参考用水量
M10	275	1450	310～330	290	1450	60	270～290
	1	5.27	参考用水量	1	5	0.21	参考用水量

1.4　木材

木材泛指用于工业、民用建筑的木制材料，常被统分为软材和硬材。

1.4.1　种类

木材可分为针叶树材和阔叶树材两大类。杉木及各种松木、云杉和冷杉等是针叶树材；柞木、水曲柳、香樟、檫木及各种桦木、楠木和杨木等是阔叶树材。

1.4.2　木材的构造

树干由树皮、形成层、木质部（即木材）和髓心组成。从树干横截面的木质部上可看到环绕髓心的年轮。每一年轮一般由两部分组成：色浅的部分称早材（春材），是在季节早期所生长，细胞较大，材质较疏；色深的部分称晚材（秋材），是在季节晚期所生长，细胞较小，材质较密。有些木材，在树干的中部，颜色较深，称心材；在边部，颜色较浅，称边材。

1.4.3　木材的物理性质

木材的主要物理性质有：

1. 密度

木材系多孔性物质，其外形体积由细胞壁物质及孔隙（细胞腔、胞间隙、纹孔等）构成，因而密度有木材密度和木材细胞物质密度之分。

2. 含水率

指木材中水重占烘干木材重的百分数。

1.4.4　木材的力学性质

木材有很好的力学性质，但木材是有机各向异性材料，顺纹方向与横纹方向的力学性质有很大差别。木材的顺纹抗拉和抗压强度均较高，但横纹抗拉和抗压强度较低。

1.4.5　木材的应用

1. 木材在结构工程中的应用

木材是传统的建筑材料，在古建筑和现代建筑中都得到了广泛应用。在结构上，木材主要用于构架和屋顶，如梁、柱、椽、板等。

2. 木材在装饰工程中的应用

在国内外，木材历来被广泛用于建筑室内装修与装饰，它给人以自然美的享受，还能使室内空间产生温暖与亲切感。

1.5　砂、石材、砖

1.5.1 砂

砂是组成混凝土和砂浆的主要组成材料之一，砂一般分为天然砂和人工砂两类。由自然条件作用（主要是岩石风化）而形成的，粒径在 5mm 以下的岩石颗粒，称为天然砂。人工砂是由岩石轧碎而成，由于成本高、片状及粉状物多，一般不用。

按其产源不同，天然砂可分为河砂，海砂和山砂。

砂的粗细程度是指不同粒径的砂粒混合在一起的平均粗细程度。通常有粗砂、中砂、细砂之分。砂的颗粒级配是指砂子大小颗粒的搭配比例。

配置混凝土时，应优先选用中砂。当采用粗砂时，应提高含砂率，并保持足够的水泥用量；当采用细砂时，宜适当降低含砂率。砌筑砂浆使用中砂为宜，粒径不得大于 2.5mm。光滑的抹面及勾缝的砂浆则应采用细砂。

1.5.2　石材

以天然岩石为原材料加工制作成的，具有一定的物理、化学性能和规格、形状的工业产品。

1. 种类

主要可分为天然石材和人工石材（又名人造石）两大种类。人造石的产品也不断日新月异，质量和美观已经不逊色天然石材。

天然石材是指从天然岩体中开采出来的，并经加工成块状或板状材料的总称。天然石材如大理石、花岗岩、石灰石等。建筑装饰用的天然石材主要有花岗石和大理石两大种。

人造石是用非天然的混合物制成的，如树脂、水泥、玻璃珠、铝石粉等加碎石黏合剂。人造石又称“人造大理石”。

2. 膨胀及收缩

石材也热胀冷缩，若受热后再冷却，其收缩不能回复至原来体积，保留一部分成为永久性膨胀。

3. 耐冻性

到零下20℃时，发生冻结，孔隙内水分膨胀比原有体积大1/10，岩石若不能抵抗此种膨胀所发生之力，便会出现破坏现象。一般若吸水率小于0.5%，就不考虑其抗冻性能。

4. 耐久性

石材具有良好的耐久性，用石材建造的结构物具有永久保存的可能。古代人早就认识到这一点，因此许多重要的建筑物及纪念性构筑物都是使用石材建造的。

1.5.3　砖

以黏土、页岩以及工业废渣为主要原料制成的小型建筑砌块。

建筑用的人造小型块材，分烧结砖（主要指黏土砖）和非烧结砖（灰砂砖、粉煤灰砖等）。

1. 分类

根据建筑工程中使用部位的不同，砖分为砌墙砖、楼板砖、拱壳砖、地面砖、下水道砖和烟囱砖等。

砌墙砖根据不同的建筑性能分为承重砖、非承重砖、工程砖、保温砖、吸声砖、饰面砖、花板砖等。

根据生产工艺的特点，砖分为烧结制品与非烧结制品两类。

根据使用的原料不同，砖分为黏土砖、页岩砖、煤矸石砖、粉煤灰砖、炉渣砖、灰砂砖等。

根据外形，砖又可分为实心砖、微孔砖、多孔砖和空心砖。普通砖和异型砖等。

2. 各类砖简介

普通砖（实心黏土砖）的标准规格为240mm×115mm×53mm（长×宽×厚）；多孔黏土砖根据各地区的情况有所不同，如KP1型多孔黏土砖，其外形尺寸为240mm×115mm×90mm，外墙厚度一般为240mm或370mm。按抗压强度的大小分为MU30、MU25、MU20、MU15、MU10、MU7.5这6个强度等级。为改进普通黏土砖块小、自重大、耗土多的缺点，正向轻质、高强度、空心、大块的方向发展。

1.6　钢材

钢材应用广泛、品种繁多，根据断面形状的不同、钢材一般分为型材、板材、管材和金属制品四大类。根据钢材加工温度不同，可以分为冷加工和热加工两种。

1.6.1　分类

常见的分类有：

1. 按品质分类

(1) 碳素钢：①低碳钢（C含量≤0.25%）；②中碳钢（0.25%≤C含量≤0.60%）；③高碳钢（C含量≥0.60%）。

（2）低合金钢（合金元素总含量≤5%）；中合金钢（5%≤合金元素总含量≤10%）；高合金钢（合金元素总含量>10%）。

2. 按成形方法分类：（1）锻钢；（2）铸钢；（3）热轧钢；（4）冷拉钢。

3. 按用途分类

工程用钢，碳素工具钢，特殊性能钢，桥梁用钢、船舶用钢、锅炉用钢等。

1.6.2　性能

衡量钢材的性能有：抗拉强度、弹性模量、塑性、冲击韧性、冷脆性、硬度、冷弯性能、可焊性。

1.6.3　常见钢材简介

1. 碳钢

碳钢也叫碳素钢，是含碳量小于2%的铁碳合金。碳钢除含碳外一般还含有少量的硅、锰、硫、磷。

一般碳钢中含碳量越高则硬度越高，强度也越高，但塑性降低。

2. 角钢

优质碳素结构钢主要用于制造机器零件。一般都要经过热处理以提高力学性能。

3. 合金钢

钢中含有一定量的合金元素钢叫合金钢，常用的合金元素有硅、锰、钼、镍、铬、钒、钛、铌、硼、铅、稀土等。

按用途可以把合金钢分为8大类，它们是：合金结构钢、弹簧钢、轴承钢、合金工具钢、高速工具钢、不锈钢、耐热不起皮钢，电工用硅钢。

4. 不锈钢

不锈耐酸钢简称不锈钢，它是由不锈钢和耐酸钢两大部分组成的。简言之，能抵抗大气腐蚀的钢叫不锈钢，而能抵抗化学介质（如酸类）腐蚀的钢叫耐酸钢。一般说来，含铬量大于12%的钢就具有了不锈钢的特点。

第2章　建筑制图基本规定

2.1　图纸规格与要求

2.1.1　图纸幅面

1. 图纸幅面及图框尺寸，应符合表2-1的规定及图2-1～图2-4的格式。

幅面及图框尺寸（mm）　　　　**表2-1**

幅面代号 / 尺寸代号	A0	A1	A2	A3	A4
$b \times l$	841×1189	594×841	420×594	297×420	210×297
c	10			5	
a	25				

2. 图纸的短边一般不加长，长边可加长，但应符合表2-2的规定。

图纸长边加长尺寸（mm）　　　　**表2-2**

幅面代号	长边尺寸	长边加长后的尺寸
A0	1189	1486（A0+1/4l）　1635（A0+3/8l）　1783（A0+1/2l）　1932（A0+5/8l） 2080（A0+3/4l）　2230（A0+7/8l）　2378（A0+1l）
A1	841	1051（A1+1/4l）　1261（A1+1/2l）　1471（A1+3/4l）　1682（A1+1l） 1892（A1+5/4l）　2102（A1+3/2）
A2	594	743（A2+1/4l）　891（A2+1/2l）　1041（A2+3/4l）　1189（A2+1l） 1338（A2+5/4l）　1486（A2+3/2l）　1635（A2+7/4l）　1783（A2+2l） 1932（A2+9/4l）　2080（A2+5/2l）
A3	420	630（A3+1/2l）　841（A3+1l）　1051（A3+3/2l）　1261（A3+2l） 1471（A3+5/2l）　1682（A3+3l）　1892（A3+7/2l）

注：有特殊需要的图纸，可采用$b \times l$为841mm×891mm与1189mm×1261mm的幅面。

2.1.2　标题栏与会签栏

1. 图纸的标题栏、会签栏及装订边的位置，应符合下列规定：

（1）横式使用的图纸，应按图2-1、图2-2形式布置。

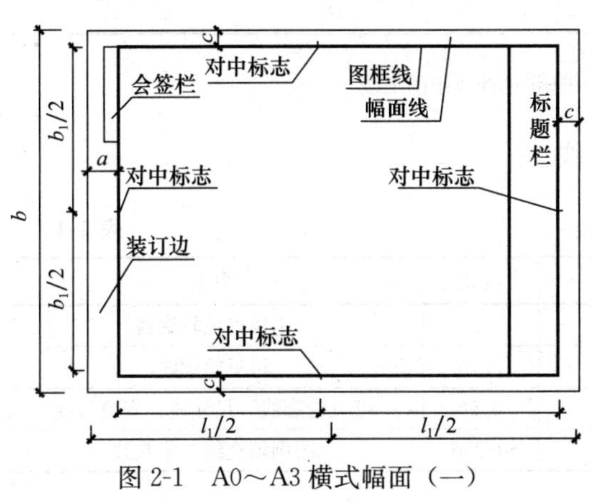

图2-1　A0～A3横式幅面（一）

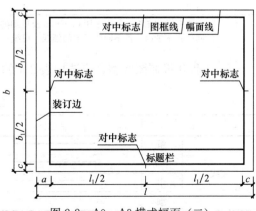

图2-2　A0～A3横式幅面（二）

（2）立式使用的图纸，应按图 2-3 和图 2-4 形式布置。

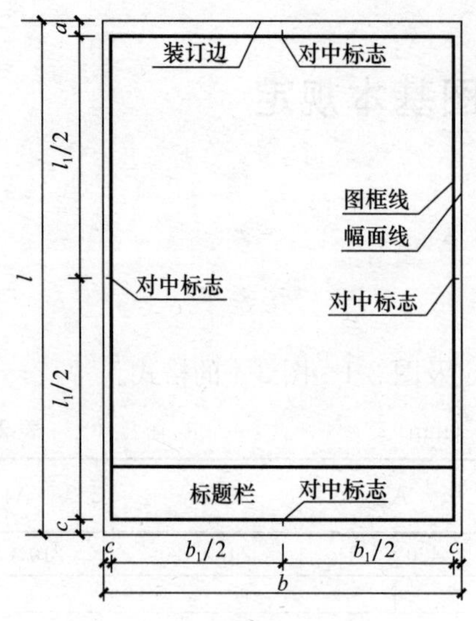

图 2-3　A0～A4 立式幅面（一）

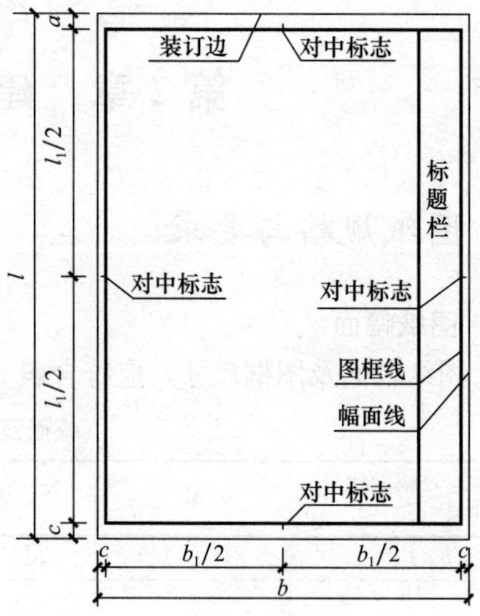

图 2-4　A0～A4 立式幅面（二）

2.2　图线与工程字

2.2.1　图线

1. 图线的宽度 b，宜从下列线宽中选取：1.4、1.0、0.7、0.5、0.35、0.25、0.18、0.13mm。画图时根据复杂程度与比例大小，先选定基本线宽 b，再选用表 2-3 中相应的线宽组。

线宽组（mm）　　表 2-3

线宽比	线宽组			
b	1.4	1.0	0.7	0.5
$0.7b$	1.0	0.7	0.5	0.35
$0.5b$	0.7	0.5	0.35	0.25
$0.25b$	0.35	0.25	0.18	0.13

注：1. 需要缩微的图纸，不宜采用 0.18mm 及更细的线宽。
2. 同一张图纸内，各不同线宽中的细线，可统一采用较细的线宽组的细线。

2. 工程建设制图线型，应选用表 2-4 的图线。

图线　　表 2-4

名称		线型	线宽	用途
实线	粗	————	b	主要可见轮廓线
	中粗	————	$0.7b$	可见轮廓线
	中	————	$0.5b$	可见轮廓线、尺寸线、变更云线
	细	————	$0.25b$	图例填充线、家具线

续表

名称		线型	线宽	用途
虚线	粗		b	见各有关专业制图标准
	中粗		$0.7b$	不可见轮廓线
	中		$0.5b$	不可见轮廓线、图例线
	细		$0.25b$	图例填充线、家具线
单点长画线	粗		b	见各有关专业制图标准
	中		$0.5b$	见各有关专业制图标准
	细		$0.25b$	中心线、对称线、轴线等
双点长画线	粗		b	见各有关专业制图标准
	中		$0.5b$	见各有关专业制图标准
	细		$0.25b$	假想轮廓线、成型前原始轮廓线
折断线	细		$0.25b$	断开界线
波浪线	细		$0.25b$	断开界线

2.2.2　字体

1. 文字的字高，应从表 2-5 中选用。字高大于 10mm 的文字宜采用 True type 字体，当需书写更大字时，其高度应按$\sqrt{2}$的倍数递增。

文字的字高（mm）　　**表 2-5**

字体种类	中文矢量字体	True type 字体及非中文矢量字体
字高	3.5、5、7、10、14、20	3、4、6、8、10、14、20

2. 图样及说明中的汉字，宜采用长仿宋体或黑体，宽度与高度的关系应符合表 2-6 的规定。比例的大小，是指其比值的大小。大标题、图册封面、地形图等的汉字，也可书写成其他字体，但应易于辨认。

长仿宋体字高宽关系（mm）　　**表 2-6**

字高	20	14	10	7	5	3.5
字体	14	10	7	5	3.5	2.5

2.2.3　比例

1. 图样的比例，是指图形与实物相对应的线性尺寸之比。比例的符号为“∶”，比例以阿拉伯数字表示。比例注写在图名的右侧，字的基准线应取平；比例的字高宜比图名的字高小一号或二号（图 2-5）。

平面图 1∶100　　⑥ 1∶20

图 2-5　比例的注写

2. 绘图所用的比例，应根据图样的用途与被绘对象的复杂程度，从表 2-7 中选用，并优先用表中常用比例。

绘图所用的比例　　**表 2-7**

常用比例	1∶1、1∶2、1∶5、1∶10、1∶20、1∶30、1∶50、1∶100、1∶150、1∶200、1∶500、1∶1000、1∶2000
可用比例	1∶3、1∶4、1∶6、1∶15、1∶25、1∶40、1∶60、1∶80、1∶250、1∶300、1∶400、1∶600、1∶5000、1∶10000、1∶20000、1∶50000、1∶100000、1∶200000

2.3　建筑制图常用符号与规定

2.3.1　符号

符号规定画法表　　**表 2-8**

名称	图样	文字解释
剖视的剖切符号	1 2 3 建施-5 3 3 3 1 2 (a)　1 A01 3 A02 (b)	剖视的剖切符号应由剖切位置线及剖视方向线组成，以粗实线绘制。剖切位置线的长度为 6～10mm；剖视方向线应垂直于剖切位置线，长度短于剖切位置线，为 4～6mm
断面的剖切符号	1 1 结施-5 2 2	断面的剖切符号应只用剖切位置线表示，以粗实线绘制，长度为 6～10mm。断面的剖切符号的编号宜采用阿拉伯数字，并应注写在剖切位置线的一侧
索引符号	(a)　2 (b)　3/4 (c)　J103 5/2 (d)	图样中的某一局部或构件，如需另见引出的详图，用索引符号引出（图 *a*）。索引符号的直径为 8～10mm 的圆和水平直径组成，圆及水平直径均以细实线绘制。索引符号具体规定如下： 1. 索引出的详图，与被索引的详图画在同一张图纸内，应在索引符号的上半圆中用阿拉伯数字注明该详图的编号，并在下半圆中间画一般水平细实线（图 *b*）。 2. 索引出的详图，与被索引的详图不画在同一张图纸内时，应在索引符号的上半圆中用阿拉伯数字注明该详图的编号，在索引符号的下半圆中用阿拉伯数字注明该详图所在图纸的编号（图 *c*）。数字较多时，可加文字标注。 3. 索引出的详图，如采用标准图，应在索引符号水平直径的延长线上加注该标准图册的编号（图 *d*）
用于索引剖面详图的索引符号	1 (a)　2 (b)　3/4 (c)　J103 5/2 (d)	索引符号用于索引剖视详图时，应在被剖切的部位绘制剖切位置线，并以引出线引出索引符号，引出线所在的一侧即为剖视方向。索引符号的编号和上面的索引符号规定相同

续表

名称	图样	文字解释
零件、钢筋等的编号	⑤	零件、钢筋、杆件、设备等的编号，用直径为5～6mm的细实线圆表示，其编号用阿拉伯数字按顺序编写
详图编号	⑤ （*a*）与被索引图样同在一张图纸内的详图符号	详图的位置和编号，应以详图符号表示。详图符号的圆直径为14mm以粗实线绘制。详图的表示具体如下： 详图与被索引的图样同在一张图纸内时，应在详图符号内用阿拉伯数字注明详图的编号（图*a*）
	5/3 （*b*）与被索引图样不在同一张图纸内的详图符号	详图与被索引的图样不在同一图纸内时，应用细实线在详图符号内画一水平直径，在上半圆中注明详图编号，在下半圆中注明被索引的图纸编号（图*b*）
引出线	（文字说明）（*a*）　（文字说明）（*b*） 5/12（*c*） 引出线	引出线应以细实线绘制，宜采用水平方向直线与水平方向成30°、45°、60°、90°的直线，或经上述角度再折为水平线。文字说明注写在水平线的上方（图*a*），或注写在水平线的端部（图*b*）。索引详图的引出线，应以水平直径线相连接（图*c*）
	（文字说明）（*a*）　（文字说明）（*b*） 共用引出线	同时引出几个相同部分的引出线，宜互相平行（图*a*），或画成集中于一点的放射线（图*b*）。多用于钢筋说明
	（文字说明）（*a*）　（文字说明）（*b*） （文字说明）（*c*）　（文字说明）（*d*） 多层构造引出线	多层构造或多层管道共用引出线，则通过被引出的各层，并用圆点示意对应各层次。文字说明一般注写在水平线的上方，或注写在水平线的端部，说明的顺序由上至下，并与被说明的层次相互一致；如层次为横向排序，则由上至下的说明顺序与左至右的层次相互一致

续表

名称	图样	文字解释
其他符号	对称符号	对称符号是由对称线和两端的两对平行线绘制而成的。对称线用细单点长画线绘制；平行线用细实线绘制，其长度为 6～10mm，每对的间距宜为 2～3mm；对称线垂直平分于两对平行线，两端超出平行线为 2～3mm
	A-连接编号	连接符号以折断线表示需连接的部位。两部位相距过远时，折断线两端靠图样一侧应标注大写拉丁字母表示连接编号。两个被连接的图样必用相同的字母编号
	北 指北针	指北针的形状如图所示，其圆的直径为 24mm，用细实线绘制；指针尾部的宽度为 3mm，指针头部注有“北”或“N”字。需用较大直径绘制指北针时，指针尾部宽度为直径的 1/8

2.3.2　定位轴线

定位轴线规定画法表　　　　表 2-9

名称	图样	文字解释
定位轴线	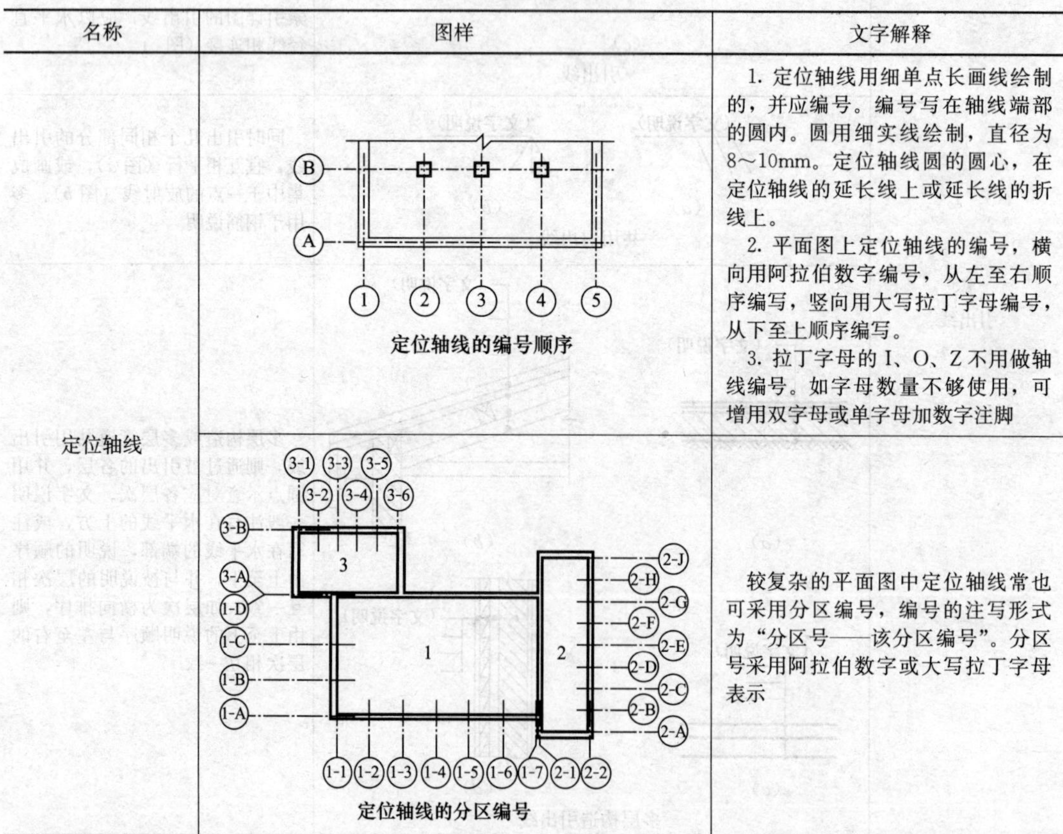 定位轴线的编号顺序	1. 定位轴线用细单点长画线绘制的，并应编号。编号写在轴线端部的圆内。圆用细实线绘制，直径为 8～10mm。定位轴线圆的圆心，在定位轴线的延长线上或延长线的折线上。 2. 平面图上定位轴线的编号，横向用阿拉伯数字编号，从左至右顺序编写，竖向用大写拉丁字母编号，从下至上顺序编写。 3. 拉丁字母的 I、O、Z 不用做轴线编号。如字母数量不够使用，可增用双字母或单字母加数字注脚
	定位轴线的分区编号	较复杂的平面图中定位轴线常也可采用分区编号，编号的注写形式为“分区号——该分区编号”。分区号采用阿拉伯数字或大写拉丁字母表示

续表

名称	图样	文字解释
附加定位轴线的编号	1/2 表示2号轴线之后附加的第一根轴线； 3/C 表示C号轴线之后附加的第三根轴线。	附加定位轴线的编号，应以分数形式表示，并有下列规定： 两根轴线间的附加轴线，以分母表示前一轴线的编号，分子表示附加轴线的编号，编号用阿拉伯数字顺序编写
	1/01 表示1号轴线之前附加的第二根轴线； 3/0A 表示A号轴线之前附加的第二根轴线。	1 号轴线或 A 号轴线之前的附加轴线的分母应以 01 或 0A 表示
详图的轴线编号	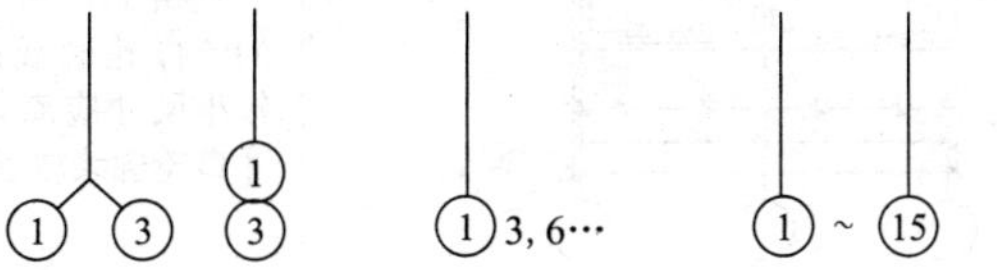 用于2根轴线时　用于3根或3根以上轴线时　用于3根以上连续编号的轴线时	一个详图用于几根轴线时，应同时注明各有关轴线的编号

2.3.3　尺寸标注

尺寸标注规定画法表　　**表 2-10**

名称	图样	文字解释
尺寸的组成	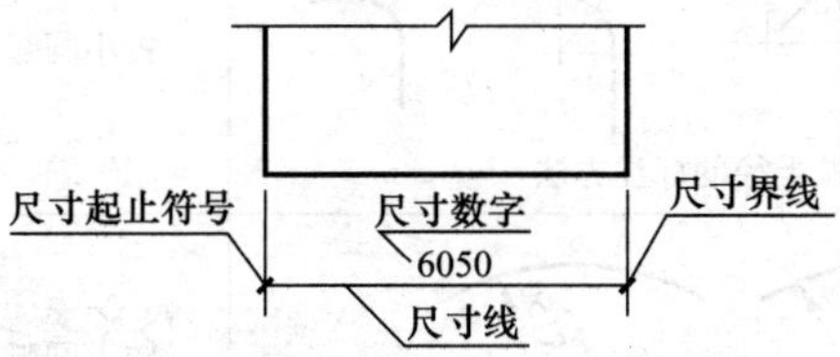 尺寸起止符号　尺寸数字　6050　尺寸界线　尺寸线	图样上的尺寸，包括尺寸界线、尺寸线、尺寸起止符号和尺寸数字
尺寸界线	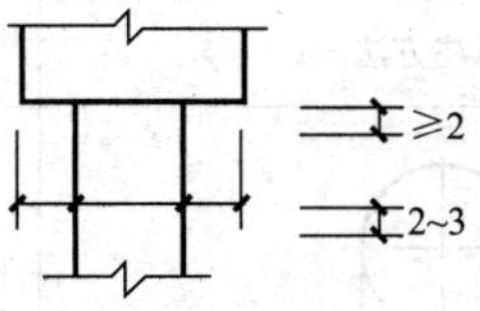 ≥2　2~3	尺寸界线应用细实线绘制，一般与被注长度垂直，其一端离开图样轮廓线不小于 2mm，另一端超出尺寸线 2～3mm。图样轮廓线可用作尺寸界线
尺寸起止符号	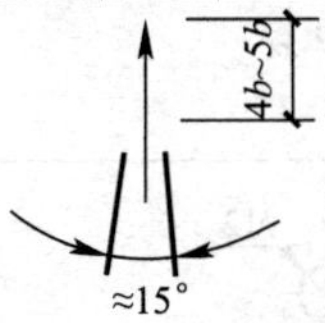 4b~5b　≈15°	尺寸起止符号是用中粗斜短线表示的，其倾斜方向与尺寸界线成顺时针 45°角，长度宜为 2～3mm。半径、直径、角度与弧长的尺寸起止符号，用箭头表示
尺寸数字方向	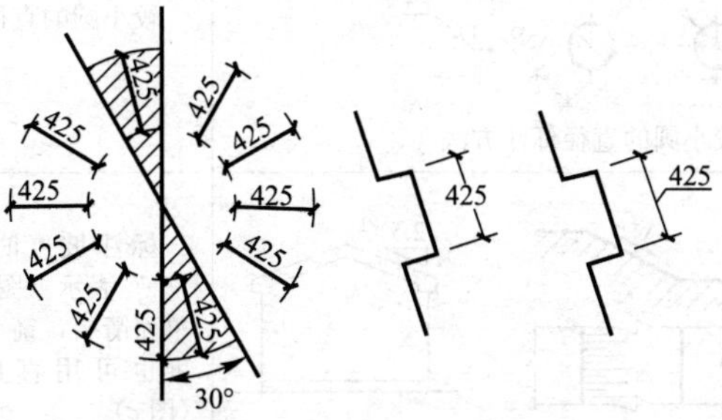 425　30° (*a*)　(*b*)	图样上的尺寸数字单位，标高及总平面以米为单位，其他以毫米为单位。尺寸数字的方向，应按图(*a*)的规定注写。若尺寸数字在 30°斜线区内，也可按图(*b*)的形式注写

续表

名称	图样	文字解释
尺寸数字的注写	120 120 370 120 120 120 60 490	尺寸宜标注在图样轮廓以外，不宜与图线、文字及符号等相交
尺寸的排列		互相平行的尺寸线，应以被注写的图样轮廓线由近向远整齐排列，较小尺寸应离轮廓线较近，较大尺寸离轮廓线较远
	R20 半径标注方法	半径的尺寸线应一端从圆心开始，另一端画箭头指向圆弧。半径数字前加注半径符号"*R*"
半径尺寸标注	R16 R16 R10 R5 小圆弧半径的标注方法	较小圆弧的半径形式标注
	R150 R150 大圆弧半径的标注方法	较大圆弧的半径形式标注
直径尺寸标注	ϕ600 ϕ600 圆直径的标注方法	标注圆的直径尺寸时，直径数字前加直径符号"ϕ"。在圆内标注的尺寸线应通过圆心，两端画箭头指至圆弧
	ϕ24 ϕ24 ϕ12 ϕ4 ϕ16 ϕ16 较小圆的直径标注方法	较小圆的直径尺寸标注，在圆外
坡度标注	2% 2% (*a*)　1:2 (*b*)　2.5 1 (*c*)	标注坡度时，应加注坡度符号"←"表示（图 *a*、图 *b*），该符号为单面箭头，箭头指向下坡方向。坡度也可用直角三角形形式标注（图 *c*）

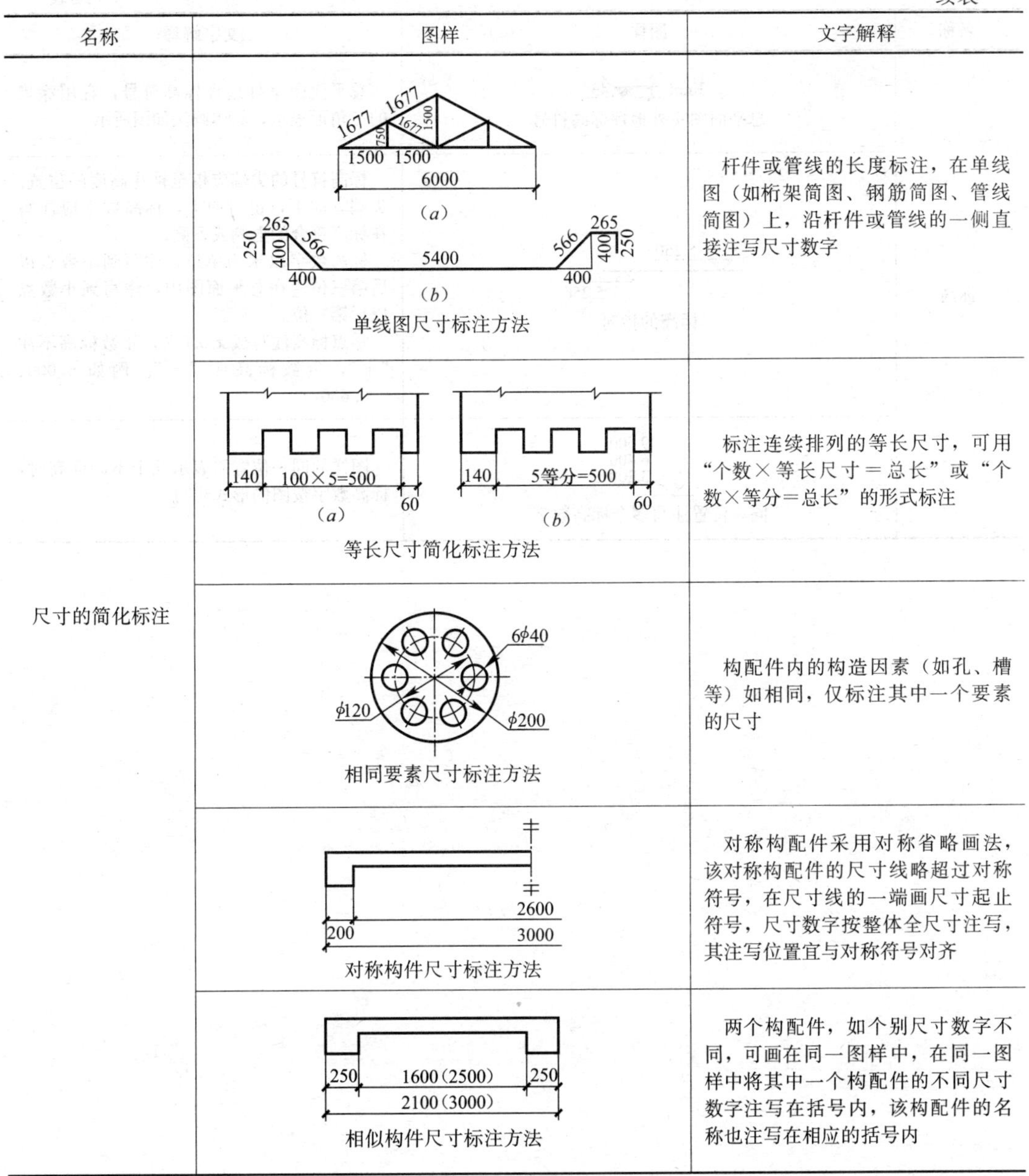

续表

名称	图样	文字解释
尺寸的简化标注	单线图尺寸标注方法	杆件或管线的长度标注，在单线图（如桁架简图、钢筋简图、管线简图）上，沿杆件或管线的一侧直接注写尺寸数字
	等长尺寸简化标注方法	标注连续排列的等长尺寸，可用“个数×等长尺寸＝总长”或“个数×等分＝总长”的形式标注
	相同要素尺寸标注方法	构配件内的构造因素（如孔、槽等）如相同，仅标注其中一个要素的尺寸
	对称构件尺寸标注方法	对称构配件采用对称省略画法，该对称构配件的尺寸线略超过对称符号，在尺寸线的一端画尺寸起止符号，尺寸数字按整体全尺寸注写，其注写位置宜与对称符号对齐
	相似构件尺寸标注方法	两个构配件，如个别尺寸数字不同，可画在同一图样中，在同一图样中将其中一个构配件的不同尺寸数字注写在括号内，该构配件的名称也注写在相应的括号内

2.3.4　标高

标高规定画法表　　　　**表 2-11**

名称	图样	文字解释
标高	(a)　(b)　≈3mm 45° (c)　l h ≈3mm 45° (d) 标高符号	标高符号应以直角等腰三角形表示的，用细实线绘制（图 *a*），如标注位置不够，也可绘制成图（*b*）所示形式。标高符号的具体画法如图（*c*）、图（*d*）所示

续表

名称	图样	文字解释
标高	≈3mm 45° 总平面图室外地坪标高符号	总平面图室外地坪标高符号，宜用涂黑的三角形表示，具体画法如图所示
	5.250 5.250 标高的指向	标高符号的尖端应指至被注高度的位置。尖端宜向下，也可向上，标高数字应注写在标高符合的上侧或下侧。 标高数字以米为单位，注写到小数点以后第三位。在总平面图中，注写到小数点以后第二位。 零点标高注写成±0.000，正数标高不注"+"，负数标高注"－"。例如 6.000、－0.600
	9.600 6.400 3.200 同一位置注写多个标高数字	图样的同一位置需表示几个不同标高时，标高数字按图的形式注写

第3章　投　　影

3.1　投影的概念

投影在日常生活中是常见的事。如太阳光下，在地面上放张桌子，桌子就有个影子落在地上，如果在地面上把这个影子画成图形，那么这样得到的图叫投影图（图 3-1），地面叫投影面，照射光线叫投影线。

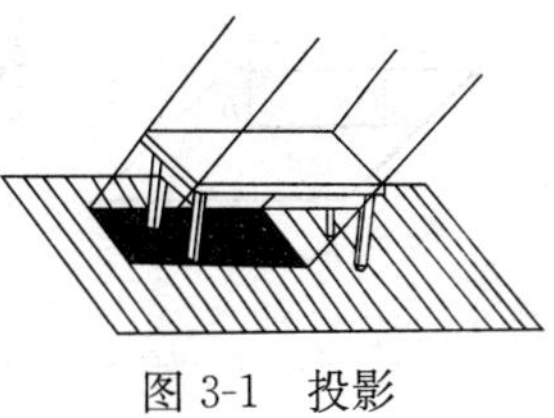

图 3-1　投影

3.2　投影分类

投影分类如下：

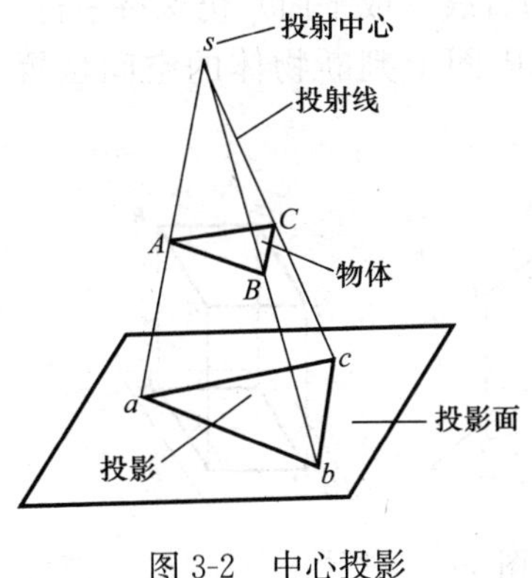

图 3-2　中心投影

1. 中心投影

投影中心为有限距离，投影线从一点射出，如图 3-2 所示，得到的投影称中心投影。

2. 平行投影

投影中心为无限距离，投影线相互平行，得到的投影叫平行投影，如图 3-2 所示。平行投影根据投影线与投影面的相对位置又分为：

(1) 正投影（图 3-3）

投影线垂直于投影面的平行投影，叫正投影。

(2) 斜投影（图 3-4）

投影线倾斜于投影面的平行投影，叫斜投影。

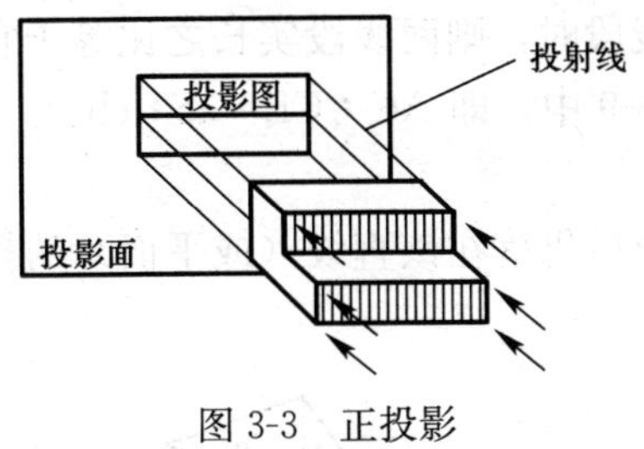

图 3-3　正投影

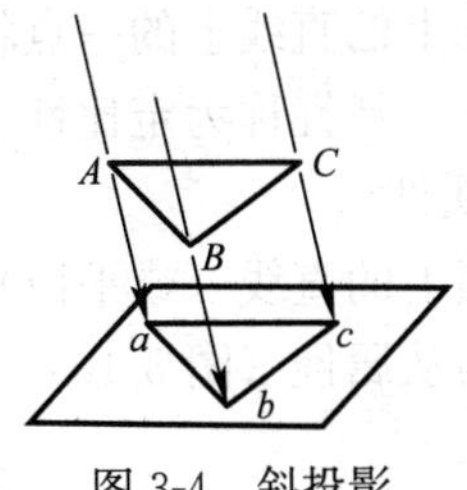

图 3-4　斜投影

3.3　平行投影的特性

1. 可量性

平行于投影面上的直线或平面，则其投影反映的是线或平面的实长和大小，这一特性称为可量性（图 3-5）。由于投影图上直接反映的是物体的实际尺寸，就确立了在工程建设中按图施工的理论依据。

2. 类似性

倾斜于投影面上的空间直线（或平面），则其投影形成的直线（或平面）比实长缩短或实形缩小，这一特性称为类似性（图 3-6）。

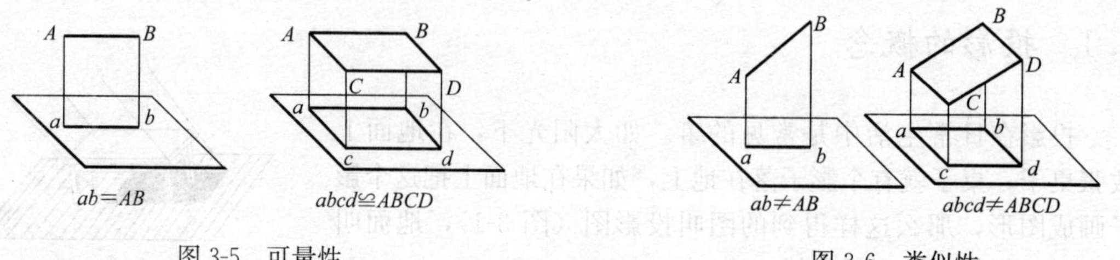

图 3-5　可量性　　　　图 3-6　类似性

3. 积聚性

垂直于投影面上的直线或平面，则其投影分别积聚为一点或直线，这一特性称为积聚性（图 3-7）。

4. 平行性

投影面上的互相平行的直线（或平面），则其投影形成的直线（或平面）仍保持平行。这一特性称为平行性（图 3-8）。根据这一特性，可以从投影图上判断物体的空间位置关系。

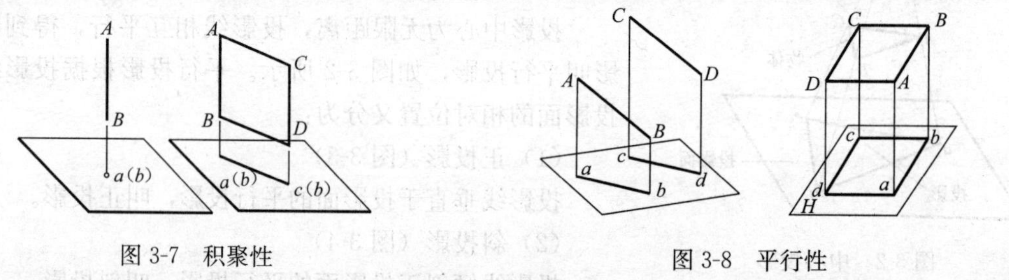

图 3-7　积聚性　　　　图 3-8　平行性

5. 定比性

投影面上的直线上的一点将直线分成两个线段时，则两线段实长之比等于它们投影长度之比。这一特性称为定比性（图 3-9）。在图 3-9 中，即 AC：CB=ac：cb。

6. 从属性

投影面上的直线（或平面）上的点、线投影后仍落在该直线（或平面）的投影上。这一特性称为从属性（图 3-10）。

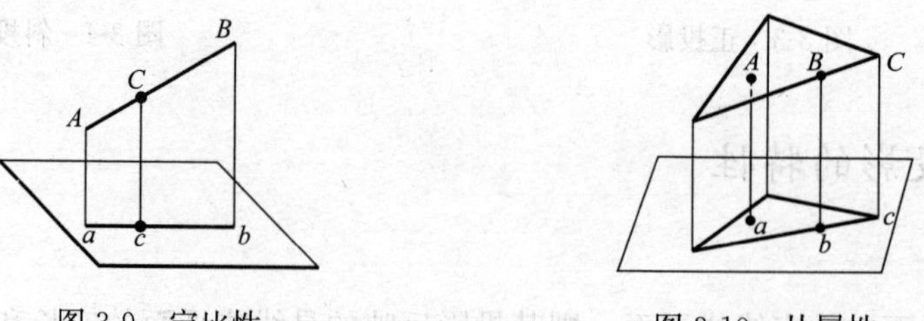

图 3-9　定比性　　　　图 3-10　从属性

3.4 三面投影图

3.4.1 一面投影

物体在一个面上的投影，称为一面投影。如图 3-11 所示为一块砖的投影，在砖的下面有一个水平投影面（简称 *H* 面），使它平行于砖的底面，作砖在 *H* 面上的正投影（在水平投影面上的投影称为水平投影或 *H* 投影），其投影为矩形，这一段投影即是砖的一面投影。一面投影反映出砖的形状，如长度和宽度，但高度没有表示。由此可见，一面投影只能反映物体的某个侧面，凭一面投影是不能确定形体的形状的（图 3-12）。

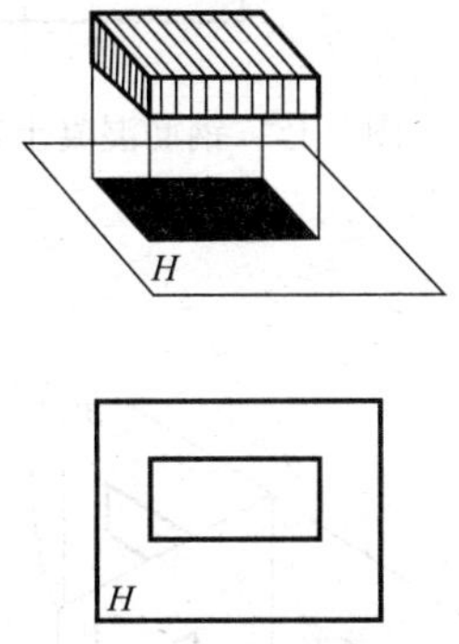

图 3-11 砖一面投影

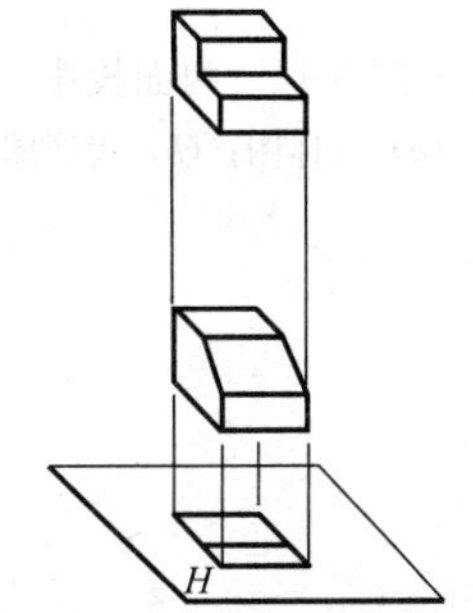

图 3-12 台阶一面投影

在建筑工程图中，一面投影用得非常多。如图 3-13 所示的木屋架就是用一面投影来表示的。

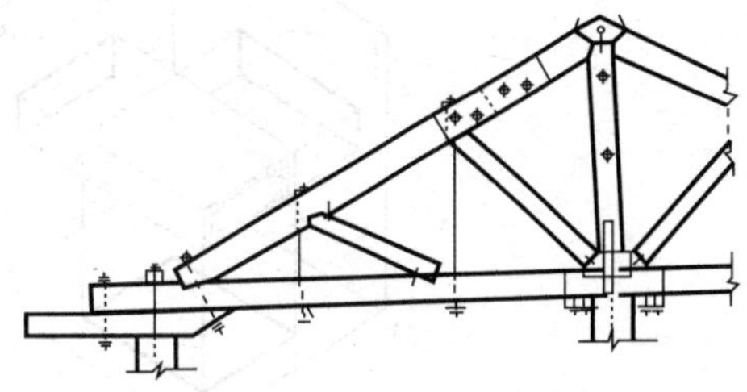

图 3-13 木屋架

3.4.2 两面投影

物体在两个互相垂直的投影面上的投影，称为两面投影。如图 3-14 所示，有一水平投影面 *H* 和沿 *H* 面的垂直投影面 *V*，投影面 *V* 叫做正立投影面，简称为 *V* 面。

V 面与 *H* 面垂直的交线叫做 *X* 轴。在正立投影面上的投影称为正面投影或 *V* 投影。图 3-14 中，物体木块在 *V* 面与 *H* 面上分别投影，组成两面投影。*V* 投影反映物体的长和高，*H* 投影反映物体的长和宽。

在建筑施工图中，两面投影图很多。如图 3-15 所示为钢筋混凝土独立基础两面投影图。

两面投影可仅以确定出简单形体的空间形状和大小，但对于比较复杂的形体，还必须用三面投影图才能确定它的形状和尺寸。

3.4.3 三面投影

物体在三个相互垂直投影面的投影，称为三面投影。三面投影，是在两面投影的 *V* 面与 *H* 面之间增加一个与两者均垂直的 *W* 面（称其为侧立投影面）。*W* 面与 *H*、*V* 面的交线分别叫作 *Y* 轴、*Z* 轴。三条轴线相交于一点 *O*，此点叫做原点。物体投影在侧立面上的投影称为侧面投影或 *W* 投影。用三组分别垂直于三个投影面的平行投影线，分别对三个投影面之间的物体进行投影，即可得到物体的三面投影图（图 3-16）。*W* 面投影反映物体的宽和高。

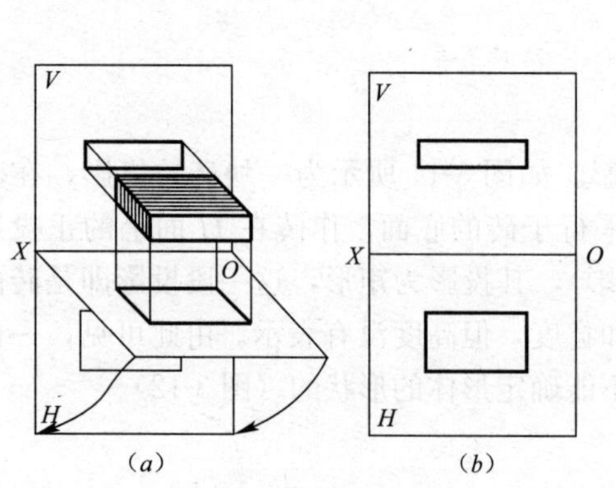

图 3-14　两面投影
(a) 立体图；(b) 投影图

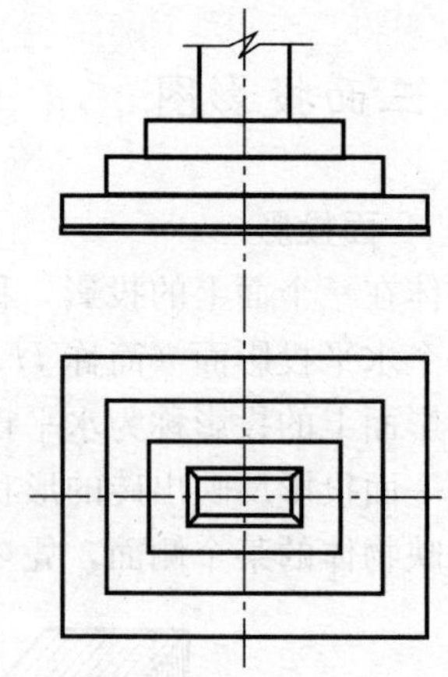

图 3-15　钢筋混凝土独立基础两面投影

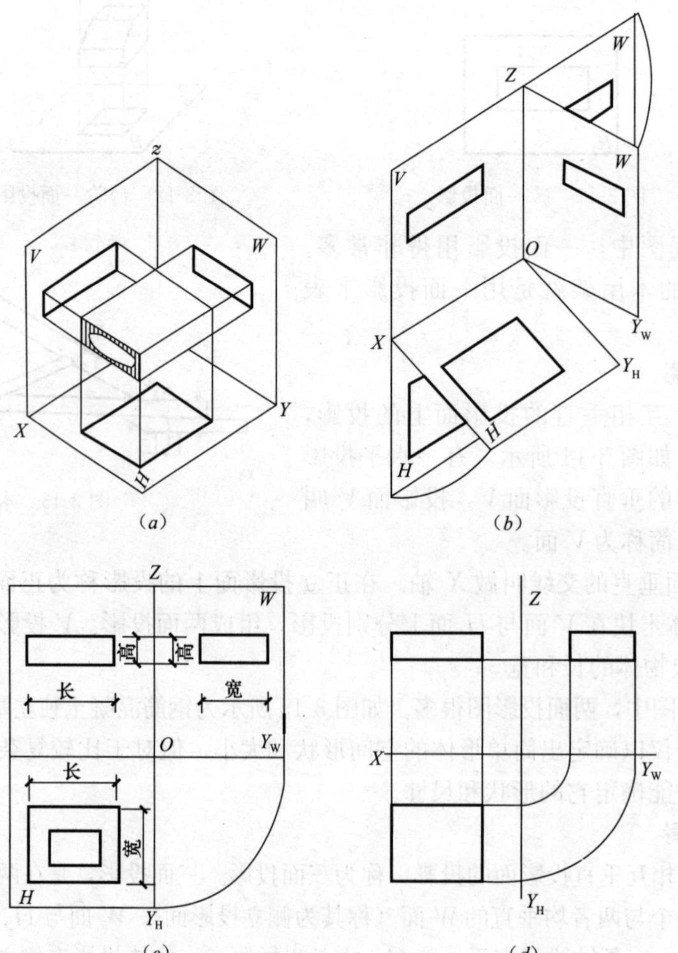

图 3-16　三面投影
(a) 立体图；(b) 投影画展开过程；(c) 投影面展开；(d) 去投影边框后三面投影图

设想将三个投影面的三个投影图展开，V 面看作不动，H 面看作向下转 90°，W 面看作向右转 90°，这样三个投影面上的投影图就展开在一个平面上了。

一个面投影只能反映物体一个面的情况，看图时，必须将同一物体的三个投影图互相联系起来，才能了解整个物体的形状。图 3-17 和图 3-18 分别画出了两个物体的立体图和它们的三面投影图。先看投影图，想一想物体的形状，然后再对照立体图检查是否想得对。

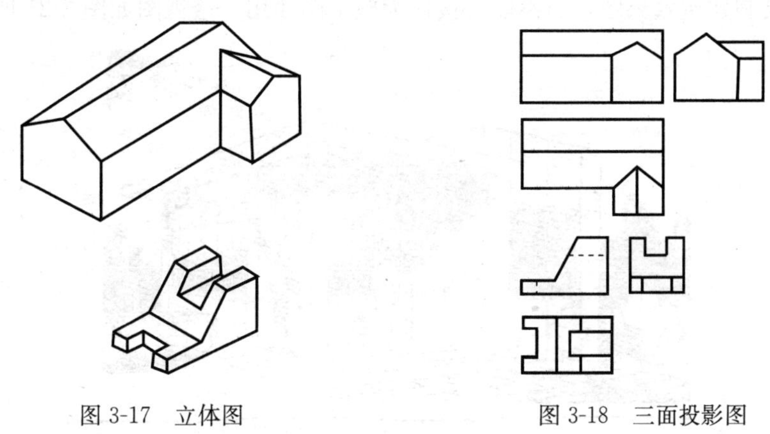

图 3-17　立体图　　　图 3-18　三面投影图

3.5　形体的多样画法

3.5.1　多面正投影

用正投影法绘制出的物体的图形称为视图。对于形状简单的物体，一般用三面投影就可以表达清楚。但房屋建筑形体比较复杂，各个方向的外形变化很大，采用三面投影往往难以表达清楚，这就需要四个、五个甚至更多的视图才能完整表达其形状结构。

图 3-19 中左上所示的房屋形体，可由不同的方向投射，从而得到图 3-19 所示的多面正投影图。

3.5.2　镜像投影图

某些工程的构造，当用六个基本视图绘制不易表达时，可用镜像投影法绘制。该镜像面应平行于相应的投影面。镜像投影应在图名后注写“镜像”二字，如图 3-20 所示。

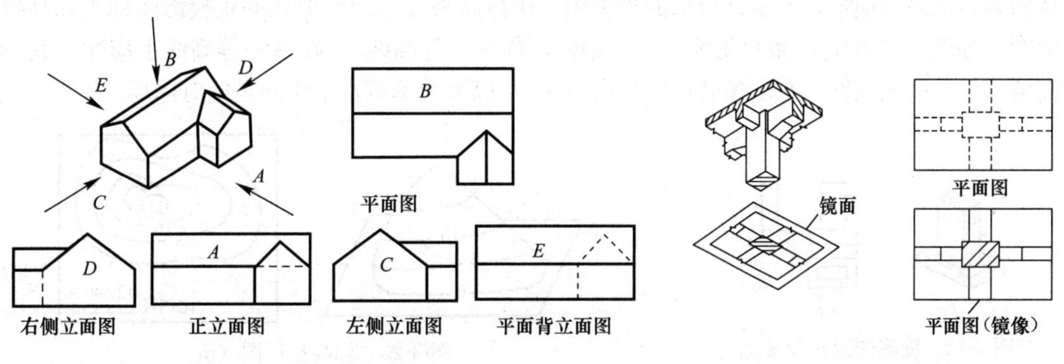

图 3-19　多面正投影图　　　图 3-20　镜像投影图

3.6　工程上常用的投影图

3.6.1　透视图

用中心投影法将建筑形体投射到一投影面上得到的图形称为透视图。

透视图符合人的视觉习惯，能体现近大远小的效果，所以形象逼真，具有丰富的立体感。常用于绘制建筑效果图，而不能直接作为施工图使用。透视图如图 3-21 所示。

图 3-21　建筑物的透视图

3.6.2　轴测图

即将空间形体放正，用斜投影法画出的图或将空间形体斜放，用正投影画出的图称为轴测图，如图 3-22（*a*）所示。

某些方向的物体，作图比透视图简便。所以在工程上得到广泛应用。

3.6.3　正投影图

用正投影法画的图形称为正投影图。

正投影图由多个单面图综合表示物体的形状。图中，可见轮廓线用实线表示，不可见轮廓线用虚线表示。正投影图在工程上应用最为广泛，如图 3-22（*b*）所示。

3.6.4　标高投影图

某一局部的地形，用若干个水平的剖切平面假想截切地面，可得到一系列的地面与剖切平面的交线（一般为封闭的曲线）。然后用正投影的原理将这些交线投射在水平的投影面上，从而表达该局部地形，就是该地形的投影图。用标高来表示地面形状的正投影图称为标高投影图。如图 3-23 中每一条封闭的标高均相同，称为“等高线”。在每一等高线上应注写其标高值（将等高线截断，在断裂处标注标高数字），以米为单位，采用的是绝对标高。

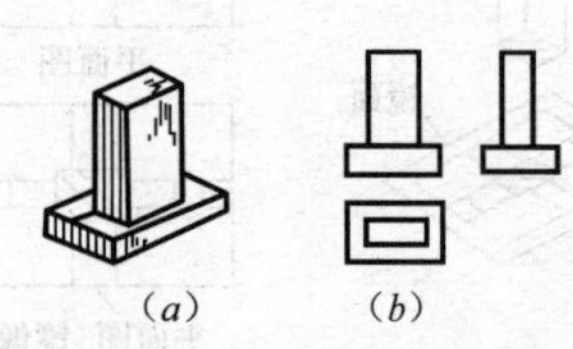

图 3-22　轴测图及正投影图

（*a*）形体的轴测图；（*b*）形体的正投影图

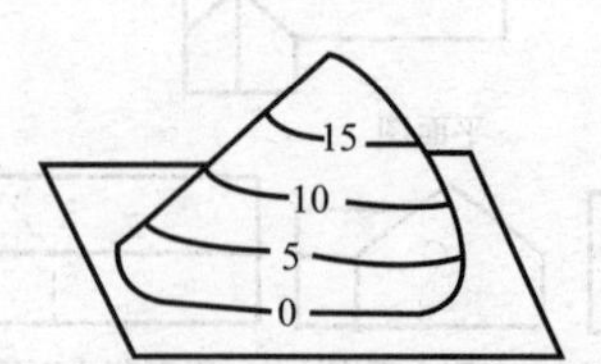

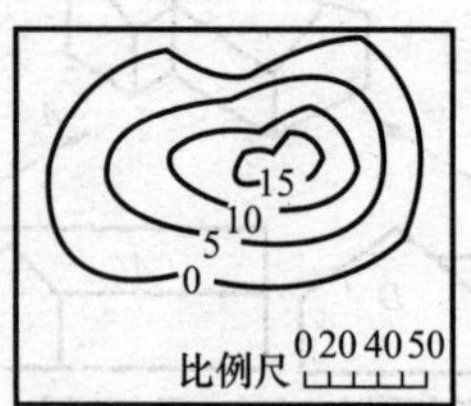

图 3-23　标高投影图（m）

第 4 章　房屋构造简介

4.1　基础

民用建筑的基础，按构造分常见的有条形砖基础、独立柱基础、板式基础、薄壳基础等。按材料分常见的有砖基础、条石基础、毛石基础、混凝土基础、钢筋混凝土基础等。

1. 条形砖基础

砖混结构的房屋，承重墙下面的基础常采用连续的长条形基础，称为条形砖基础。如图 4-1 所示。条形砖基础由垫层、大放脚、基础墙组成。

（1）垫层。一般为 C10 混凝土，高 100～300mm，挑出 100mm，如图 4-2 所示。

（2）大放脚。大放脚可分为：①等高式。每两匹砖放出 1/4 砖，即高 120mm、宽 60mm，如图 4-2 所示；②间隔式。每两匹砖放出 1/4 砖，与每匹砖放出 1/4 砖相间隔，即高 120mm、宽 60mm，又高 60mm，宽 60mm 相间隔。

（3）基础墙。一般同上部墙厚。

基础埋于地下，经常受潮，而砖的抗冻性差，因此，砖一般采用 MU10 砖，砂浆采用 M10 水泥砂浆砌筑。砖基础的各部分构造如图 4-2 所示。

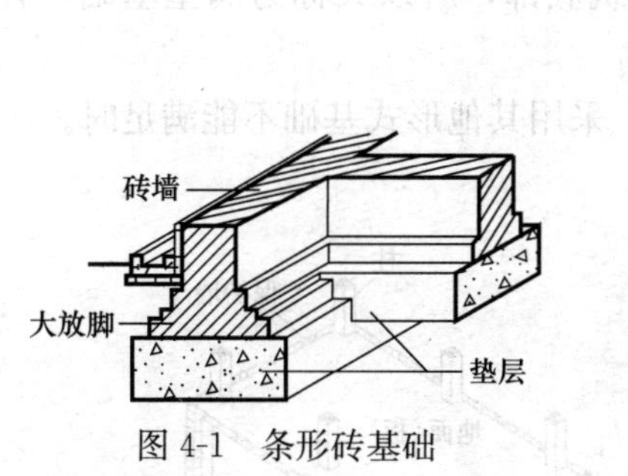

图 4-1　条形砖基础

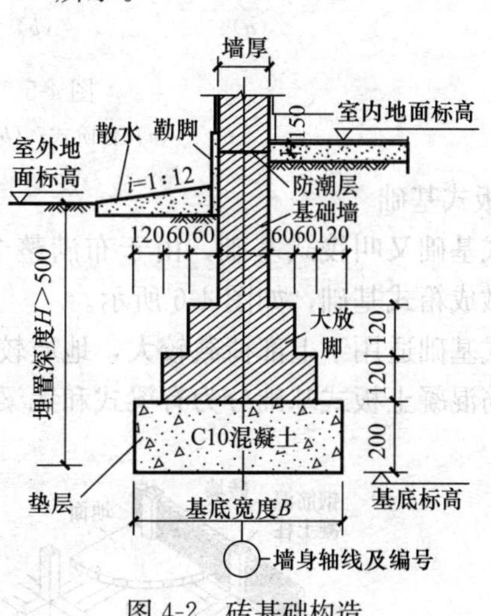

图 4-2　砖基础构造

2. 混凝土基础

混凝土基础是用不低于 C10 混凝土浇捣而成的。基础较小时，多用矩形或台阶形截面；基础较宽时，多采用台阶形或梯形。混凝土基础如图 4-3 所示。

3. 钢筋混凝土基础

钢筋混凝土基础的混凝土强度一般不低于 C15，钢筋根据结构计算配置。基础边缘高度不小于 150mm，基础底部下面常用 C10 混凝土做垫层。垫层作用是，使基础与地基有良好的接触，以便均匀传力，同时便于施工，如图 4-4 所示。

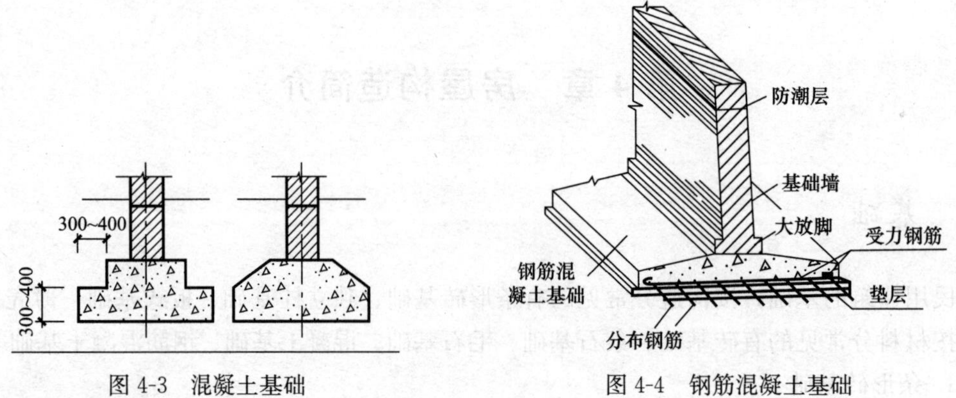

图 4-3　混凝土基础　　　图 4-4　钢筋混凝土基础

4. 独立柱基础

独立柱基础一般为柱墩式，其形式有台阶式、锥式等，如图 4-5 所示。当地基土质较差，承载能力较低，上部荷载较大时，柱的基础底面积增大。为便于施工，可将柱基之间相互连通，形成条形或井格式基础。

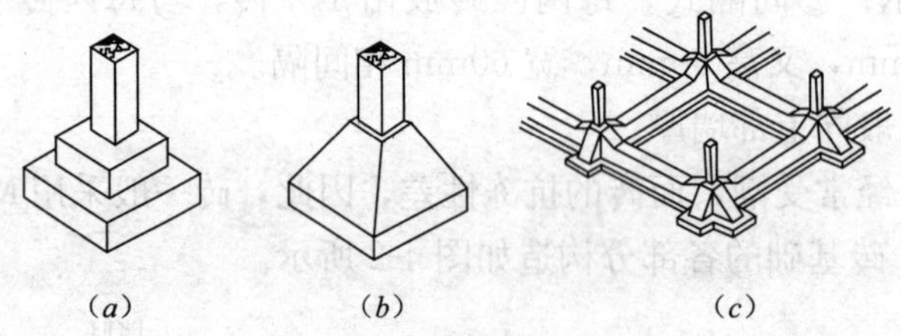

图 4-5　独立柱基础

(*a*) 台阶式；(*b*) 锥式；(*c*) 井格式

5. 板式基础

板式基础又叫筏式基础，由于布满整个建筑底部，所以又称为满堂基础，有地下室时，可做成箱式基础，如图 4-6 所示。

板式基础适用于上部荷载较大，地质较差，采用其他形式基础不能满足时。

钢筋混凝土板式基础分为有梁式和无梁式。

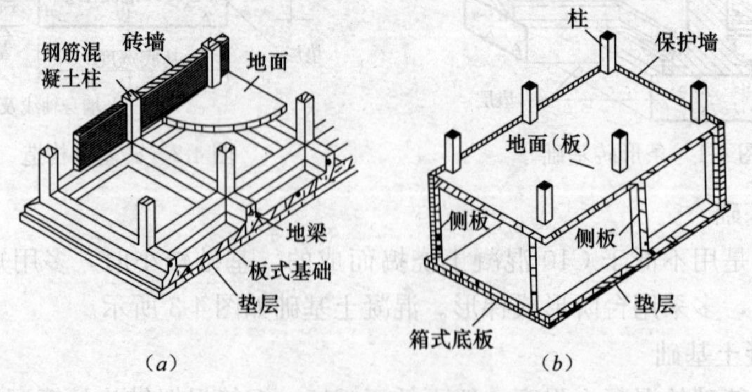

图 4-6　板式基础和箱式基础示意图

(*a*) 板式基础；(*b*) 箱式基础

4.2　墙体

4.2.1　墙的种类、作用及要求

1. 墙的种类

(1) 按受力分，分为承重墙、非承重墙，如图 4-7 所示。

(2) 按位置分，分为外墙（围护墙）、内墙（分隔墙）。

(3) 按方向分，分为纵墙、横墙（两端称为山墙）。

(4) 按材料和构造方法分，分为实砌砖墙、空斗砖墙、空心砖墙、砌块、轻板等。

2. 墙的作用

(1) 承重作用。承受构件及人等传下来的荷载，同时还承受风力、地震力等荷载。

(2) 围护作用。抗御风、雨、雪等自然的侵袭，保证建筑物内具有良好的生活环境和工作条件。

(3) 分隔作用。建筑物内的纵横墙将建筑物分隔成不同大小的房间，以满足人们的使用要求。

3. 墙的要求

墙体应考虑满足人们的使用，有下列要求：

(1) 建筑物坚固和耐久；

(2) 外墙要求保温、隔热；

(3) 隔声，防火，防潮，X 光室的防射线要求等。

4.2.2　砖墙的构造

常见砖墙各部分的构造如图 4-8 所示。

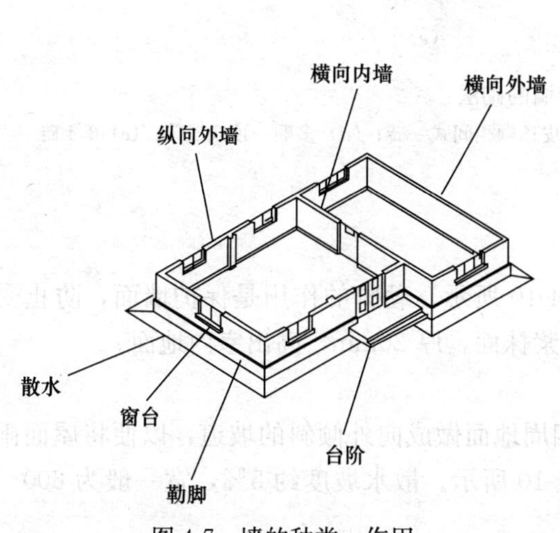

图 4-7　墙的种类、作用

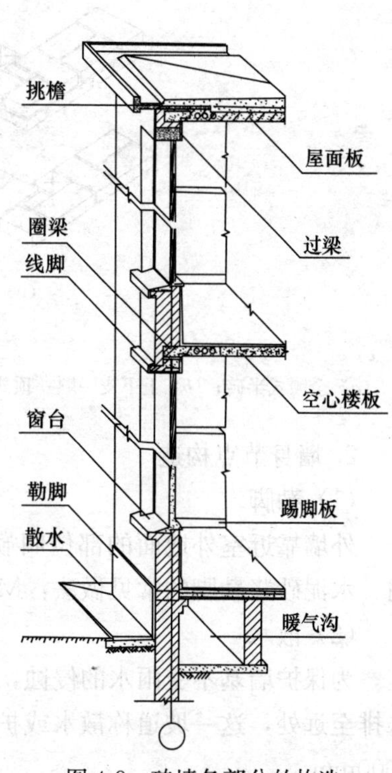

图 4-8　砖墙各部分的构造

1. 砖墙的砌法

(1) 墙厚

标准砖砌体厚度见下表：

标准砖砌体厚度表　　表 4-1

砖数（厚度）	1/4	1/2	3/4	1	1.5	2	2.5
计算厚度（mm）	53	115	178	240	365	490	615

(2) 砌法

常见的实体墙的砌式有全顺式、上下皮一顺一顶式、每皮顶顺相间式、多顺一顶式和18墙等，如图 4-9 所示。

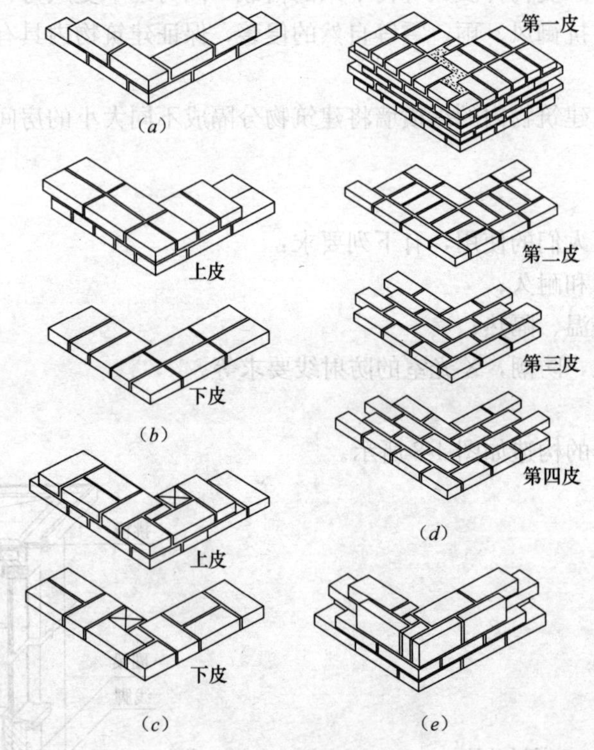

图 4-9　砖墙的砌法

(a) 全顺式半砖；(b) 上下皮一顺一顶式一砖；(c) 每皮顶顺相间式一砖；(d) 多顺一顶式二砖；(e) 3/4 砖

2. 墙身节点构造

(1) 勒脚

外墙靠近室外地面的部位叫勒脚，如图 4-10 所示。勒脚的作用是保护墙面，防止受潮。水泥砂浆勒脚的常见做法：M5.0 水泥砂浆抹面，厚 20mm，高出室内地面。

(2) 散水

为保护墙基不受雨水的侵蚀，常在外墙四周地面做成向外倾斜的坡道，以便将屋面雨水排至远处，这一坡道称散水或护坡，如图 4-10 所示。散水坡度约 5%，宽一般为 600～1000mm。

（3）窗台

当雨水淋到窗扇并沿窗扇下淌时，水往往聚积在窗下槛与墙相交接处，若不采取措施及时组织排泄，则有可能沿窗下砖缝侵入墙身或透进室内。为防止水的渗漏，常在窗下墙身部位设置泄水构件窗台（图4-11）。

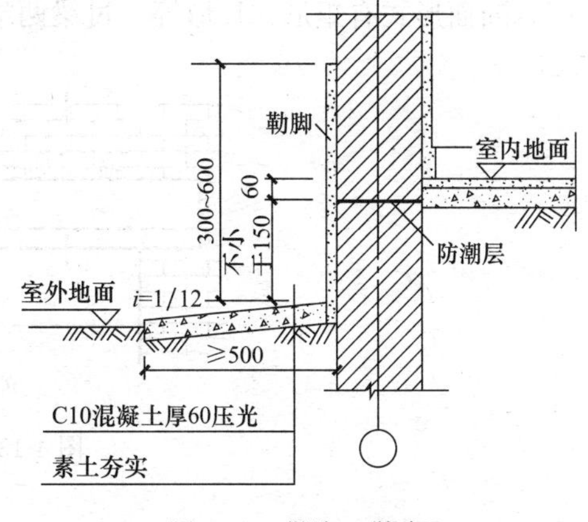

图4-10　勒脚、散水

外窗台的一般做法为：

砖砌窗台。砖平砌或立砌（又称虎头砖），挑出60mm，抹1∶2～1∶3水泥砂浆，为防止水污染窗台下的墙面，窗台下部应做滴水槽。

（4）过梁

墙体上常开设门窗洞孔，为了支承洞孔上的砌体重量和由搁置在洞孔以上砌体上的梁、板传来的荷载，并将这些荷载传给窗间墙，需在门窗洞孔顶上设置一根横梁，这就是门窗过梁。

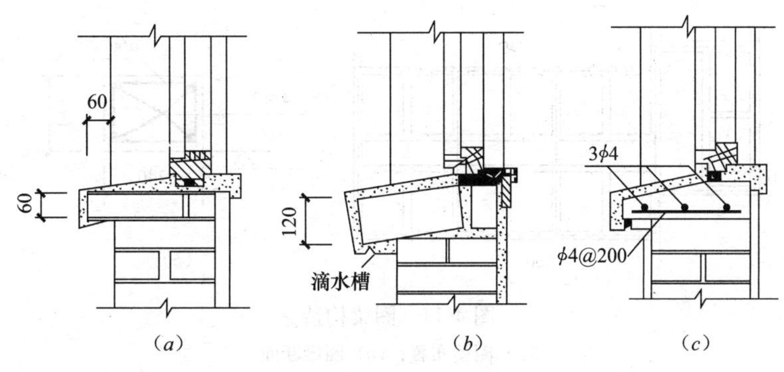

图4-11　窗台构造

（a）平砌砖窗台；（b）立砌砖窗台；（c）预制混凝土窗台

一般民用建筑中，常见的过梁有下列两种：

① 钢筋砖过梁。钢筋砖过梁是把钢筋放在门窗洞口顶上的灰缝中，以承受洞顶上部的荷载（图4-12）。

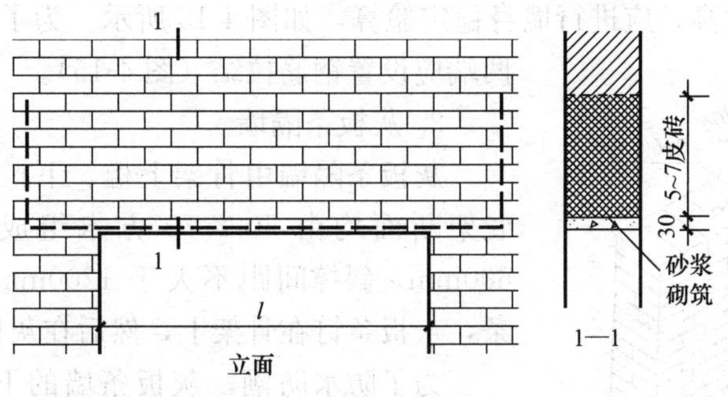

图4-12　钢筋砖过梁

② 钢筋混凝土过梁。钢筋混凝土过梁一般采用预制安装，适用于各种墙体和洞口宽

度。断面形式有矩形、L 形等，过梁两端伸入墙内不小于 240mm，如图 4-13 所示。

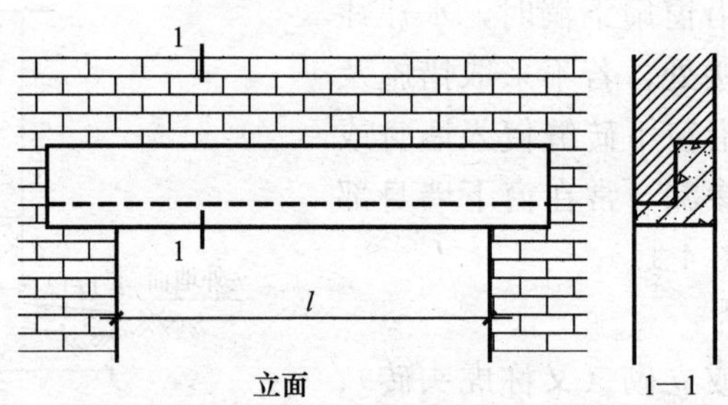

图 4-13　钢筋混凝土过梁

（5）圈梁

圈梁是增加房屋整体刚度及稳定性的，增强地基不均匀沉降以及地震的抵抗能力。圈梁应贯通房屋纵横墙，四周圈通。圈梁一般设置在各层楼板下口，若设在基础上部，则称为地圈梁，如图 4-14 所示。

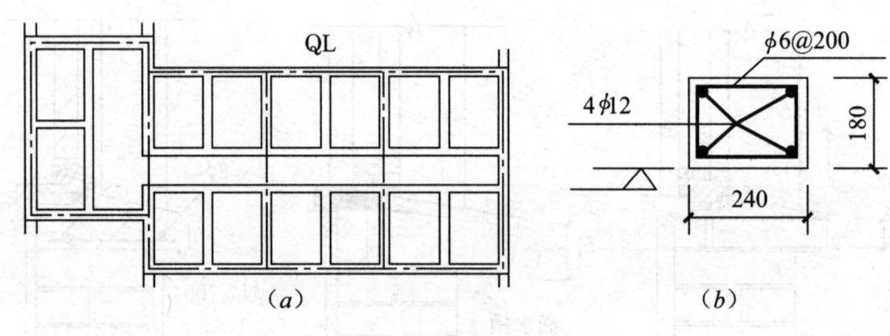

图 4-14　圈梁构造

（a）圈梁布置；（b）圈梁断面

4.2.3　隔墙的构造

民用建筑中，隔墙的类型很多，有灰板条隔墙、砖隔墙、胶合板、木丝板、纤维板等材料隔墙。安装方式有固定和可活动等形式，现介绍几种常见的隔墙。

1. 砖隔墙

砖隔墙采用普通黏土砖、空心砖等均可，墙厚为 120mm（半砖）、60mm（1/4 砖），砖隔墙不宜过长或过高，应进行墙身稳定验算，如图 4-15 所示。为了增强隔墙的稳定性，两端应设置钢筋拉结（图 4-15）。

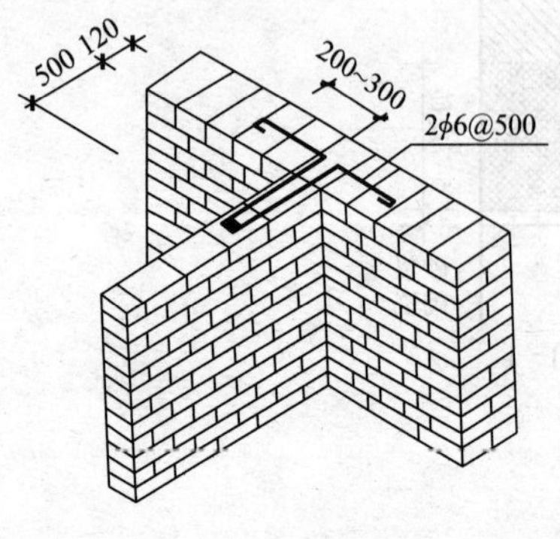

图 4-15　砖隔墙

2. 灰板条隔墙

灰板条隔墙由骨架上槛、下槛、主筋、斜撑组成，骨架断面均由 50×70 方木组成。主筋间距 400～600mm，斜撑间距不大于 1200mm。骨架上面钉灰板条，灰板条钉在骨架上，然后在灰板条上抹灰。

为了防水防潮，灰板条墙的下部先砌 3 层砖（高 200mm），然后再安下槛。为防止墙面开裂，在转角交接处可钉一层钢丝网，如图 4-16 所示。

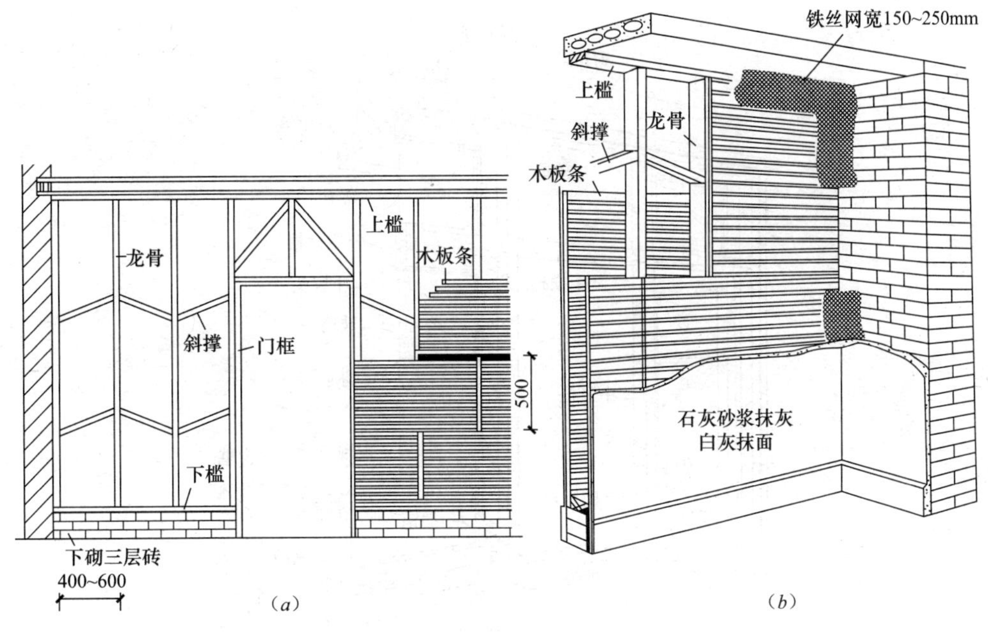

图 4-16　灰板条隔墙

(a) 灰板条隔墙构造；(b) 板条隔断与墙交接处理

4.3　门、窗

4.3.1　窗的分类与构造

1. 窗的分类

窗的分类表　　　　**表 4-2**

按材料分	木窗、钢窗、铝合金窗、塑料窗、钢筋混凝土窗等
按镶嵌材料不同分	玻璃窗，采光；百叶窗，通风、遮光；纱窗，通风、防虫；防火窗，防火；保温窗，保温、防寒、采光；隔声窗、隔声等
按开启方式分	固定窗、平开窗、推拉窗、悬窗。悬窗又可分上悬、中悬、下悬窗等

平开窗的各部构造名称，如图 4-17 所示。窗的开启形式，如图 4-18 所示。

2. 窗的一般尺寸

窗的尺寸以墙体洞口尺寸为标准，基本尺寸一般都是 300mm 作为扩大模数，可以组合成各种形式。常见尺寸如图 4-19 所示。

3. 木窗的组成与构造

(1) 木窗的组成

木窗主要由窗框（或窗樘）、窗扇、五金零件等组成。有时要加贴脸、窗台板等附件，如图 4-17 所示。

(2) 木窗的构造

① 窗框：窗框由上框、下框、中横框、中框、边框等组成，如图 4-20 所示。

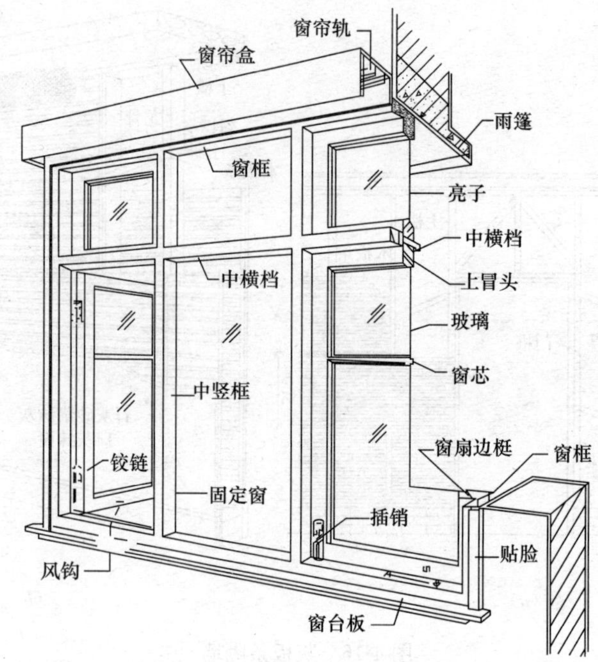

图 4-17　平开窗的各部构造名称

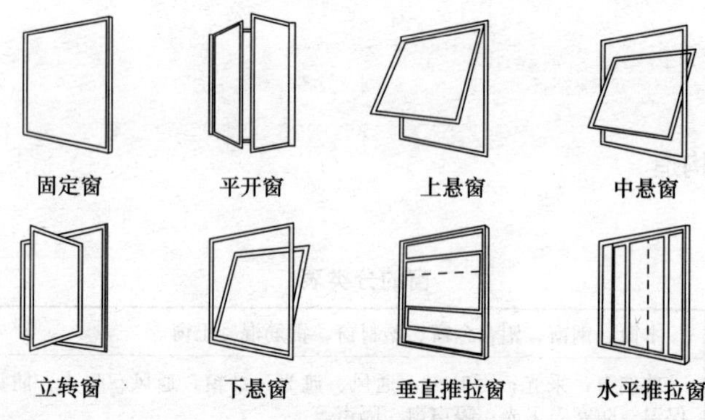

图 4-18　窗的开启形式

高＼宽	600	900	1200	1500	1800	2100	2400
900							
1200							
1500							
1800							
2100							

图 4-19　平开窗标准尺寸表

② 窗扇：窗扇由边梃、上冒头、下冒头、窗芯等组成，如图 4-21 所示。

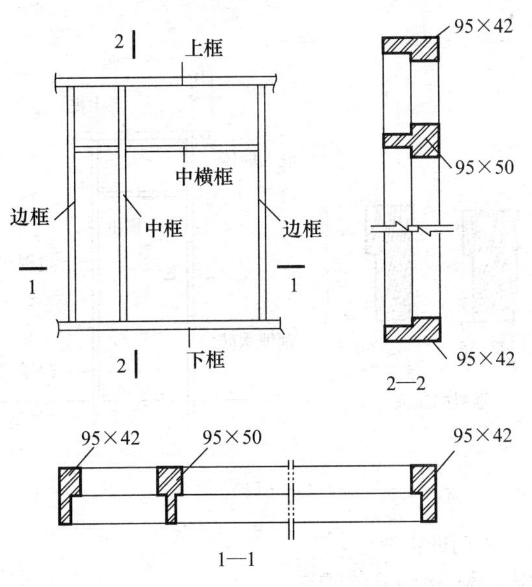

图 4-20　窗框的构造

图 4-21　窗扇的名称

③ 五金零件：平开窗的五金零件有铰链、插销、窗钩、拉手、铁三角等。

4.3.2　门的分类与构造

1. 门的分类

门的分类表　　表 4-3

按材料分	门可分为木门、钢门、铝合金门、塑料门、钢筋混凝土门等
按使用要求和制作分	门可分为镶板门、拼板门、胶合板门、玻璃门（带玻、半玻、全玻）、百叶门、纱门等
按使用功能分	门可分保温门、隔声门、防风砂门、防火门、防 X 射线门、防爆门等
按开启方式分	门可分为平开门、弹簧门、推拉门、转门、折叠门、铁栅栏门、卷帘门等

2. 木门的组成与构造

（1）木门的组成

木门一段由门框、门扇、腰窗、五金零件组成。有的木门还有贴脸等构件，如图 4-22 所示。

（2）木门的构造

门框由边框、上框、中横框等组成。门扇由上冒头、中冒头、下冒头、边梃、门芯板等组成，如图 4-22 所示。

4.3.3　塑钢门窗

塑钢门窗是以聚氯乙烯（UPVC）树脂为主要原料，加上一定比例的稳定剂、着色剂、填充剂、紫外线吸收剂等，经挤出成型材，然后通过切割、焊接或螺接的方式制成门窗框扇，配装上密封胶条、毛条、五金件等。同时为增强型材的刚性，超过一定长度的型材空腔内需要填加钢衬（加强筋），这样制成的门窗，称之为塑钢门窗。塑钢门窗的形式和尺寸与木门窗基本相同，可相互代换使用，各省市均有标准塑钢门窗图集。

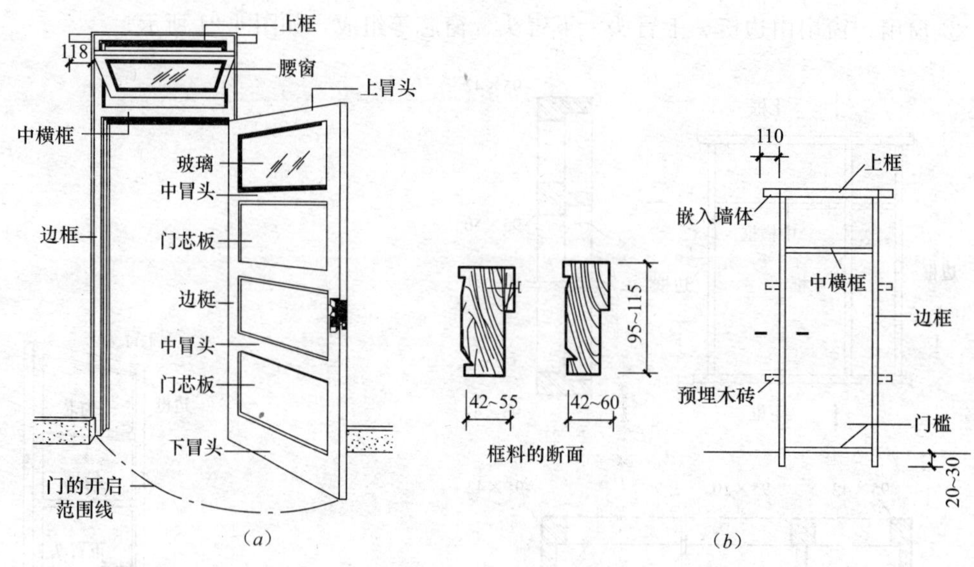

图 4-22　木门的构造

(a) 门的各部构造名称；(b) 门框的构造

4.4　楼板、楼梯

4.4.1　钢筋混凝土楼板

1. 楼板的分类与要求

(1) 楼板的类型

楼板类型很多，常见的有两种：预制钢筋混凝土楼板与现浇钢筋混凝土楼板，如图 4-23 所示。

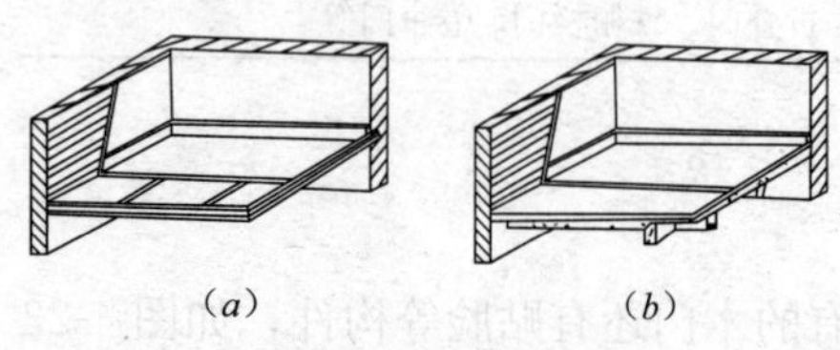

图 4-23　楼板的类型

(a) 预制钢筋混凝土楼板；

(b) 现浇钢筋混凝土楼板

(2) 楼板的要求

楼板应具有的要求：坚固要求，隔声要求，经济要求，热工、防火及防水等方面的要求。

2. 钢筋混凝土楼板构造

(1) 现浇钢筋混凝土楼板

现浇钢筋混凝土楼板，一般用混凝土与钢筋在现场浇灌而成。现浇钢筋混凝土楼板按结构形式可分为：肋形楼板、井式楼板、无梁楼板。

① 肋形楼板

肋形楼板由梁（主梁、次梁）、板、柱等构件组成，如图 4-24 所示。

② 井式楼板

井式楼板由梁板组成，没有主次梁之分，梁的断面一致，双向布置，形成井格。井式楼板适用于大厅，如图 4-25 所示。

③ 无梁楼板

无梁楼板是楼板直接支承在墙、柱上。为增加柱的支承面积和减小板的跨度，在柱顶上加柱帽和托板，如图 4-26 所示。

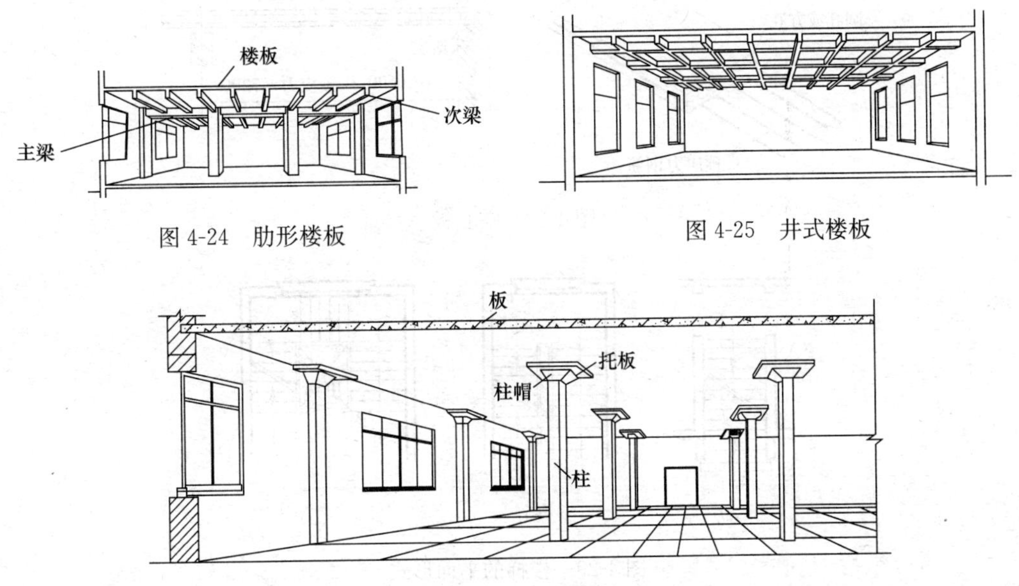

图 4-24　肋形楼板

图 4-25　井式楼板

图 4-26　无梁楼板

(2) 预制钢筋混凝土楼板

梁、板等构件在预制厂或现场预制而成的。然后现场吊装就位。

预应力构件就是通过张拉钢筋来对混凝土预加应力，使材料充分发挥各自效能。常用预制楼板，均有标准图，预制楼板主要有下列几种。

① 平板

预制钢筋混凝土平板用于跨度较小的部位，一般跨度 $l \leqslant 2500$mm。常用在走道板、平台板、管沟盖板等，如图 4-27 所示。

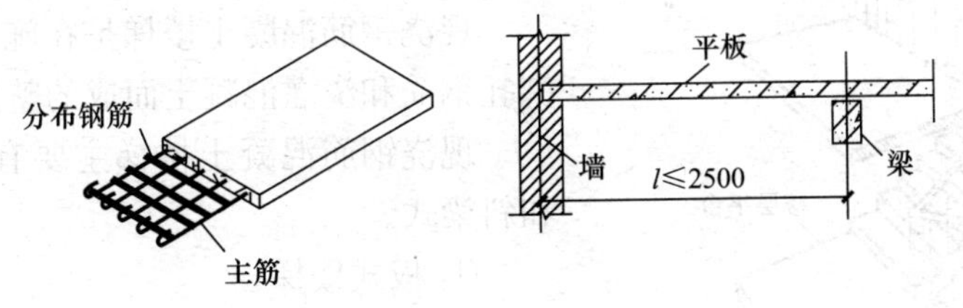

图 4-27　平板

② 空心板

空心板的最大跨度 $l \leqslant 6600$mm，预应力空心板可达 7200mm。空心板入墙部分的孔应以砖或混凝土块堵塞，如图 4-28 所示。

4.4.2　楼梯

1. 楼梯的分类和组成

(1) 楼梯的分类

① 楼梯按材料分可分为钢筋混凝土楼梯、木楼梯、钢及其他金属楼梯。

② 楼梯按平面形式分可分为单跑楼梯、双跑楼梯、三跑楼梯等，如图 4-29 所示。

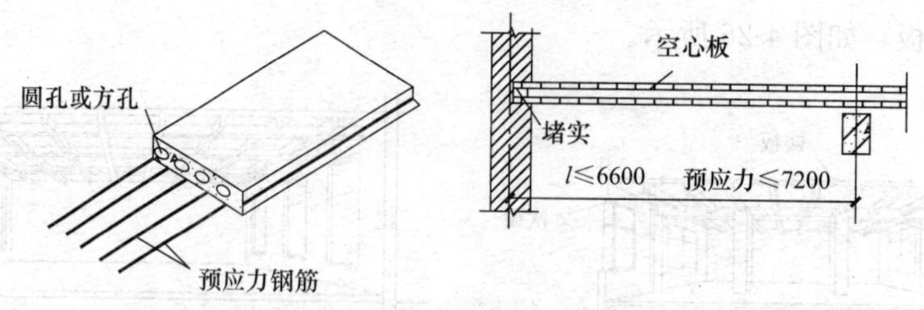

图 4-28　空心板

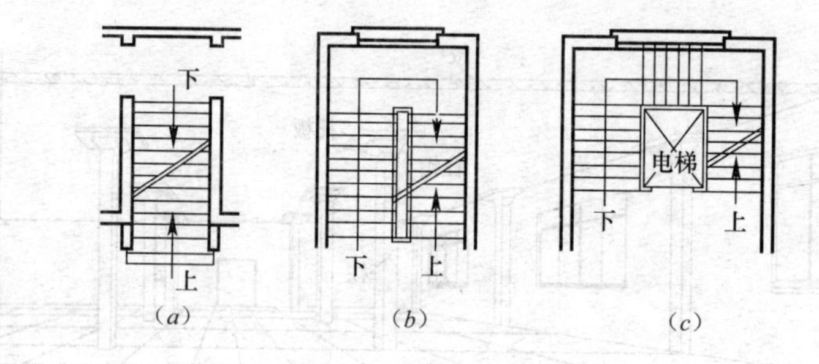

图 4-29　楼梯的平面形式

(a) 单跑楼梯；(b) 双跑楼梯；(c) 三跑楼梯

③ 楼梯按施工方式分可分为现浇钢筋混凝土楼梯和预制钢筋混凝土楼梯。预制钢筋混凝土楼梯又可分为墙承式楼梯、悬臂式楼梯。

(2) 楼梯的组成

楼梯主要由楼梯段、平台、栏杆（或栏板）等组成。楼梯段由梯梁（斜梁）、梯板等组成。平台由平台梁、平台板等组成，如图 4-30 所示。

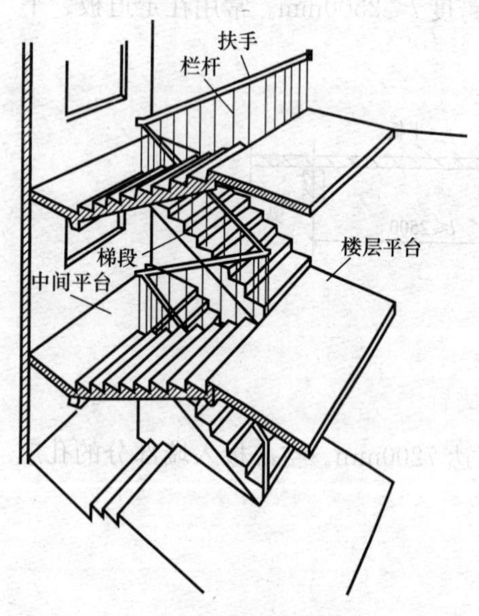

图 4-30　楼梯的组成

2. 钢筋混凝土楼梯的构造

(1) 现浇钢筋混凝土楼梯

现浇钢筋混凝土楼梯是在施工现场通过支模、绑扎钢筋和浇灌混凝土而成的整体楼梯。

现浇钢筋混凝土楼梯主要有两种型式：板式和斜梁式。

① 板式楼梯

板式楼梯是将楼梯段作为一块板，板面上做成踏步，两端放在两梁上形成的，如图 4-31 (a) 所示。

② 斜梁式楼梯

斜梁式楼梯是将踏步板放在斜梁上，斜梁搁置在平台梁上，如图 4-31 (b) 所示。

(2) 预制钢筋混凝土楼梯

预制钢筋混凝土楼梯是将楼梯的各个构件，在预制厂或工地先预制，施工时将预制构件进行安装就位而成。

预制钢筋混凝土楼梯主要基本形式如下：

① 墙承式楼梯

这种楼梯是把梯板构件，直接砌筑在楼梯间墙上。若为双跑楼梯，楼梯中间砌一道 240mm 的承重墙，用来搁置上下两段梯板构件，如图 4-32 所示。

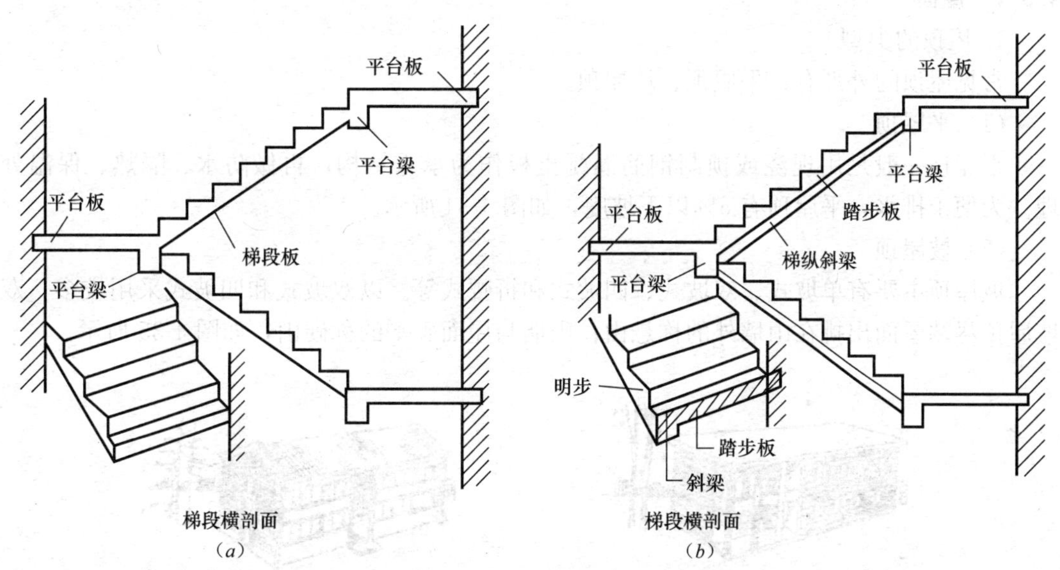

图 4-31　现浇钢筋混凝土楼梯的构造

(a) 板式梯段；(b) 斜梁式梯段

② 悬臂式楼梯

悬臂式楼梯新颖、外观美观轻巧，是目前民用建筑中常采用的一种楼梯，如图 4-33 所示。

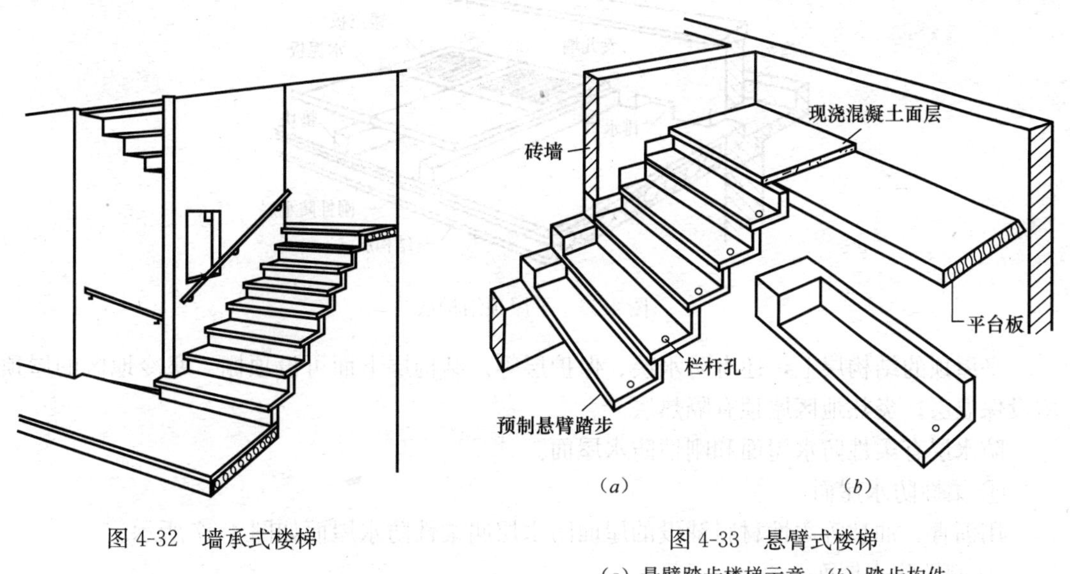

图 4-32　墙承式楼梯

图 4-33　悬臂式楼梯

(a) 悬臂踏步楼梯示意；(b) 踏步构件

4.5　屋面、楼地面、墙面、台阶与坡道

4.5.1　屋面

1. 屋顶的类型

常见屋顶的外形有：平屋顶、坡屋顶。

(1) 平屋顶

平屋顶一般是用现浇或预制钢筋混凝土板作为承重结构，再做防水、隔热、保温处理。为便于排水，平屋顶有5%以下坡度，如图4-34所示。

(2) 坡屋顶

坡屋顶主要有单坡式、双坡式、四坡式和折腰式等。以双坡式和四坡式采用较多。双坡屋顶尽端屋面出挑在山墙外的称悬山；山墙与屋面砌平的称硬山，如图4-35所示。

图4-34　平屋顶

图4-35　坡屋顶

2. 平屋顶的构造

(1) 平屋顶的类型与组成

平屋顶可分为上人屋面和不上人屋面。平屋顶的结构层一般为钢筋混凝土板，如图4-36所示。

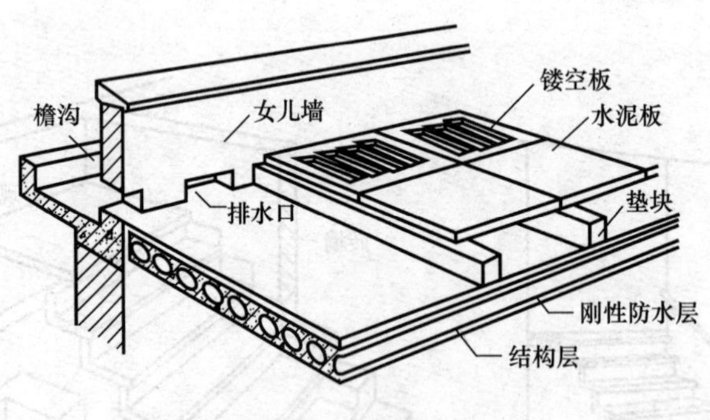

图4-36　平屋顶结构层

平屋顶的结构层上，还有防水层、保护层等。结构层下面可设顶棚。寒冷地区的屋顶增设保温层。炎热地区屋顶有隔热层。

防水层有柔性防水屋面和刚性防水屋面。

① 柔性防水屋面

用沥青、油毡等柔性材料铺设的屋面防水层叫柔性防水屋面如图4-37所示。

② 刚性防水屋面

刚性防水屋面是用细石混凝土、防水砂浆等刚性材料作为屋面防水层的，如图4-38所示。

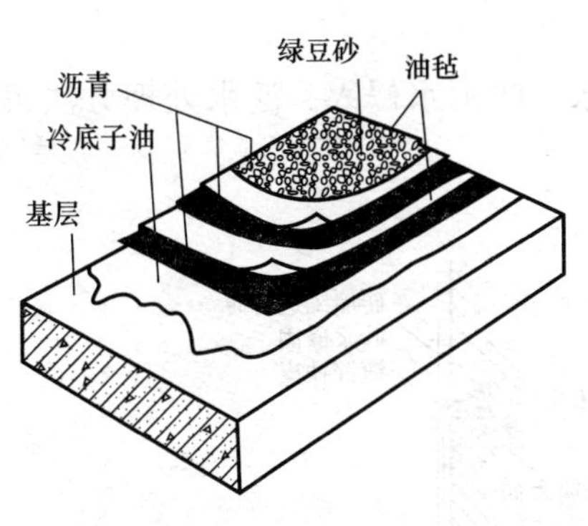

图 4-37　二毡三油柔性防水屋面

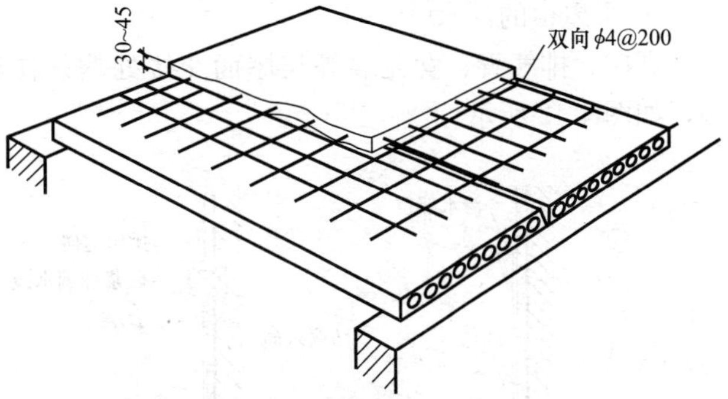

图 4-38　刚性防水屋面构造

（2）平屋顶的保温与隔热

① 保温层

保温层一般用泡沫混凝土、加气混凝土、膨胀珍珠岩、膨胀蛭石、玻璃纤维棉等。如图 4-39 所示。

② 隔热层

隔热层常见的是在屋顶板上设置架空隔热板，板采用 500mm×500mm×30mm 的钢筋混凝土平板，四角设砖墩（或设地陇墙），高 240mm，如图 4-40 所示。

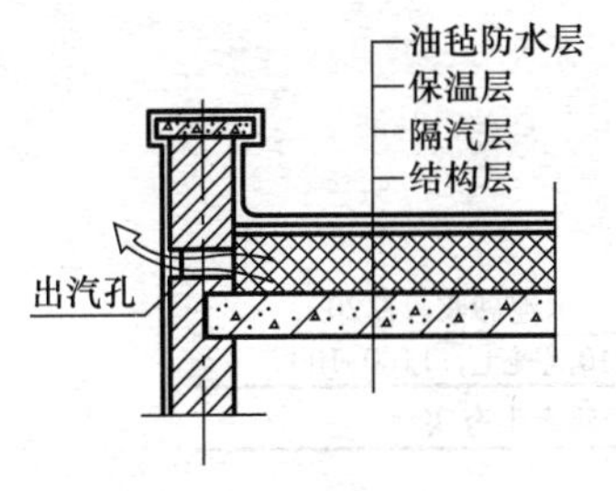

图 4-39　平屋顶的保温层

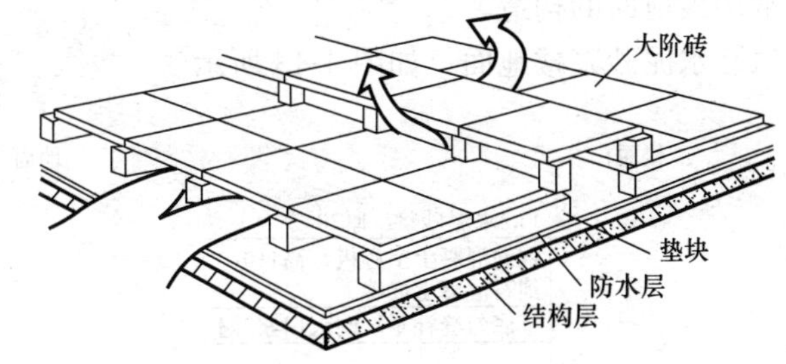

图 4-40　隔热层构造

（3）平屋顶的排水和泛水

① 平屋顶的排水

常见屋面排水是将屋面划分为若干排水区，使雨水沿一定方向和路线流至雨水口，并经水落管导至室外，如图 4-41 所示。

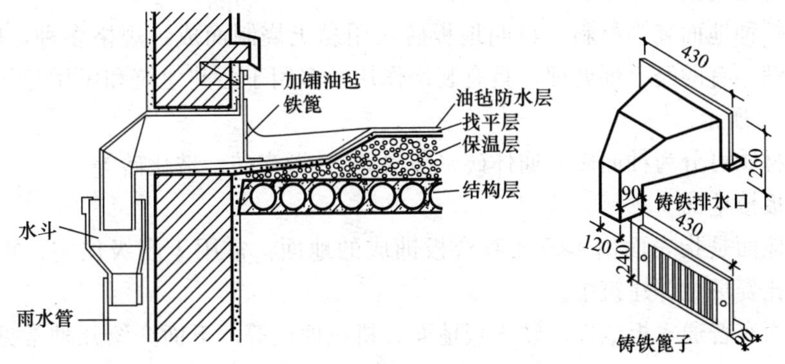

图 4-41　平屋顶排水檐口构造

② 平屋顶的泛水

烟囱、排气管、女儿墙等与屋面交接处均须作泛水，防雨水侵入。泛水处理方法很多，如图 4-42 所示。

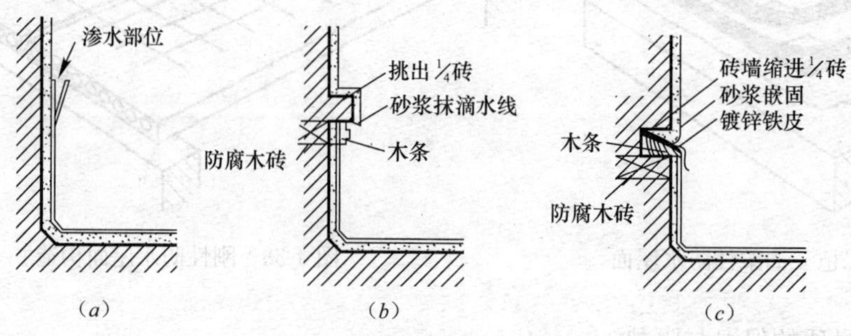

图 4-42　平屋顶的泛水构造

(*a*) 油毡开口渗水；(*b*) 木条压毡；(*c*) 铁皮压毡

4.5.2　楼地面

1. 楼地面的组成

楼面由顶棚、楼层基面、面层组成；地面由基层、垫层、面层组成。

2. 楼地面的构造

常用楼地面的构造。

(1) 水泥砂浆楼地面，如图 4-43 所示。

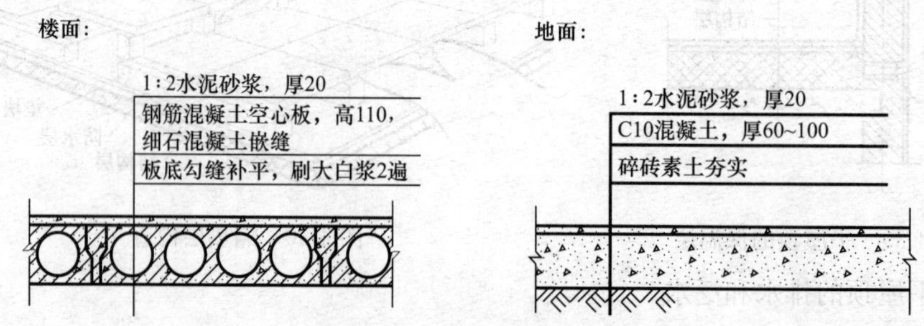

图 4-43　水泥砂浆楼地面

(2) 地砖楼地面

地砖是一种地面装饰材料，也叫地板砖。用黏土烧制而成，规格多种，质坚、耐压、耐磨，能防潮。有的经上釉处理，具有装饰作用。多用于公共建筑和民用建筑的地面和楼面，如图 4-44 所示。

地砖按材质可分为釉面砖、通体砖（防滑砖）、抛光砖、玻化砖等。

(3) 木板楼地面

木板楼地面是指表面由木板或胶合板铺成的地面，常用于高级住宅、宾馆、剧院舞台、体育馆比赛场地等建筑中。

木板地面有普通木板地面、硬木板地面、拼花地面等。下面介绍几种常见的木板楼面构造。

① 木搁栅楼地面。这是一种用木搁栅做基层的楼面。搁栅一般为方料（或圆木），如图 4-45 所示。

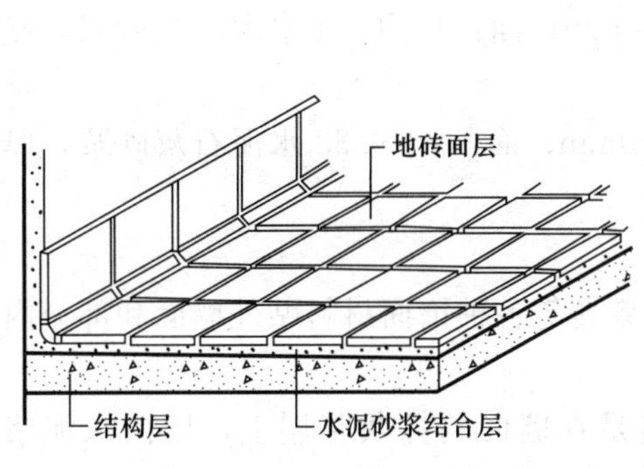

图 4-44　地砖楼地面

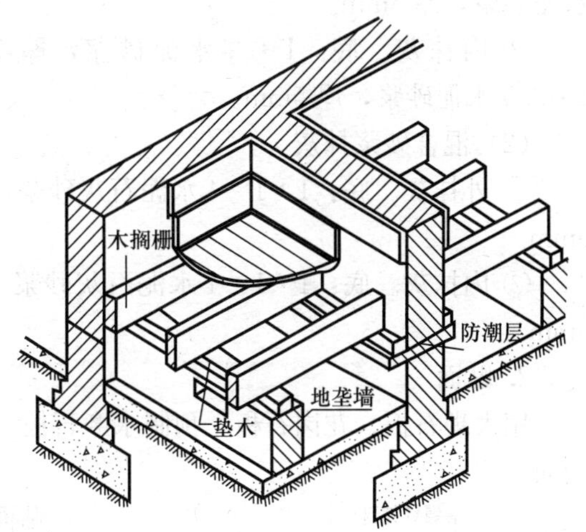

图 4-45　木搁栅楼地面

② 单层木板楼地面。在楼板上做找平层，并在楼地板上面钉 50mm×70mm 的小搁栅，间距为 400～500mm，在上面铺设企口木地板，厚为 20～25mm，如图 4-46 所示。

4.5.3　墙面

1. 墙面抹灰

墙面抹灰可分为外墙抹灰和内墙抹灰两大类，常用的外抹灰有水泥砂浆、混合砂浆等。内抹灰有纸筋石灰、水泥砂浆、混合砂浆等。

墙面抹灰按质量要求，有三种标准。

普通抹灰：一层底灰、一层面灰；

中级抹灰：一层底灰、一层中灰、一层面灰，如图 4-47 所示；

高级抹灰：一层底灰、多层中灰、一层面灰。

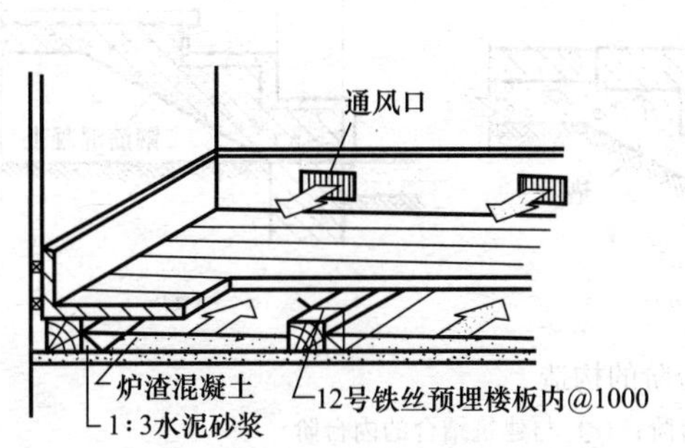

图 4-46　单层木板楼地面

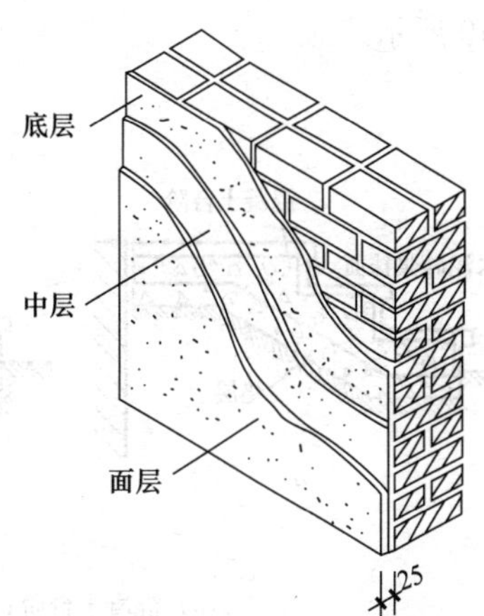

图 4-47　抹灰层的组成

下面介绍几种常用的墙面抹灰。

（1）水泥砂浆抹灰

① 外抹灰。底：1∶3水泥砂浆，厚7mm；中：1∶3水泥砂浆，厚5mm；面：1∶3水泥砂浆，厚6mm。

② 内抹灰。底：1∶3水泥砂浆，厚7mm；中：1∶3水泥砂浆，厚6mm；面：1∶2.5水泥砂浆，厚5mm。

（2）混合砂浆抹灰

① 外抹灰。底：1∶1∶4水泥石灰砂浆，厚10mm；面：1∶1∶4水泥石灰砂浆，厚5mm。

② 内抹灰。底：1∶1∶4水泥石灰砂浆，厚10mm；面：1∶0.33水泥石灰砂浆，厚5mm。

2. 贴面

用大理石板、花岗石板、预制水磨石板、釉面瓷砖等各种饰面材料贴外墙面和部分内墙面。

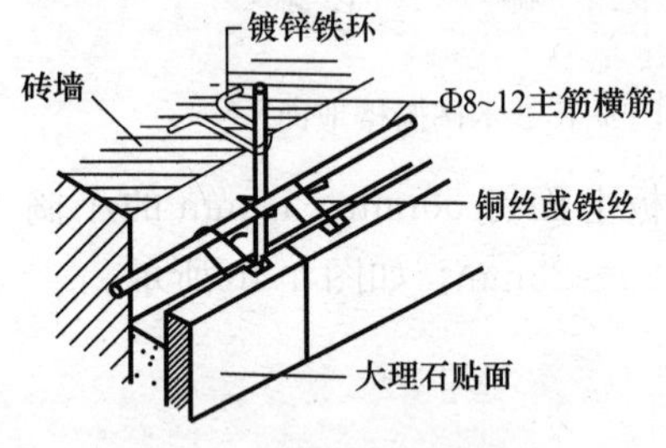

图4-48　大理石板贴面构造

贴面材料是在墙面的抹灰基层上，用白水泥浆（或水混浆）粘贴，大型的装饰石板，要钻孔用铜丝等挂，如图4-48所示。

3. 油漆墙面

油漆墙面的底层为水泥砂浆或混合砂浆基层，填补裂缝后满刮腻子，再用砂纸磨光，刷墙漆两遍或喷漆两遍，油漆墙面清洁美观，适用于装饰要求、卫生要求较高的房间。

4.5.4　台阶与坡道

1. 台阶

一般建筑物的室内地面都高于室外地面，为了便于出入，须根据室内外的高差，在台阶和出入口之间设置平台，作为缓冲之处，平台表面应向外倾斜，以利排水。

建筑物的台阶应采用具有抗冻性好和表面结实耐磨的材料，如混凝土，天然石等，如图4-49所示。

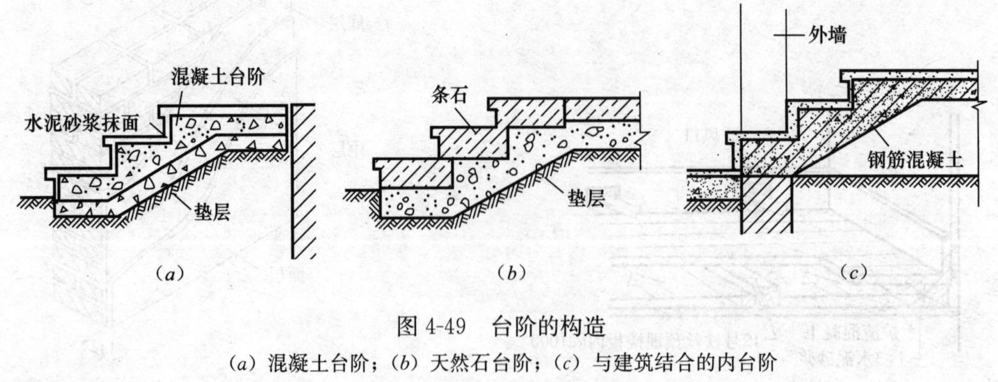

图4-49　台阶的构造

(*a*) 混凝土台阶；(*b*) 天然石台阶；(*c*) 与建筑结合的内台阶

2. 坡道

室外门前为便于车辆进出，常做坡道，也有台阶和坡道同时做，平台左右做坡道，正面做台阶。

坡道既要便于车辆使用，又要便于行人。其坡度过大行人不便，过小占地过大。坡度大于 1∶8 者须做防滑措施，一般做锯齿形或做防滑条，如图 4-50 所示。

坡道也要采用抗冻性好和表面结实的材料，如混凝土，天然石等。

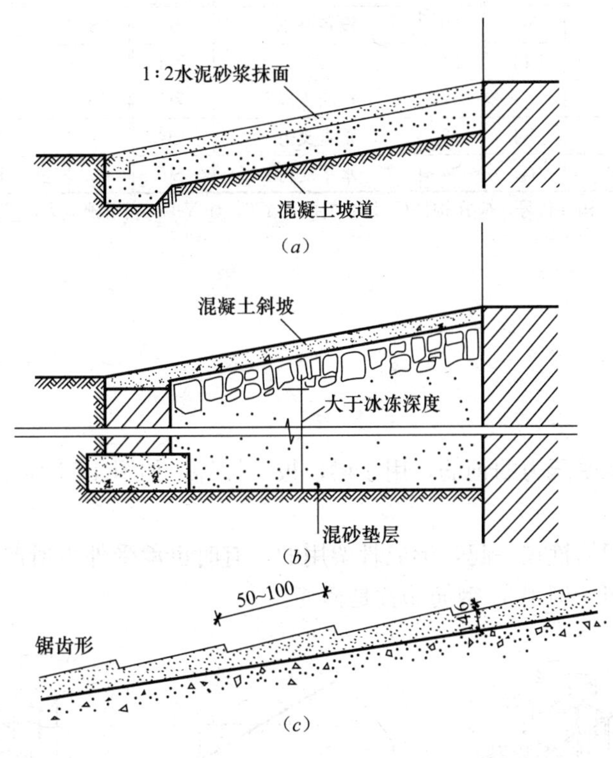

图 4-50　坡道的构造

(a) 混凝土坡道；(b) 换土地基坡道；(c) 锯齿形坡面

4.6　常用房屋结构构件的代号

在结构图中，常需注明构件的名称。这时，用汉字注写不方便。因此。常采用代号表示，构件的代号，通常以该构件名称的汉语拼音第一个大写字母表示。表 4-4 是常用结构构件的代号。

常用结构构件的代号　　**表 4-4**

序号	名称	代号	序号	名称	代号	序号	名称	代号
1	板	B	7	楼梯板	TB	13	梁	L
2	屋面板	WB	8	盖板或沟盖板	GB	14	屋面梁	WL
3	空心板	KB	9	挡雨板或檐口板	YB	15	吊车梁	DL
4	槽形板	CB	10	吊车安全走道板	DB	16	圈梁	QL
5	折板	ZB	11	墙板	QB	17	过梁	GL
6	密肋板	MB	12	天沟板	TGB	18	连系梁	LL

续表

序号	名称	代号	序号	名称	代号	序号	名称	代号
19	基础梁	JL	27	支架	ZJ	35	梯	T
20	楼梯梁	TL	28	柱	Z	36	雨篷	YP
21	檩条	LT	29	基础	J	37	阳台	YT
22	屋架	WJ	30	设备基础	SJ	38	梁垫	LD
23	托架	TJ	31	柱	ZH	39	预埋件	M
24	天窗架	CJ	32	柱间支撑	ZC	40	天窗端壁	TD
25	框架	KJ	33	垂直支持	CC	41	钢筋网	W
26	刚架	GJ	34	水平支持	SC	42	钢筋骨架	G

注：预应力钢筋混凝土构件代号，应在构件代号前加注："Y-"，如 Y-DL 表示预应力钢筋混凝土吊车梁。

4.7　钢筋

1. 钢筋的作用

(1) 受力钢筋

承受拉力或是承受压力的钢筋，用于梁、板、柱等。如图 4-51 所示中的钢筋①、②。

(2) 箍筋

箍筋是将受力钢筋箍在一起，形成骨架用的，有时也承受外力所产生的应力。钢箍按构造要求配置。如图 4-51 中，钢筋⑤就是箍筋。

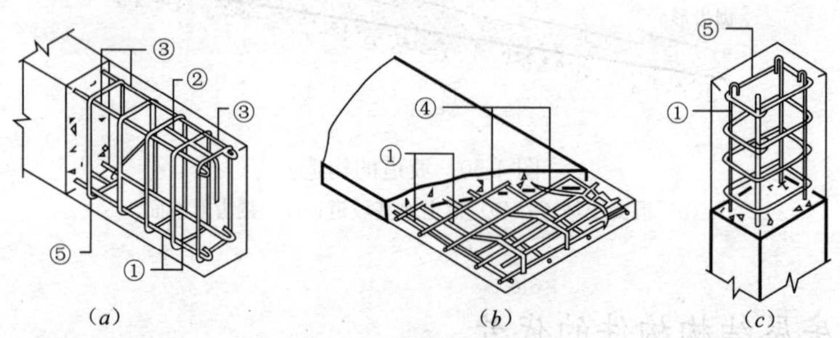

图 4-51　钢筋的名称

(a) 梁类；(b) 板类；(c) 柱类

(3) 架立钢筋

架立钢筋是用来固定箍筋间距的，使钢筋骨架更加牢固。如图 4-51 中的钢筋③。

(4) 分布钢筋

分布钢筋主要用于现浇板内，与板中的受力钢筋垂直放置。主要是固定板内受力钢筋位置。如图 4-51 中的钢筋④。

(5) 支座筋

用于板内，布置在板的四周。

2. 钢筋的混凝土保护层

为了防止钢筋锈蚀，加强钢筋与混凝土的粘结力，在构件中的钢筋外缘到构件表面应有一定的厚度，该厚度称为保护层。保护层的厚度应查阅设计说明。如设计无具体要求时，保护层厚度应按规范要求去做，也就是不小于钢筋直径，并应符合表 4-5 的要求。

钢筋的混凝土保护层厚度（mm）　　**表 4-5**

<table>
<tr><th colspan="2" rowspan="2">环境类别</th><th colspan="3">板、墙</th><th colspan="3">梁</th><th colspan="3">柱</th><th colspan="2">基础梁
（有垫层/无垫层）</th><th>基础底板
（有垫层/无垫层）</th></tr>
<tr><th>≤C20</th><th>C25～C45</th><th>≥C50</th><th>≤C20</th><th>C25～C45</th><th>≥C50</th><th>≤C20</th><th>C25～C45</th><th>≥C50</th><th colspan="2">C25～C45</th><th>C25～C45</th></tr>
<tr><td colspan="2">一</td><td>20</td><td>15</td><td>15</td><td>30</td><td>25</td><td>25</td><td>30</td><td>30</td><td>30</td><td colspan="2">25</td><td>—</td></tr>
<tr><td rowspan="2">二</td><td>a</td><td>—</td><td>20</td><td>20</td><td>—</td><td>30</td><td>30</td><td>—</td><td>30</td><td>30</td><td>顶面和侧面：30</td><td rowspan="3">底 面：≥40 且≥基础底板底筋混凝土保护层最小厚度与底板底筋直径之和</td><td>顶筋 20，底筋：40/70</td></tr>
<tr><td>b</td><td>—</td><td>25</td><td>20</td><td>—</td><td>35</td><td>30</td><td>—</td><td>35</td><td>30</td><td>顶面和侧面：35</td><td>顶筋 25，底筋：40/70</td></tr>
<tr><td colspan="2">三</td><td>—</td><td>30</td><td>25</td><td>—</td><td>40</td><td>35</td><td>—</td><td>40</td><td>35</td><td>顶面和侧面：40</td><td>顶筋 30，底筋：40/70</td></tr>
</table>

注：1. 混凝土保护层指受力钢筋外边缘至混凝土表面的距离，除应符合表中的规定外，不应小于钢筋的公称直径 d。
2. 设计使用年限为 100 年的结构：一类环境中，混凝土保护层厚度应按表中规定增加 40%；二、三类环境中，混凝土保护层厚度应采取专门有效措施。
3. 三类环境中的钢筋宜采用环氧树脂涂层带肋钢筋。
4. 墙中分布钢筋的保护层厚度不应小于表中相应数值减去 10mm，且不应小于 10mm，柱中箍筋的构造钢筋的保护层厚度不应小于 15mm。
5. 当桩直径或桩截面边长<800 时，桩顶嵌入承台 50mm，承台底部受力纵向钢筋最小保护层厚度为 50mm；当桩直径或截面边长≥800mm 时，桩顶嵌入承台 100mm；承台底部受力纵筋最小保护层厚度为 100mm。
6. 表中纵向受力钢筋因受力支承相互交叉或钢筋需要双向排列时，应首先保证最外层钢筋的保护层厚度，其余各层钢筋的保护层厚度则相应增加。

3. 钢筋的分类

钢筋混凝土结构设计规范中，钢筋按其强度和品种有不同的等级。每一类钢筋都用一个符号表示，表 4-6 是常用钢筋种类及符号。

常用钢筋种类及符号　　**表 4-6**

<table>
<tr><th colspan="2">种　类</th><th>符号</th><th>直径（mm）</th><th>强度标准值（N/mm²）</th></tr>
<tr><td rowspan="4">热轧钢筋</td><td>HPB300（Q235）（或 HPB235）</td><td>Φ</td><td>6～22</td><td>235</td></tr>
<tr><td>HRB335（20MnSi）</td><td>Φ</td><td>6～50</td><td>335</td></tr>
<tr><td>HRB400（20MnSiV、20MnSiNb、20MnTi）</td><td>Φ</td><td>6～50</td><td>400</td></tr>
<tr><td>RRB400（K20MnSi）</td><td>Φ^R</td><td>8～40</td><td>400</td></tr>
</table>

4. 钢筋的弯钩

受力钢筋为光圆钢筋时，为增强钢筋与混凝土之间共同工作的能力，常将钢筋端部做成弯钩形式，用来增强钢筋与混凝土之间的锚固能力。

弯钩的标准形式如图 4-52 所示。

5. 钢筋的尺寸标注

受力钢筋的尺寸按外皮尺寸标注，如图 4-53（*a*）所示。箍筋的尺寸按内皮尺寸标注，如图 4-53（*b*）所示。

钢筋简图的尺寸，可直接注在图例上，如图 4-53（*c*）所示。

每个弯钩长度，按图 4-52 要求计算；也可查表求得。

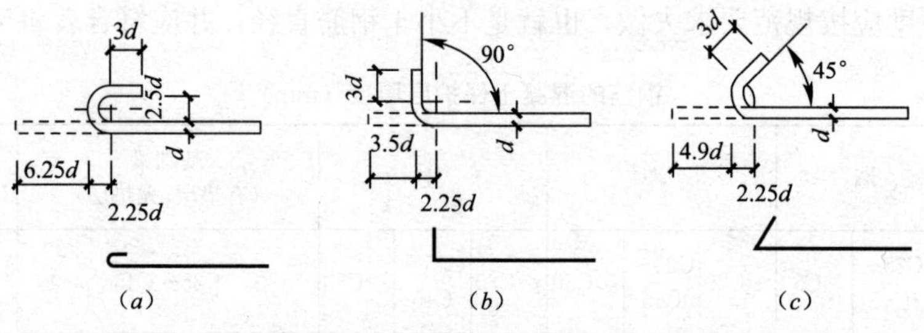

(a)　　(b)　　(c)

图 4-52　钢筋弯钩的标准形式

(a) 半圆形弯钩；(b) 直角形弯钩；(c) 斜弯钩

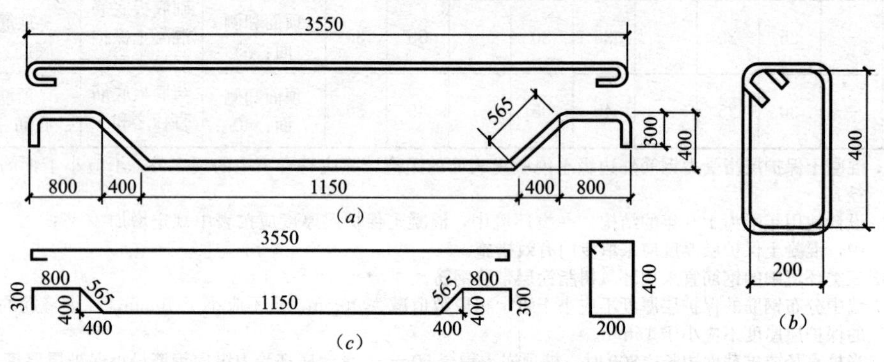

图 4-53　钢筋尺寸及其注法

(a) 受力钢筋的外皮尺寸；(b) 钢箍的内皮尺寸；(c) 钢筋简图的尺寸标注

第 5 章　施工图识图

5.1　建筑施工图识图

5.1.1　建筑总平面图

1. 用途

总平面图一般是指，用正投影方法表述较大范围的平面图。根据设计过程中不同的目的和要求，它所表达内容的侧重点也各不相同。有专为表达某一小区、某一工厂总体布局的总平面图，也有专为平整场地、修筑道路、进行绿化的总平面图。单栋房屋建筑施工图中的总平面图，主要表达该房屋的建造位置，以便施工定位。图 5-1 为一新建单栋房屋建筑施工图中的总平面图。

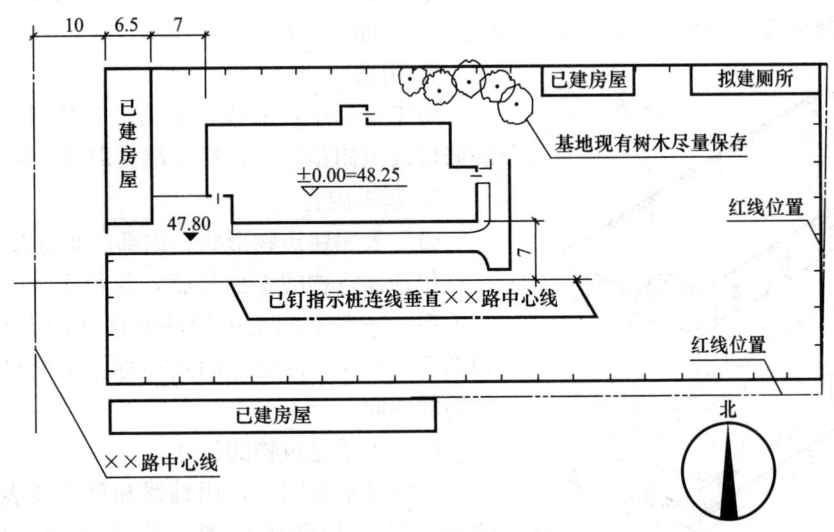

图 5-1　某小学校总平面图

2. 内容

（1）新建房屋的布局，内容有总体范围、各建筑物及构筑物的位置、道路、水、电、暖管网的布置等。

（2）可以看出建筑物首层地面的绝对标高，室外地坪、道路的绝对标高、土方填挖情况、地面坡度及雨水排除方向。

（3）指北针表示房屋的朝向。有的图还有风向玫瑰图表示常年风向频率和风速。

（4）复杂的工程，还配有水、暖、电等管线设备总平面图，各种管线综合布置图，竖向设计图，道路纵横剖面图以及绿化布置图。

3. 新建建筑物的定位

单栋房屋建筑施工图中的总平面图中，一般应首先表示出该房屋的建筑位置。当新建房屋周围有原有建筑物作为依据时，可以直接注出与它们的相对位置尺寸。当无原有建筑物作为依据时，应在地形图上绘制测量坐标网。标注房屋墙角坐标值，如图 5-2 所示。

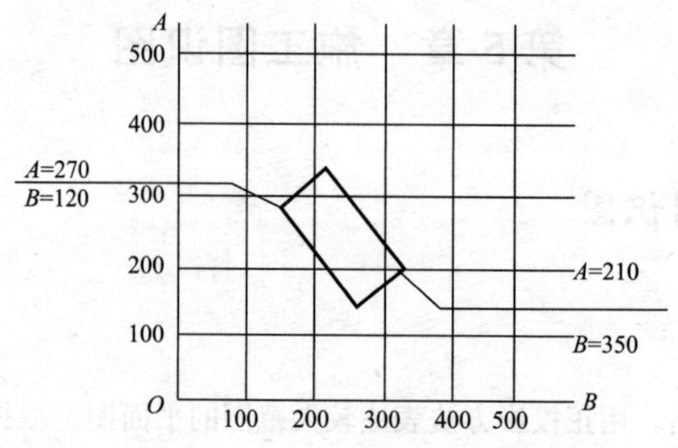

图 5-2　建筑物坐标示意图

5.1.2　建筑平面图

1. 形成

假想用一个水平剖切面沿房屋窗台以上位置将房屋水平切开，移开剖切平面以上的部分，绘出剩余部分的水平面剖面图，即是建筑平面图，如图 5-3 所示。

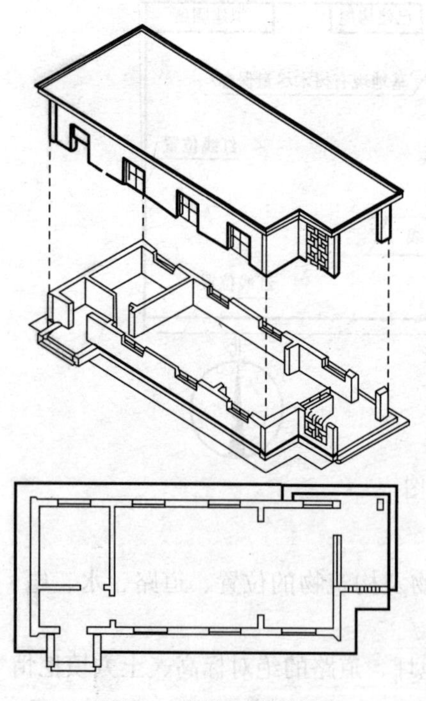

图 5-3　建筑平面图形成

2. 用途

施工过程中，放线，砌墙、安装门窗、作室内装修以及编制预算、备料等都要用到建筑平面图。

3. 基本内容

(1) 表明建筑物形状、内部的布置及朝向

包括建筑物的平面形状，各种房间的布置及相互关系。一般平面图中均注明房间的名称或编号，如图 5-4 所示。首层平面图还标注指北针，表明建筑物的朝向。

(2) 表明建筑物的尺寸

在建筑平面图中，用轴线和尺寸线表示各部分的长宽尺寸和准确位置。外墙尺寸一般分三道标注：

第一道尺寸为细部尺寸，表示门窗定位尺寸及门窗洞口尺寸，以定位轴为基准标注出墙垛的分段尺寸，与建筑外形距离较近的一道尺寸。

第二道尺寸为轴线尺寸，是用来标注轴线之间的距离（开间或进深尺寸）的。

第三道尺寸为外包尺寸，是用来表示建筑物的总长度和总宽度的。

内墙须注明与轴线的关系、墙厚、门窗洞口尺寸等。此外，首层平面图上还要表明室外台阶，散水等尺寸。各层平面图还应表明墙上留洞的位置、大小、洞底标高。

(3) 定位轴线与编号

平面图中主要承重的柱或墙体都画出它们的轴线，称定位轴线。定位轴线采用细长点

划线表示，如图 5-4 所示。

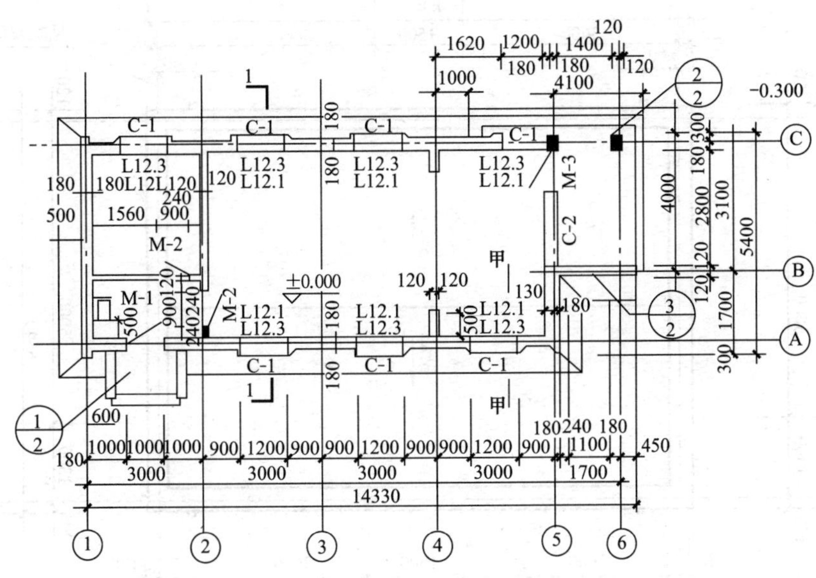

图 5-4　建筑平面图

（4）门窗图例及编号

门窗均以图例表示，图例旁注上相应的代号及编号。门的代号为“M”；窗的代号为“C”。同一类型的门或窗，编号应相同，如 M-1、M-2、C-1、C-2 等。如门窗采用标准图时，应符合标准图集上的编号及图号。

（5）剖面图的剖切位置

有剖面图时，剖切符号一般在首层平面图上标注，表示剖面图的剖切位置和剖视方向（图 5-4）。

（6）详图的位置和编号

某些构造细部或构件需要另画有详图来详细表示时，用索引符号表示，用来表明详图的位置和编号，以便查阅。

（7）必要的文字说明

图中无法用图形表明的内容，用文字说明。

4. 平面图的数量

平面图一般每层都要画，图的下面注明相应的图名，如首层平面图、二层平面图等。如果其中有几层的房间布置等完全相同，可用一张图来表示。

5. 屋顶平面图

在屋顶平面图中，主要包括以下内容：

（1）屋面排水情况：内容有排水分工，排水方向，屋面坡度，天沟，下水口位置等。

（2）突出屋面的构筑物位置：内容常有电梯机房、水箱间、女儿墙、天窗、管道、烟囱、检查孔、屋面变形缝等的位置及形状。如图 5-5 所示为有排水方向及女儿墙的屋顶。

6. 图例

建筑平面图中常用图例，如表 5-1 所示。

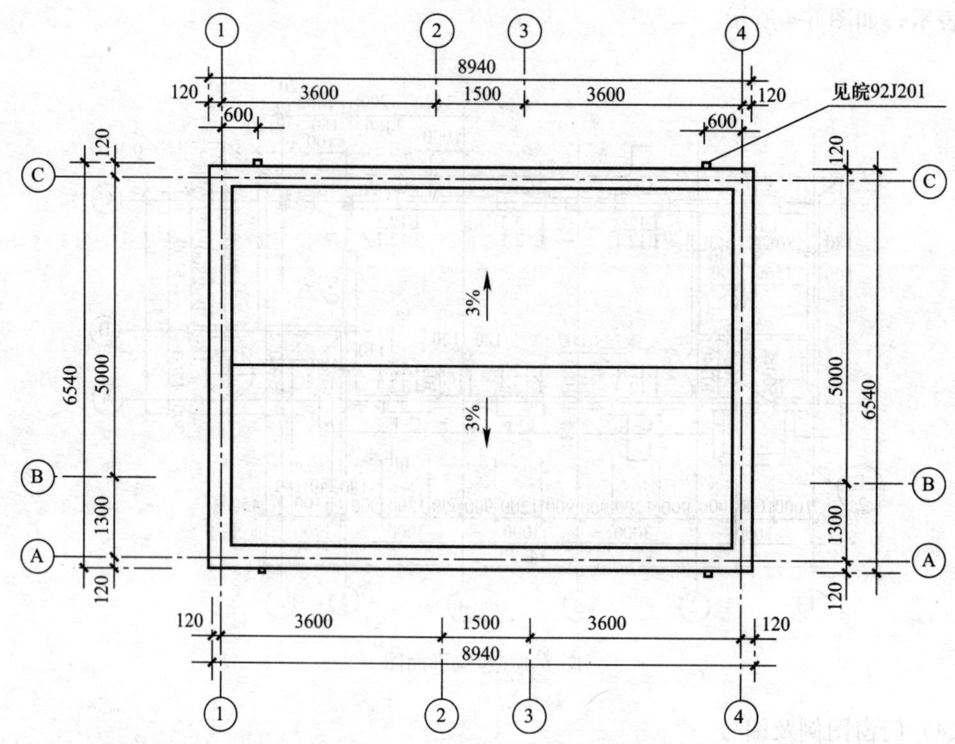

图 5-5　屋顶平面图

建筑平面图中常用图例表　　**表 5-1**

序号	名称	图　例	说　明
1	墙体		1. 上图为外墙，下图为内墙； 2. 外墙细线表示有保温层或有幕墙； 3. 应加注文字或涂色或图案填充表示各种材料的墙体； 4. 在各层平面图中防火墙宜着重以特殊图案填充表示
2	隔断		1. 加注文字或涂色或图案填充表示各种材料的轻质隔断； 2. 适用于到顶与不到顶隔断
3	玻璃幕墙		幕墙龙骨是否表示由项目设计决定
4	栏杆		—
5	楼梯	下 下 上 上	1. 上图为顶层楼梯平面，中图为中间层楼梯平面，下图为底层楼梯平面； 2. 需设置靠墙扶手或中间扶手时，应在图中表示

续表

序号	名称	图例	说明
6	坡道	下	长坡道
		下 下 下	上图为两侧垂直的门口坡道，中图为有挡墙的门口坡道，下图为两侧找坡的门口坡道
7	台阶	下	—
8	检查口		左图为可见检查口，右图为不可见检查口
9	孔洞		阴影部分亦可填充灰度或涂色代替
10	坑槽		

5.1.3　建筑立面图

1. 立面图形成

为了反映房屋的外形、高度，在与房屋立面平行的投影面上所作的房屋的正投影图形，如图 5-6 所示。

2. 立面图的用途

它主要反映建筑物的外貌，建筑物各立面的形状、门窗形式和位置、各部分的标高、外墙面的装饰材料和做法。

3. 立面图的命名

立面图的命名主要有三种。

(1) 按主要出入口或外貌特征命名：能反映建筑物外貌主要特征或主要出入口的立面图命名为正立面图，而把其他立面图分别称为背立面图、左侧立面图和右侧立面图等。

(2) 按建筑物的朝向命名：站在南面观看建筑物所得的立面图，称为南立面图，其余的立面图称为北立面图、东立面图、西立面图，如图 5-7 所示。

(3) 按轴线编号命名：依据建筑立面两端的轴线编号命名。如①～⑧立面图、Ⓐ～Ⓗ立面图等。

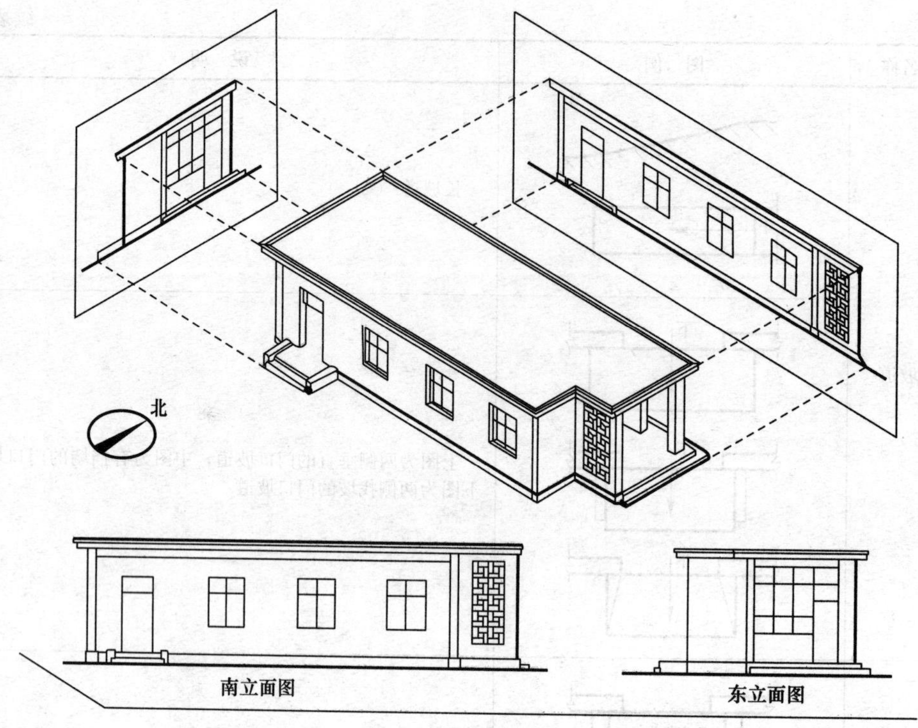

图 5-6　立面图形成

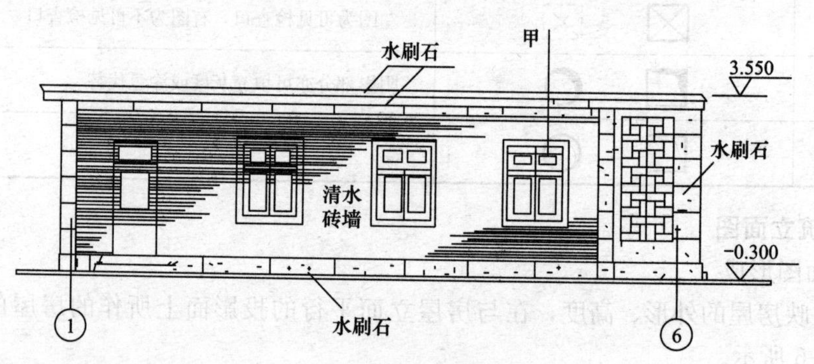

图 5-7　南立面图

4. 建筑立面图的图示内容

(1) 图名、比例、定位轴线及编号。

(2) 室外地面线、屋顶外形和外墙面的体形轮廓。

(3) 立面上有门窗的布置、外形（应用图例表示）。

(4) 外墙面有装饰的形状、位置、用料及做法。

(5) 有室外台阶、花池、勒脚、窗台、雨罩、阳台、檐沟、屋顶和雨水管等。

(6) 详图索引符号、文字说明。

5. 立面图的图例

表 5-2 是建筑立面图中的常用图例。

立面图中的常用图例　表 5-2

序号	名　称	图　例	说　明
1	单面开启单扇门（包括平开或单面弹簧）	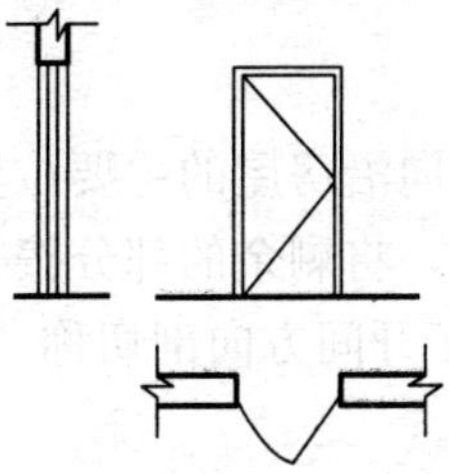	1. 门的名称代号用 M 表示； 2. 平面图中，下为外，上为内。门开启线为 90°、60°或 45°，开启弧线宜绘出； 3. 立面图中，开启线实线为外开，虚线为内开。开启线交角的一侧为安装合页一侧。开启线在建筑立面图中可不表示，在立面大样图中可根据需要绘出； 4. 剖面图中，左为外，右为内； 5. 附加纱扇应以文字说明，在平、立、剖面图中均不表示； 6. 立面形式应按实际情况绘制
	双面开启单扇门（包括双面平开或双面弹簧）	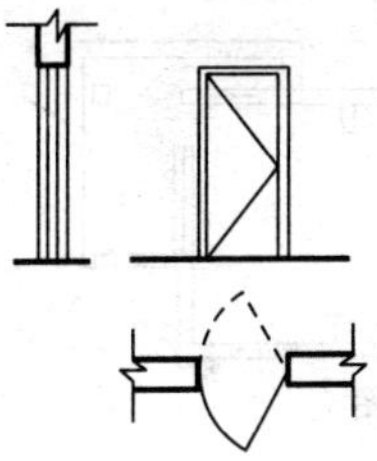	
	双层单扇平开门	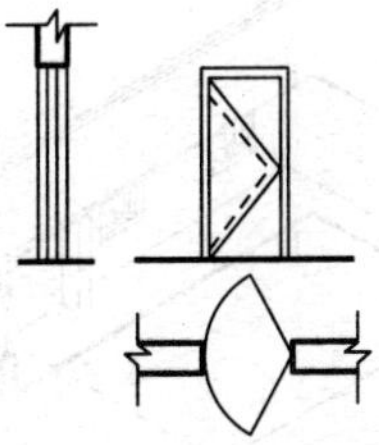	
2	单层推拉窗	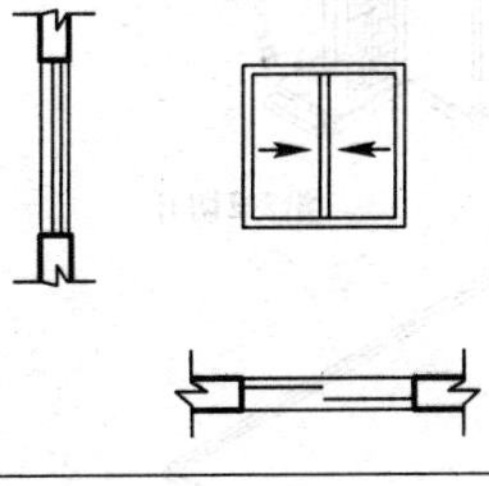	1. 窗的名称代号用 C 表示； 2. 立面形式应按实际情况绘制
	双层推拉窗	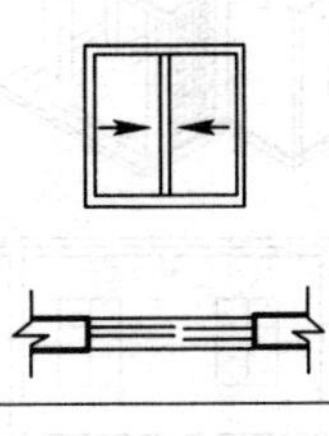	1. 窗的名称代号用 C 表示； 2. 立面形式应按实际情况绘制
3	上推窗	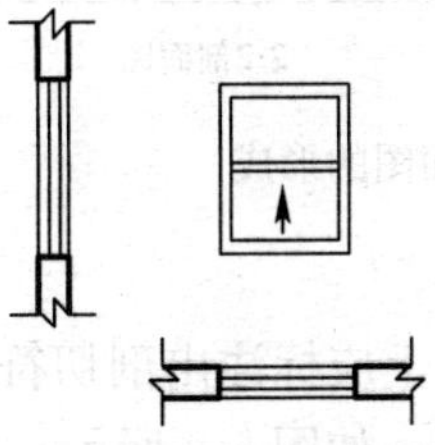	1. 窗的名称代号用 C 表示； 2. 立面形式应按实际情况绘制

6. 立面图的指示线

立面图中墙面各部位装饰做法通常用指示线并加以文字说明来解释（图 5-7）。

5.1.4　建筑剖面图

1. 建筑剖面图的形成

假想用剖切平面在建筑平面图的横向或纵向沿房屋的主要位置（入口、窗洞口、楼梯等）上将房屋垂直地剖开，移去不需要的部分，将剩余的部分按某一水平方向进行投影绘制而成。平行开间方向剖切称“纵剖”；垂直于开间方向剖切称“横剖”。必要时可用阶梯剖的方法，但一般只转折一次，如图 5-8 所示。

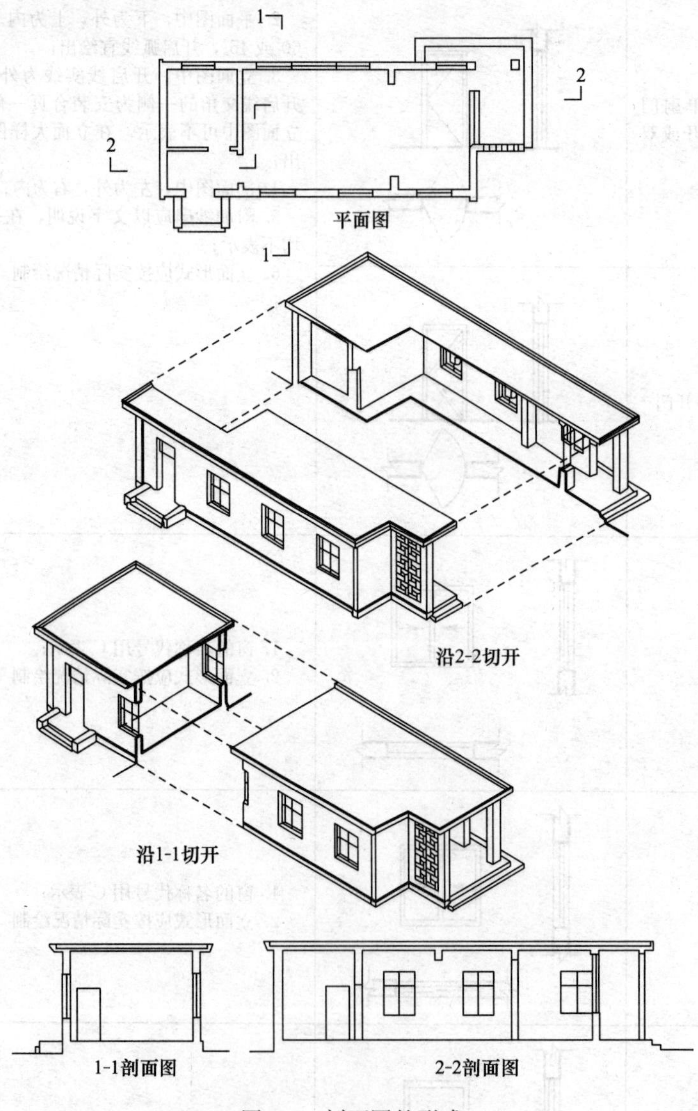

图 5-8　剖面图的形成

2. 建筑剖面图的图示方法

在建筑底层平面图中，在需要剖切的位置上应标注出剖切符号及其编号；然后在绘出的剖面图下方写上相应的剖面编号名称及比例，如图 5-9 所示。

3. 建筑剖面图的内容

(1) 标高

剖面图上反映出不同高度的部位，都应标注相对标高，如各层楼面、顶棚、屋面、楼梯休息平台、地面等。在构造剖面图中，一些主要构件还必须标注其结构标高。

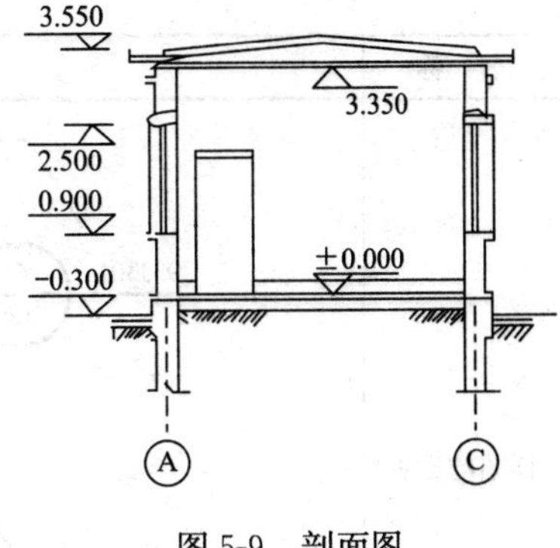

图 5-9　剖面图

(2) 尺寸标注

剖面图一般注有外部尺寸和内部尺寸。

外部高度尺寸注有三道。

① 第一道尺寸，接近图形的一道尺寸，以层高为基准标注窗台、窗洞顶（或门）以及门窗洞口的高度尺寸。

② 第二道尺寸，标注两楼层间的高度尺寸（即层高）。

③ 第三道尺寸，标注总高度尺寸。

内墙的门窗洞口一般注有尺寸及其定位尺寸，称内部尺寸。

5.1.5　建筑详图

为了将房屋复杂构造的局部反映清楚，须用较大的比例画出大样图，称建筑详图。对于一个建筑物来说，建筑平、立、剖面图图样比例较小，建筑物的某些细部及构配件的详细构造和尺寸仍然不能清楚表示，不能满足施工需求。在一套施工图中，还必须有许多比例较大的图样，对建筑物细部的形状、大小、材料和做法加以补充说明。

1. 建筑详图比例及符号

(1) 详图常用比例为 1∶20、1∶10、1∶5、1∶2、1∶1 等。

(2) 详图与其他图的联系主要采用索引符号和详图符号，有时也用轴线编号、剖切符号等，如表 5-3 所示。

要是用标准图或通用详图上的建筑构配件和剖面节点详图，只需注明所有图集名称、编号或页次，而不画出详图。

常用的索引和详图的符号　　**表 5-3**

名　称	符　号	说　明
详图的索引	5 详图的编号 详图在本张图纸上 6 剖面详图的编号 剖面详图在本张图纸上 剖切位置线	详图在本张图上
	6/3 详图的编号 详图所在图纸的编号	详图不在本张图上

续表

名　称	符　号	说　明
详图的索引	93J301 6/12：标准图册的编号；标准图册详图的编号；标准图册详图所在图纸的编号 93J301 8/13：标准图册的编号；标准图册详图的编号；标准图册详图所在图纸的编号；剖切位置线；引出线表示剖视方向（本图向右）	标准详图
详图的标志	5：详图的编号	被索引的详图在本张图纸上

2. 建筑详图内容

建筑详图图样很多，有墙身详图、楼梯详图、门窗详图及厨房、卫生间各种类型的详图。

以下以楼梯详图为例进行介绍。

(1) 楼梯的组成和名称（图 5-10）

① 横梯梯段由踏步组成的倾斜部分，一个梯段一跑。每一梯段的第一个踏步边沿（上行）至最末一个踏步边沿的水平长度称为“梯段长度”。

② 楼梯休息平台由平台板和平台梁组成，连接两个梯段的水平部分（不包括楼层），起缓冲作用。平台梁在平台板下面，与梯段相连接。

(2) 楼梯平面图

① 形成

假想用一剖切平面在每一层（楼）地面上 1 米的位置将楼梯间水平切开，移去剖切平面以上部分，将剩下的部分按正投影的方法绘制成水平剖面图，称“楼梯平面图”，如图 5-11 所示。

② 内容

楼梯平面图中，可以看出梯段的长度和宽度、上行或下行方向、踏步数和踏面宽、楼梯平台、栏杆位置等。

(3) 楼梯剖面图

① 形成

假想用一铅垂面沿第一梯段的长度方向将楼梯间切开，然后往另一梯段方向正投影，所得的剖面图，如图 5-12 所示。

② 内容

从楼梯剖面图上可以看出楼梯梯段的结构形式、踏步的踏面宽、踢面高、级数等，还

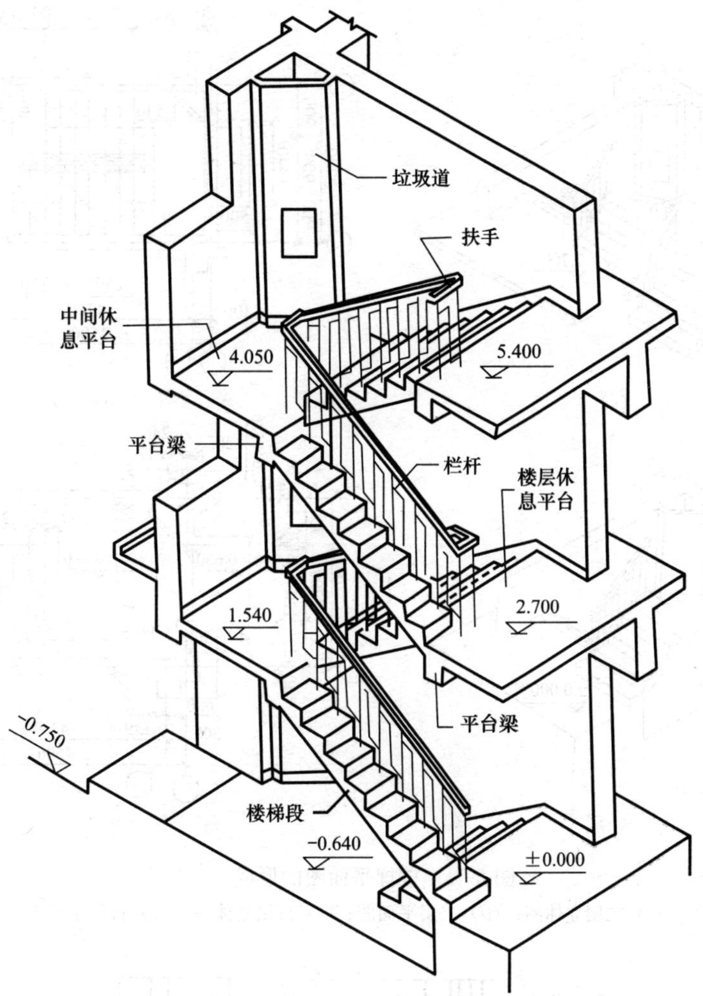

图 5-10　楼梯的组成和名称

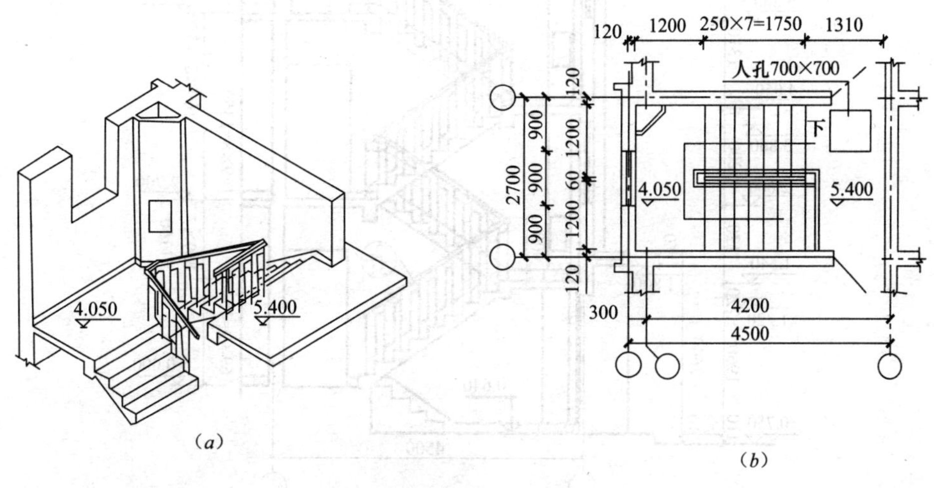

图 5-11　楼梯平面图的形成（一）
(a) 顶层立体图；(b) 顶层平面图

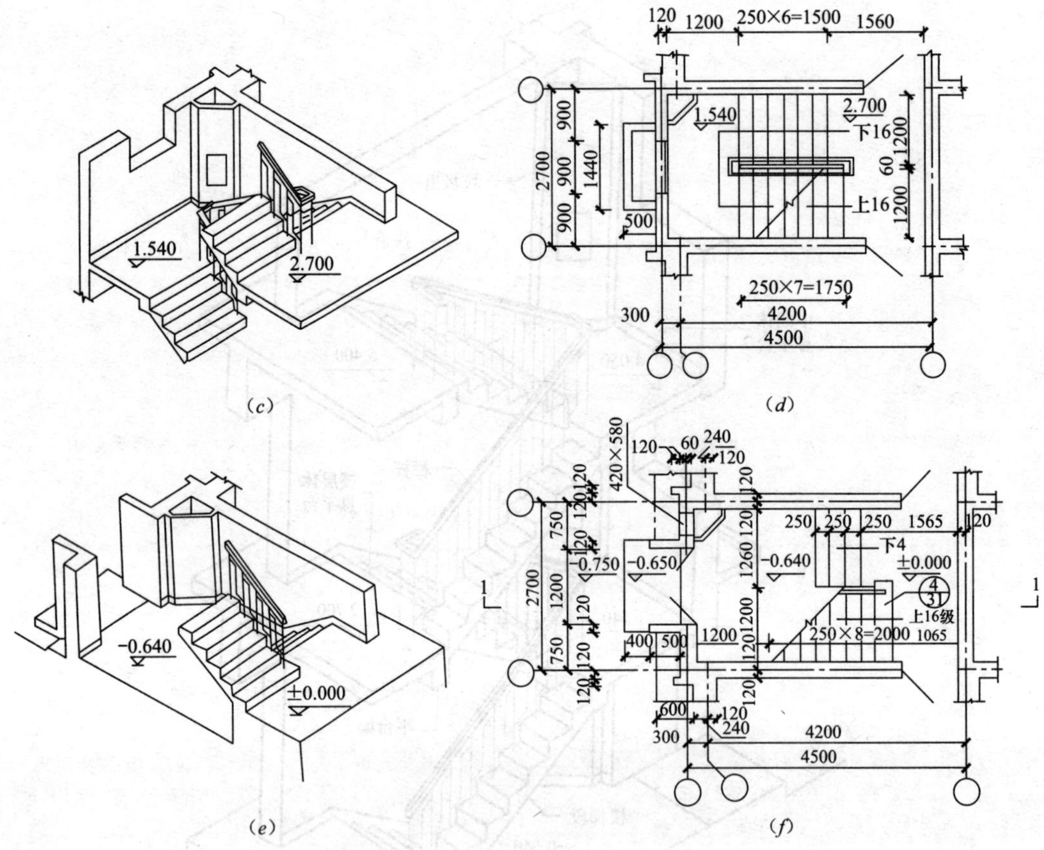

图 5-11　楼梯平面图的形成（二）

(c) 二层立体图；(d) 二层平面图；(e) 首层立体图；(f) 首层平面图

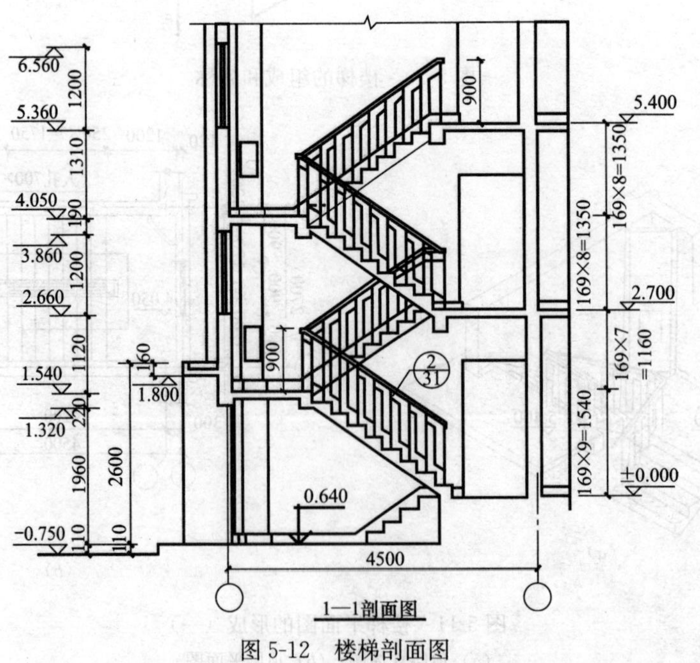

图 5-12　楼梯剖面图

可以看出楼地面、楼梯平台、墙身、栏杆（或栏板）的构造做法，以及它们的相对位置，全部尺寸、标高、索引标志等。

5.2　结构施工图识图

5.2.1　概述

1. 房屋结构构件

房屋都是由各种不同的建筑配件和结构构件组成的。其中，结构构件组成的骨架，在整个房屋建筑中起着确保房屋安全可靠的作用。这个骨架，称为“房屋的结构”。组成这个骨架各个独立部分的“零件”，就是结构的构件。

图 5-13 所示为框架结构房屋建筑。其中基础、墙体、柱、梁、楼板、支撑等，都起着承受重量和传递荷载的作用。因此，它们都是房屋的结构构件。而其中门、窗、墙板等，主要满足采光通风或遮风避雨的围护要求，属于建筑配件。

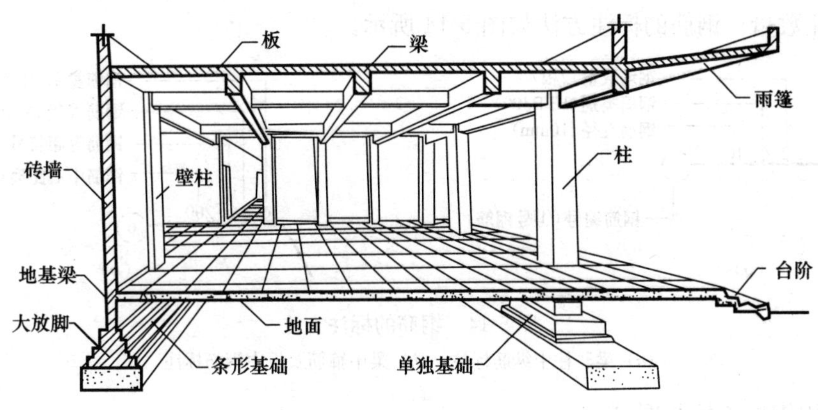

图 5-13　框架结构房屋

2. 建筑上常见的结构形式

(1) 按结构受力形式划分

常见的有：墙柱与梁板承重结构、框架结构、桁架结构、空间结构（如壳体、网架、折板）等结构形式。

(2) 按建筑的材料划分

常见的有：木结构、砖石结构、砖墙钢筋混凝土梁板结构（又称混合结构)、钢筋混凝土结构、钢结构以及其他建筑材料结构等。

5.2.2　钢筋混凝土施工图

1. 钢筋的表示方法

(1) 钢筋的表示方法与图例

常见钢筋的表示方法与图例表　　　　表 5-4

序号	名　称	图　例	说　明
1	钢筋横断面	•	—
2	无弯钩的钢筋端部	[图例]	下图表示长、短钢筋投影重叠时，短钢筋的端部用 45°斜画线表示

续表

序号	名　称	图　例	说　明
3	带半圆形弯钩的钢筋端部		—
4	带直钩的钢筋端部		—
5	带丝扣的钢筋端部		—
6	无弯钩的钢筋搭接		—
7	带半圆弯钩的钢筋搭接		—
8	带直钩的钢筋搭接		—
9	花篮螺丝钢筋接头		—
10	机械连接的钢筋接头		用文字说明机械连接的方式（如冷挤压或直螺纹等）

(2) 钢筋的标注方法

钢筋（或钢丝束）的标注内容有钢筋的编号、数量或间距、直径，标注位置通常沿钢筋的长度标注或标注在钢筋的引出线上。梁、柱箍筋和板的分布筋，一般标注直径和间距，不标注数量。钢筋的标注方法如图 5-14 所示。

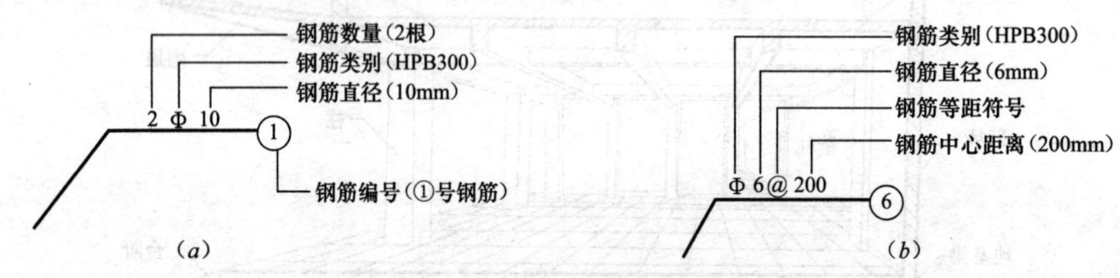

图 5-14　钢筋的标注方法

(*a*) 梁、柱中纵筋标注；(*b*) 梁中箍筋及板中钢筋标注

2. 常用钢筋连接与图例

常用钢筋连接与图例表　　**表 5-5**

名　称	连　接	图　例
带半圆钩钢筋搭接		
无弯钩钢筋搭接		
带直钩钢筋搭接		
套管接头		
单面焊接的钢筋连接		
用帮条双面焊接的钢筋连接		
接触对焊的钢筋连接		
用扁钢连接焊接的钢筋连接		

3．钢筋混凝土构件的图示方法及内容

（1）钢筋配置图的作用与形成

钢筋配置图，实际上就是钢筋骨架的正投影图。主要用来表示钢筋在构件中的布置情况，以及钢筋的种类、直径、形状、尺寸、根数、间距等方面内容。

图 5-15 是地基梁 DJL_{1A}的钢筋骨架立体图。图的上方或下方的钢筋简图是绑扎前的单一钢筋简图。图 5-16 是它的钢筋配置图。

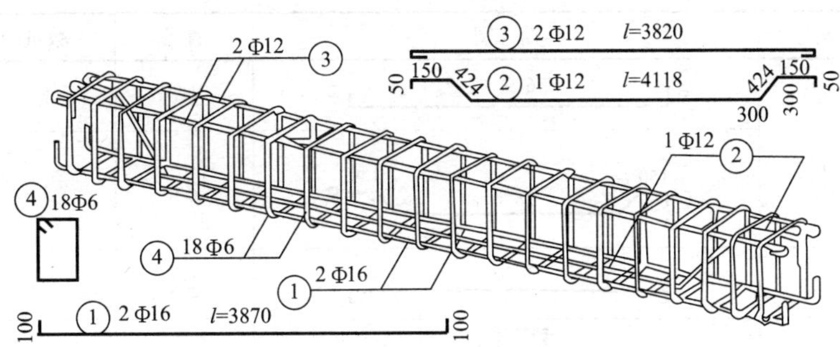

图 5-15　地基梁 DJL_{1A}的钢筋骨架立体图

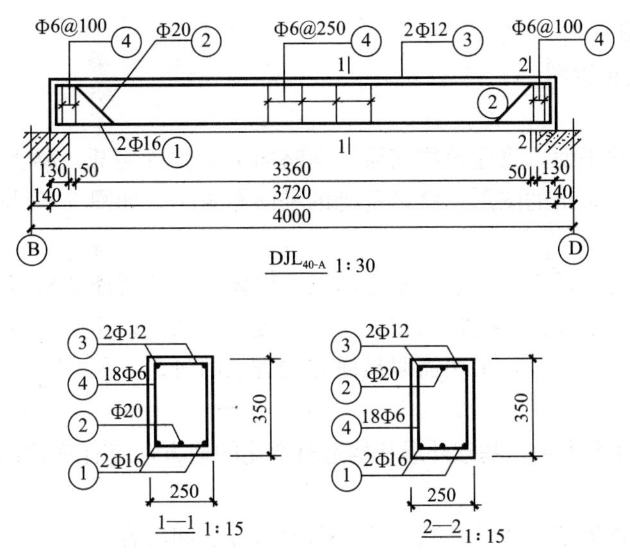

图 5-16　地基梁 DJL_{1A}钢筋配置图

（2）钢筋的表达

相同的钢筋可采用同一钢筋编号。钢筋的编号是在该钢筋上画一指引线（细线），在其另一端画一直径 6mm 的细线圆圈，在圆圈内写上钢筋的编号。然后在引出线的水平部分上方注写该钢筋的种类和规格。如：2Φ12，表示该号钢筋共有 2 根，直径为 12mm 的 HPB300 钢筋，如图 5-14 所示。

（3）尺寸标注

一般不标注钢筋的尺寸或保护层厚度。但构件的外形尺寸或其他有特殊要求的地方，则要标注尺寸。

（4）钢筋表

钢筋以表格的方式，把每一构件的钢筋按类型分列出来。内容包括：构件名称、钢筋编号、钢筋简图、种类与直径、数量（根数）、长度等内容。

表 5-6 是 DJL_{1A}的钢筋表。

DJL_{1A}钢筋表　　**表 5-6**

构件名称	编号	简　图	直径	数量	长度（mm）
DJL_{1A}	①	100 3670 100	ϕ16	2	3870
	②	50 150 424 2870 424 150 50	ϕ20	1	4118
	③	3670	ϕ12	2	3820
	④	300 200	ϕ6	18	1150

5.2.3　基础施工图

1. 基础的平面布置图

（1）形成

假想以一水平截平面，将建筑物底层地面略向下的位置切开，移去上部分，对剩下的部分，用正投影方法画出的图形，就是基础的平面布置图，如图 5-17 与图 5-18 所示。

（2）图示内容

基础的平面布置，通常只要求画出地面以上砌体、柱的截面图形以及基础底部最宽部分的外形轮廓线。对地基梁等构件则在其所在位置画上图例，注上名称的代号。有特别要求的地方，如地沟、洞口等，采用简明易懂方式表示即可。

2. 基础详图

基础的构造用详图表示；基础外形和构造有变化的地方，应有基础详图，如图 5-19（*b*）所示。

下面分别介绍条形基础和单独基础详图图示的方法和内容。

（1）条形基础详图

指长度大于高度和宽度的基础形式。如图 5-19（*a*）是局部立体图；（*b*）、（*c*）分别是基础平面图和截面详图。

1）形成

假想用一剖切平面在基础某位置将基础垂直切开，画上剖切位置线，并用阿拉伯数字编号，并规定将编号注在剖切位置线的一侧，且与截面的投影方向一致。例如，编号标注在左侧时，表示剖切后由右向左投影，如图 5-19（*b*）中 1-1 位置，画出截面图形即基础详图，如图 5-19（*c*）所示。

2）内容

当有地基梁时，则按钢筋混凝土构件的要求画出配筋情况。

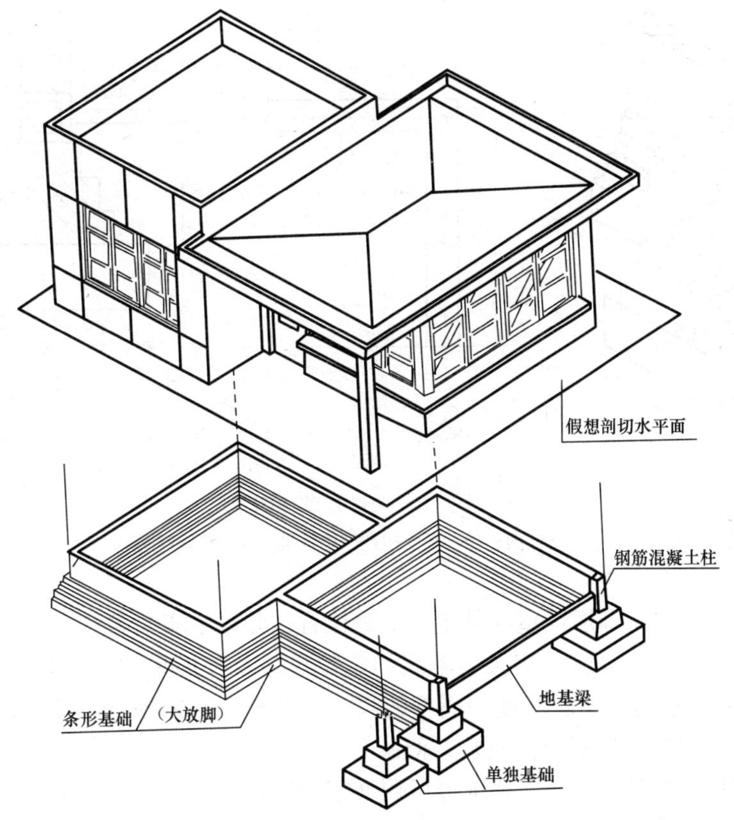

图 5-17　基础平面布置图的形成

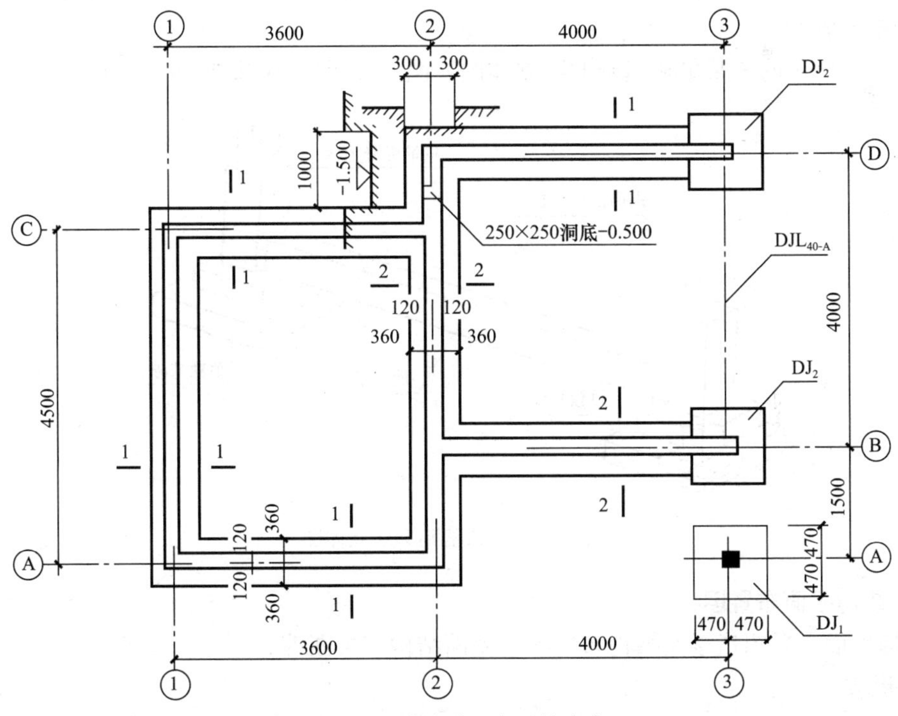

图 5-18　基础平面布置的内容

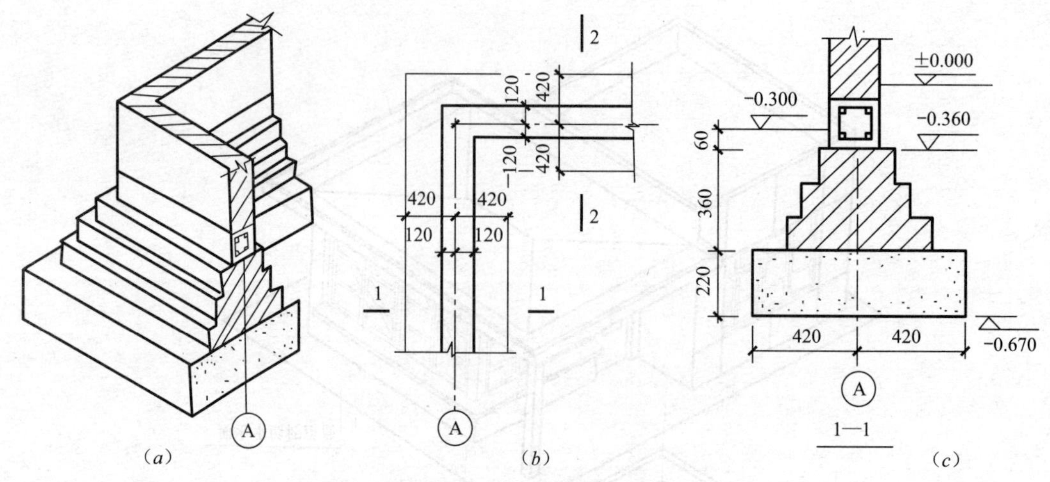

图 5-19　条形基础详图

(a) 立体图；(b) 平面图及剖切符号；(c) 基础详图

① 详图还应示出防潮层、室内外地坪线等位置，并以中实线表示。

② 应有基础墙、大放脚、垫层等轴线的定位尺寸及外形尺寸。同时，还应标出室外地面到基础底面及基础顶面的深度和高度的尺寸。此外，室内地坪、室外地面、基础底、基础顶、沟管、洞口等部位的标高也应标注。

③ 对建筑材料的要求、施工要求等可用文字叙述。

(2) 单独基础详图

这种基础，一般是柱下基础，详图有平面图和剖面图。内容有基础的外形、大小、钢筋布置情况等。

图 5-20 所示的是某单独基础 DJ_2 立体图，图 5-21 即单独基础 DJ_2 的详图。

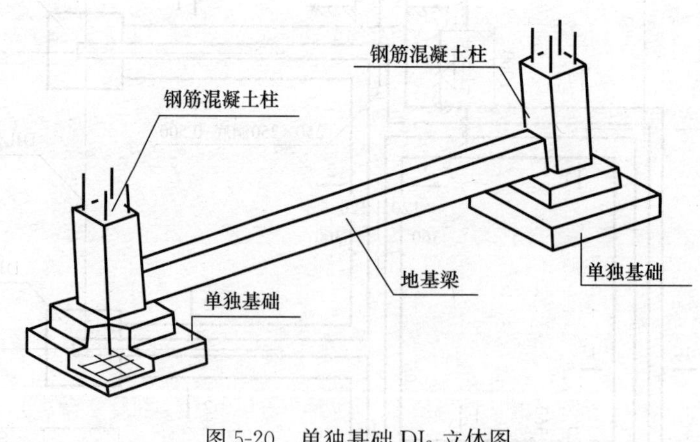

图 5-20　单独基础 DJ_2 立体图

5.2.4　结构平面布置图

结构平面布置图指楼面结构布置图，屋面结构布置图等。

1. 形成

楼层结构平面布置图是假想沿楼板面将房屋水平剖开后所作的楼层结构水平投影图，

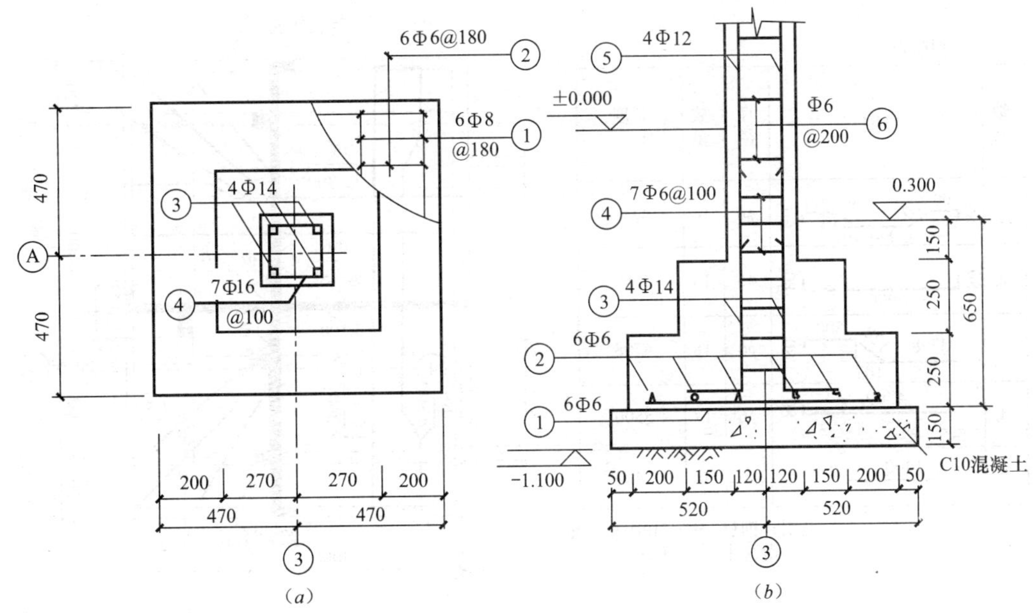

图 5-21 单独基础 DJ_2 的详图

(a) 平面图；(b) 剖面图

用来表示每层楼的梁、板、柱、墙等承重构件的平面布置，现浇楼板的构造与配筋，以及它们之间的结构关系。

2. 内容

(1) 平面图内容

①轴线网；②承重墙的布置和尺寸；③梁、梁垫的布置和编号；④板的厚度、标高及墙上支撑的长度；⑤钢筋布置。

(2) 剖面大样

表示圈梁、砖墙、楼板的关系。

(3) 文字说明

写明材料强度等级、分布筋的要求等。

图 5-22 是现浇屋面钢筋配置的立体图。图 5-23 是它的平面布置图。

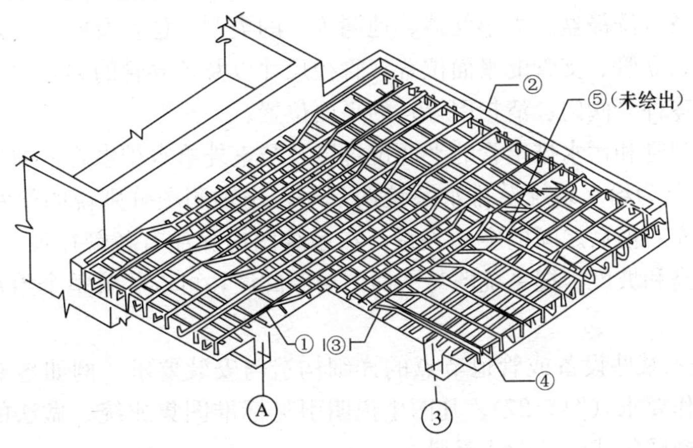

图 5-22 现浇屋面钢筋骨架图

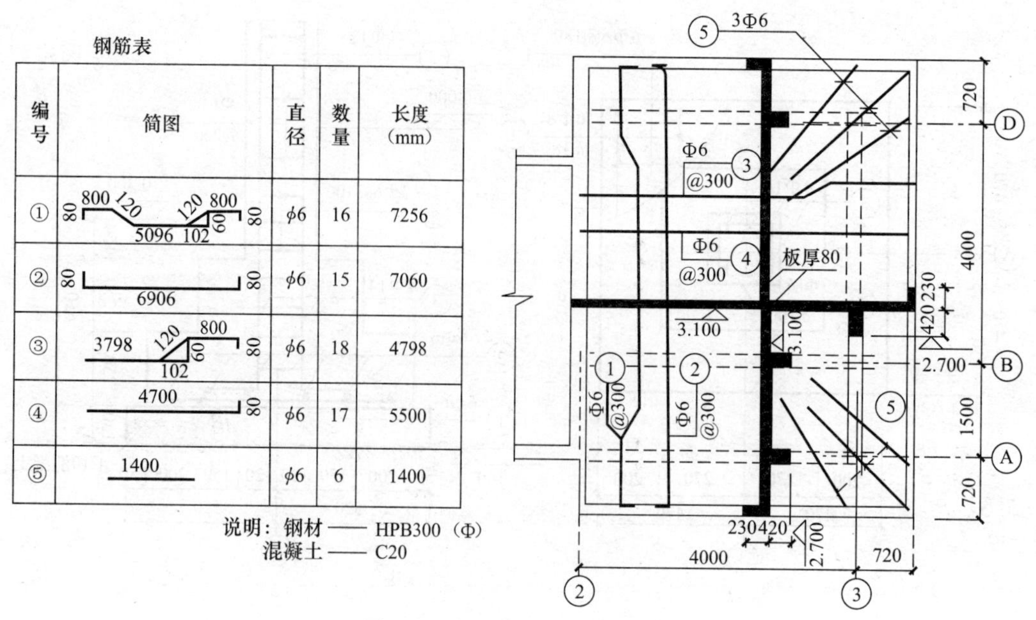

钢筋表

编号	简图	直径	数量	长度(mm)
①	80 800 120 5096 120 102 60 800 80	ϕ6	16	7256
②	80 6906 80	ϕ6	15	7060
③	3798 120 102 60 800 80	ϕ6	18	4798
④	4700 80	ϕ6	17	5500
⑤	1400	ϕ6	6	1400

说明：钢材 —— HPB300（Φ）
混凝土 —— C20

图 5-23　现浇屋面钢筋布置图

5.3　给水排水施工图识图

5.3.1　图纸的组成

给水排水施工图分室内给水排水和室外给水排水两部分。室内部分表示一栋建筑物的给水和排水工程，主要包括平面图、系统轴测图和详图。室外部分表示一个区域的给水、排水管网，主要包括平面图、纵断面图和详图。

现以室内给水系统为例，说明以上特点。

图 5-24 表明在两层楼房中给水系统的实际布置情况。图 5-25 是它的平面图，图 5-26 是它的系统轴测图。

5.3.2　基本内容（室内部分）

1. 平面图：表明建筑物内给水排水管道及设备的平面布置。一般包括以下内容：

(1) 用水设备（洗涤盆、大小便器、地漏等）的类型、位置及安装方式。

(2) 各干管、立管、支管的平面位置，管径尺寸以及各立管的编号。

(3) 各管道零件（阀门、清扫口等）的平面位置。

(4) 给水进户管和污水排出管的平面位置以及与室外给水排水管网的关系。

2. 系统图：分为给水系统及排水系统两部分，用轴测图分别说明给水排水管道系统的上下层之间，左右前后之间的空间关系。在系统图内除注有各管径尺寸及立管编号外，还注有管道的标高和坡度。把系统图与平面图对照阅读，可以了解整个给水排水管道系统的全貌。

3. 详图：表示某些设备或管道节点的详细构造与安装要求。例如地漏加工图，表明地漏的尺寸及制作要求（图 5-27）。凡图中说明引见标准图集或统一做法的详图，均可直接查阅有关的标准图集或统一做法手册。

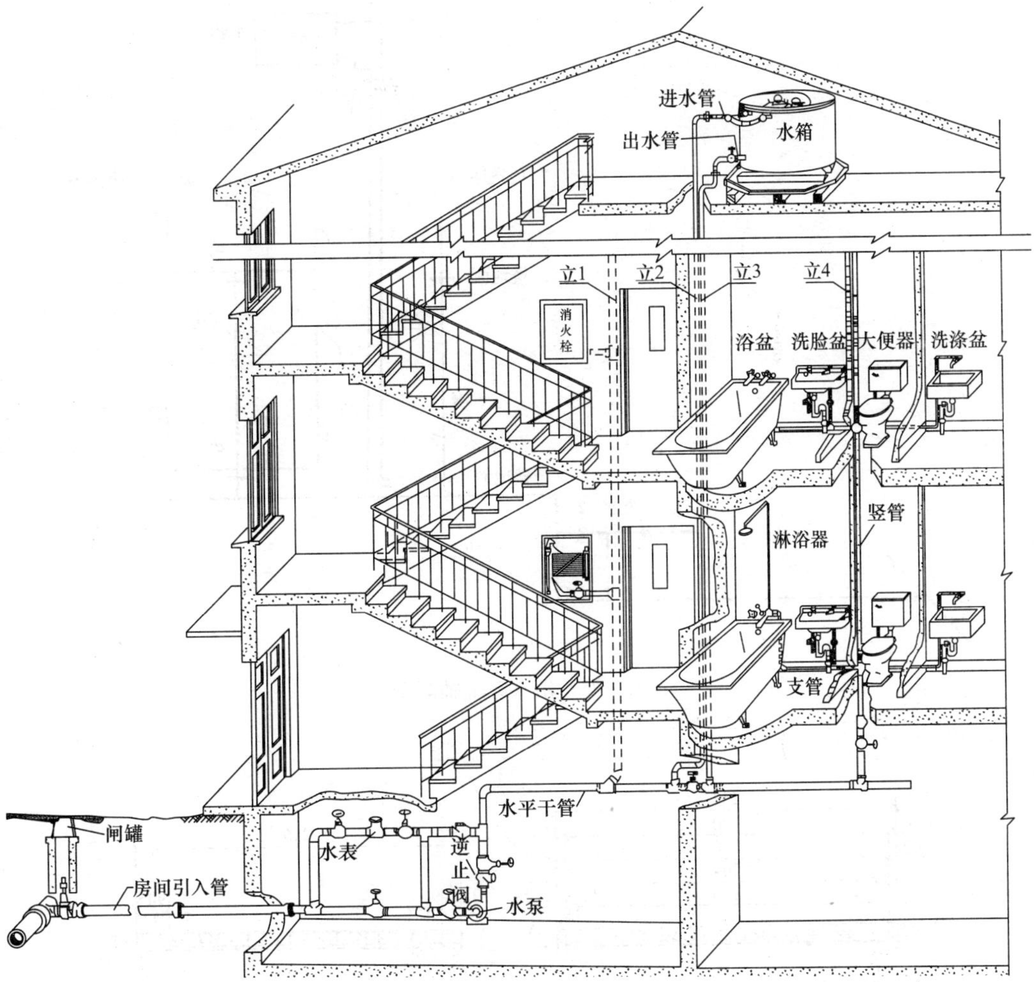

进水管
水箱
出水管
立1
立2
立3
立4
消火栓
浴盆
洗脸盆
大便器
洗涤盆
竖管
淋浴器
支管
水平干管
闸罐
水表
逆止阀
房间引入管
水泵

图 5-24　给水系统示意图

立1
立3
立4
立2
楼层平面
水表
水泵
立1
立3
立4
逆止阀
立2
地下室平面

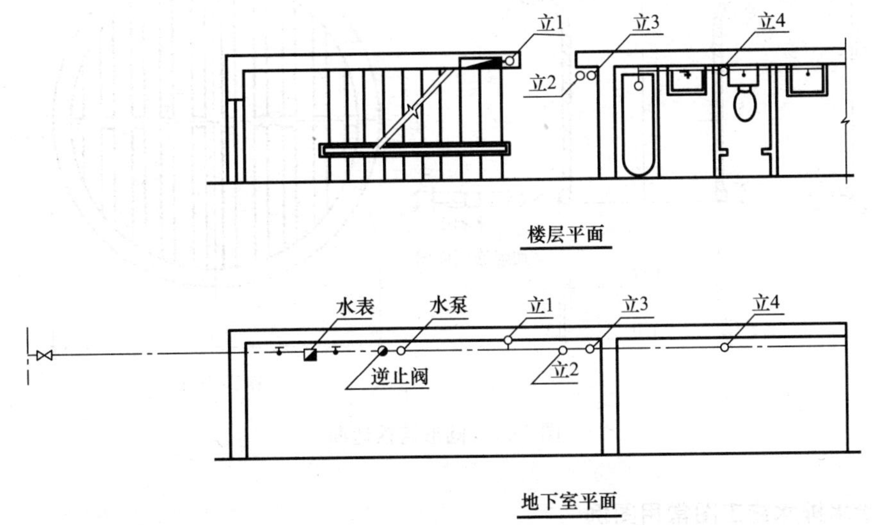

图 5-25　给水系统平面图

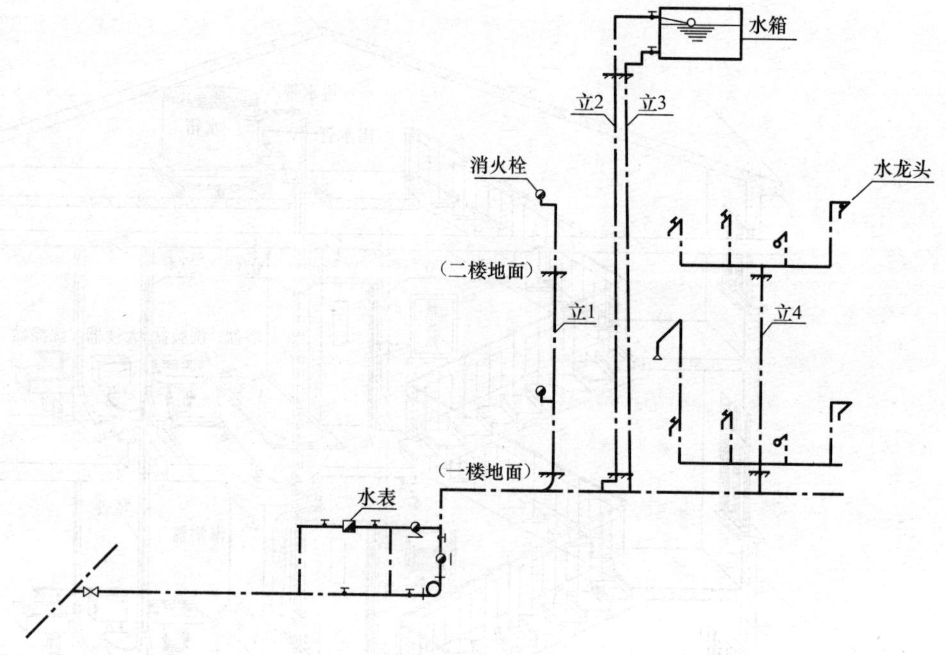

图 5-26 给水系统轴测图

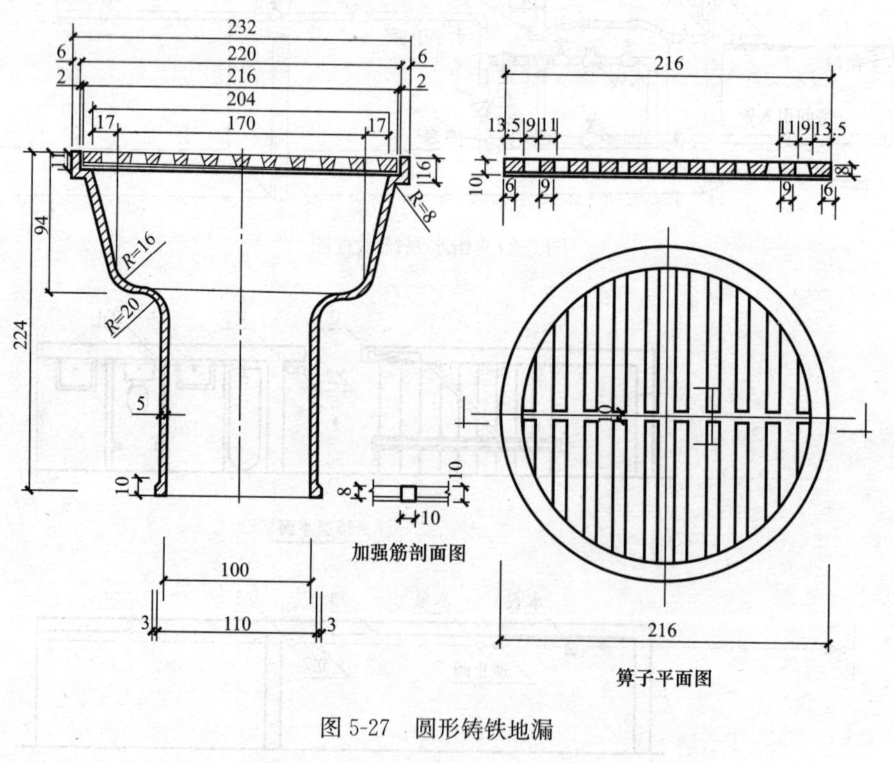

图 5-27 圆形铸铁地漏

5.3.3 给水排水施工图常用图例

给水排水施工图常用图例如表 5-7 所示。

给水排水施工图常用图例表　　　　**表 5-7**

名　称	图　例	名　称	图　例
生活给水管	—J—	洗脸盆	
污水管	—W—	清扫口	系统　平面
水嘴	平面　系统	止回阀	
室外消火栓		球阀	
通气帽	成品　铅丝球	盥洗槽	
存水弯		方沿浴盆	
截止阀	*DN*≥50　*DN*<50	拖布盆	
壁挂式小便器		圆形地漏	平面　系统
小便槽		自动冲水箱	
蹲式大便器		室内消火栓（双口）	平面　系统
坐式大便器		卧式水泵	平面　或　系统
淋浴喷头		管道清扫口	平面　系统
水泵接合器		室内消火栓（单口）	平面　系统

5.4　电气施工图识图

5.4.1　常见规定

1. 图例符号

电气施工图中用到了大量图形符号和文字符号，表 5-8、表 5-9 分别是建筑电气施工图常用图形符号、文字符号。

常用电气图形符号　　表 5-8

名称	图例	名称	图例	名称	图例
配电箱		普通照明灯		明装单极开关	
电度表	Wh	单管荧光灯		暗装单极开关	
接地线		双管荧光灯		暗装双极开关	
熔断器		壁灯		暗装三极开关	
明装单相双极插座		吸顶灯		暗装四极开关	
暗装单相双极插座		一根导线		接线开关	
暗装单相三极插座		两根导线		延时开关	t
电话插座	TP　TP	三根导线		向上引线 向下引线	
电视插座	TV　TV	*n* 根导线	n	由上引线 由下引线	

常用电气设备文字符号　　表 5-9

文字符号	设备装置及元件	文字符号	设备装置及元件
AH	35kV 开关柜	SF	控制开关
AL	照明配电箱	SB	按钮开关
BP	压力传感器	TA	电流互感器
BT	温度传感器	TM	电力变压器
FA	熔断器	TV	电压互感器
PA	电流表	WL	照明线路
PJ	电度表	X	插头
PV	电压表	XD	插座、插座箱
QA	断路器		

2. 线路标注方法

线路用下式标注：

$$ab - c(d \times e + f \times g)i - jh \quad (5\text{-}1)$$

其中，a 为参照代号；b 为型号；c 为导线根数；d 为相导体根数；e 为相导体截面（mm^2）；f 为 N、PE 导体根数；g 为 N、PE 导体截面（mm^2）；i 为敷设方式和管径（mm）；j 为敷设部位；h 为安装高度（m）。

常用导线型号的代号、导线敷设方式及敷设部位的文字符号、灯具安装方式标注的文字符号如表 5-10～表 5-13 所示。

常用导线型号的代号表　　**表 5-10**

文字符号	导线型号	文字符号	导线型号
BV	铜芯聚氯乙烯绝缘线	RVB	铜芯聚氯乙烯绝缘平型软导线
BLV	铝芯聚氯乙烯绝缘线	RVS	铜芯聚氯乙烯绝缘绞型软导线
BLX	铝芯橡皮绝缘线	BXF	铜芯氯丁橡皮绝缘线
RV	铜芯聚氯乙烯绝缘软导线	BLXF	铝芯氯丁橡皮绝缘线

常用导线敷设方式的文字符号表　　**表 5-11**

文字符号	敷设方式	文字符号	敷设方式
PR	塑料线槽敷设	M	钢索敷设
SC	穿焊接钢管敷设	DB	直埋敷设
PC	穿聚氯乙烯管敷设	CP	穿金属软管敷设
TC	电缆沟敷设	CE	电缆排管敷设
FPC	穿阻燃半硬聚氯乙烯管敷设	MT	穿电线管敷设
CT	电缆托盘敷设		

常用导线敷设部位标注文字符号表　　**表 5-12**

序　号	名　称	文字符号
1	线吊式	SW
2	链吊式	CS
3	管吊式	DS
4	壁装式	W
5	吸顶式	C
6	嵌入式	R
7	吊顶内安装	CR
8	墙壁内安装	WR
9	支架上安装	S
10	柱上安装	CL
11	座装	HM

灯具安装方式标注的文字符号表　　**表 5-13**

序　号	名　称	文字符号
1	沿或跨梁（屋架）敷设	AB
2	沿或跨柱敷设	AC
3	沿吊顶或顶板面敷设	CE
4	吊顶内敷设	SCE
5	沿墙面敷设	WS
6	沿屋面敷设	RS
7	暗敷设在顶板内	CC
8	暗敷设在梁内	BC

续表

序号	名称	文字符号
9	暗敷设在柱内	CLC
10	暗敷设在墙内	WC
11	暗敷设在地板或地面下	FC

3. 照明灯具标注方法

$$a-b\frac{c\times d\times L}{e}f \tag{5-2}$$

其中：a 为灯具数；b 为型号；c 为每盏灯具的光源数量；d 为光源安装容量；e 为安装高度；L 为光源种类；f 为安装方式。

5.4.2　电气施工图识图举例

1. 线路标注举例

例如，某配电线路上标注 WL-3-BV（3×10＋1×6）SC30-WC，其中 WL-3 表示照明 3 号回路，BV 表示铜芯聚氯乙烯绝缘线，3×10＋1×6 表示共四根导线，3 根截面 $10mm^2$ 加 1 根截面 $6mm^2$ 的导线；SC30 表示焊接钢管，四根导线都穿过管径为 30mm 的焊接钢管；WC 表示暗敷设在墙内。具体实例请参看本书第 6 章。

2. 照明灯具标注举例

例如，$5-\frac{2\times 60}{2.7}cs$，表示 5 盏灯，每盏灯有两个容量为 60W 的灯泡，采用链式安装，安装高度为 2.7m。具体实例请参看本书第 6 章。

第6章　某框架结构科研楼工程施工图实例导读

6.1　某框架结构科研楼建筑施工图实例导读

建筑设计总说明

一　设计依据 √

1. 本工程的建设主管单位提供的地形图、红线图、设计任务书。
2. 本工程的建设主管单位与合肥高新技术产业开发区城建设计院有限公司签订的建设工程设计合同。
3. 当地城市建设规划管理部门对本工程方案设计的审批意见。
4. 本工程的建设主管单位批准的方案设计文件及有关方案修改往来的一般性函件。
5. 现行有关的国家规范、规定、规程。

二　工程概况 √

地理位置	合肥市	建筑面积	6895m²	生产类别	丁类
建筑性质	科技生产	建筑层数	六层	屋面防水等级	二级
工程等级	三级	建筑高度	22.200m		
设计使用年限	50年	防火耐火等级	二级		
抗震设防烈度	七度	结构类型	框架		

三　一般说明 √

1. 图注标高为相对标高,相对标高±0.000相当于绝对标高的值暂定为50.700，施工前应通知设计单位会同甲方现场验证。
2. 图注尺寸单位：总图以米为单位，单体图以毫米为单位，标高以米为单位，所有图纸以标注尺寸为准，不得直接测量图纸。
图中尺寸数字均以图注为准，比例仅供参考。
3. 施工过程中除满足设计规定的要求外，尚需遵守我国现行工程施工及验收规范，并做隐蔽工程验收记录。施工前，应核对有关各专业图纸，各有关专业工种密切配合施工，并与有关施工安装单位协调施工程序，凡上、下水、暖气、空调管道及电气管线穿过墙身、楼板、剪力墙等结构构件时，均应予留孔洞，预埋管线及预埋铁件，不得在施工后开凿，影响工程质量。
4. 未征及设计单位同意，不得在各构件上任意凿孔开洞。
5. 严格按图施工，未经设计单位允许，施工中不得随意修改设计。施工中如发现设计问题应及时通知设计单位，由设计单位出具设计变更通知。
6. 图纸中如有矛盾或不详时，请建设单位、监理单位和施工单位及时与设计单位联系并应遵守以下原则：
钢筋砼工程以结构专业图纸为准，有建筑大样图者以建筑大样图为准。当大小样不符时以大样图为准。

四　墙体

1. √ 本工程选用以下类型的墙体做为填充墙：
外墙采用200非承重黏土空心砖墙，未注明内墙采用200非承重空心砖墙。±0.000以下采用240黏土实心砖墙。
2. √ 墙体砌筑或安装技术要求：黏土空心砖墙详见96SJ01《多孔砖墙体建筑构造》。
3. √ 墙身防潮层：在室内地坪下约60处做20厚1:2水泥砂浆内加5%防水剂的墙身防潮层。
4. √ 墙体封堵：混凝土墙留洞的封堵见结施，其余砌筑墙留洞待管道安装完毕后用C20细石混凝土填实；变形缝处双墙留洞的封堵应在双墙分别增设套管；内隔墙中所有防火墙应砌至上层楼板底或梁底，并堵塞严密，墙上洞口应用非燃烧体材料堵严。
5. √ 墙体预埋件：当预埋木砖时，应作放腐处理；铁件应做除锈、涂刷防锈漆后再预埋。
6. √ 图纸中注明者外，砌块墙体上的构造柱见结施。

五　防水

屋面

1. √ 本建筑屋面防水等级为II级，两道防水设防。
2. √ 所有与屋面交接的砌体墙均做250高C20素混凝土泛水。
3. √ 基层与突出屋面结构(女儿墙、墙、变形缝、烟囱、管道、人孔、天沟、檐口)等的转角处水泥砂浆粉刷均做成圆弧或钝角。
4. √ 凡管道穿屋面等屋面留洞孔位置须检查核实后再做防水材料,避免做防水材料后凿洞。
5. √ 屋面找坡坡向雨水口,在雨水口部坡度加大成积水区,雨水口位置及坡向详见屋面平面图。
6. √ 高屋面雨水排至低屋面时,应在雨水管下方屋面做设一块490×490×30细石混凝土滴水板保护,四周找平,纯水泥浆擦缝。
7. √ 屋面排水构件组合见省标皖2005J201-1.2/37。
8. 屋面一:上人保温平屋面做法见国标99J201-1第11页(W13)，保温层为40厚XPS，找坡层为1:8水泥膨胀珍珠岩，最薄处30厚。取消粗砂垫层，块材为成品缸砖。
√ 屋面二:不上人保温平屋面做法见国标99J201-1第11页W13/A，保温层为40厚XPS，找坡层为水泥膨胀珍珠岩板，最薄处30厚。
屋面三:不上人不保温平屋面做法见皖2005J-209第12页(W1)，找坡层为1:8水泥膨胀珍珠岩，最薄处30厚(檐沟)。
9. √ 卫生间周边墙体做150高C20现浇混凝土条带，宽度同墙宽，掺5%防水剂。
10. √ 卫生间楼地面做法见省标皖2005J314-16/10（米色地砖）。防水层为3厚BAC双面自粘贴卷材。
11. √ 阳台、雨篷屋面为20厚1:2防水砂浆向地漏、排水口方向找坡（加5%防水剂）。

六　室外工程

1. √ 散水做法:见皖01J-307-2/1，宽1200。
2. √ 室外台阶做法:见皖01J-307-14/10。
3. √ 室外坡道做法:见皖01J-307-3/4。

七外装修工程

1. √ 外墙涂料饰面做法见省标皖2004J301-19/42，具体位置详见立面图。
2. 外墙面砖饰面做法见省标皖2004J113-4/39，具体位置详见立面图。
3. 外墙石材饰面做法见省标皖2004J113-1/55，具体位置详见立面图。
4. √ 外装修选用的各项材料其材质、规格、颜色等，均由施工单位提供样板，经建设单位和设计单位确认后进行封样，并据此验收。
5. √ 承包商进行二次设计的项目，经我院确认后，应向建设单位提供预埋件的设置要求。

八　内装修工程

1. √ 楼地面做法见省标皖2005J314-15/10。
2. √ 卫生间楼地面做法见省标皖2005J314-16/10(米色地砖)。防水层为3厚BAC双面自粘贴卷材。
3. √ 踢脚做法见省标皖2005J314-7/25(米色地砖)。
4. √ 卫生间墙裙做法见省标皖2005J314-8/25(白色瓷砖)，高1800。
5. √ 内墙面做法见省标皖2005J314-4/28(白色乳胶漆)。
6. √ 顶棚做法见省标皖2005J314-5/60(白色乳胶漆)。
7. √ 吊顶做法见省标皖2005J314-16/66(白色油漆)。
8. √ 卫生间吊顶做法见省标皖2005J314-14/65。

九　门窗

1. √ 门窗立面尺寸为洞口尺寸,施工尺寸由现场测量,分格及开启形式，框料颜色供施工设计参考,
门窗由生产厂家提供加工图纸,并按设计要求及甲方要求配齐五金零件,经设计单位及使用单位认可后方能施工。
2. √ 外门窗由专业厂家另行设计和安装,底层外窗加防护窗栅。外门窗开启扇均带纱扇。
3. 所有户门应采用具备防盗、防火、保温、美观等功能的钢门。
4. √ 外窗台距地净高度低于900时防护措施：窗内侧装防护栏杆，参见皖94J401第25页节点5（改为不锈钢防护栏杆）。
5. √ 木门、塑钢门除注明者外，外开门立樘于墙中，内开门立樘平开启方向墙粉刷面，立樘平墙面粉刷一面加做50宽12厚夹板贴脸。
6. √ 木门、塑钢门后设磁性门碰,玻璃门后设胶面弹性门挡，门窗立樘位置除注明者外均立墙中。
7. 防火门、防盗门、卷闸门等特殊加工门窗埋件由制作厂家提供，按要求予埋。
8. √ 门窗予埋在墙或柱内的木砖,铁构件应分别做防腐防锈处理。

十　油漆

1. √ 木门刮腻子打底，两面均刷一底二度调和漆,浅蓝灰色，门贴脸颜色比门面颜色加深一级。
2. √ 所有金属制品露明部分用红丹(防锈漆)打底，面刷调和漆二度,除注明外，颜色同所在墙面颜色、不露明的金属制品仅刷红丹二度。
金属制品刷底漆前应先除锈。

十一　节能设计

1. √ 外墙外保温做法详见皖2004J113A体系外墙保温体系构造.及做法。
200非承重黏 土空心砖墙保温做35厚膨胀聚苯板，各节点细部做法应严格按造 规范 要求施工。
2. √ 1）粘贴面砖的保温系统必须具备完整的各种配套材料，其性能应满足本图规定的技术性能、指标，并按图集皖2004J113的构造要求和有关的施工技术规程精心施工。
2）该保温系统产品应经过法定检测机构对该系统产品的黏结强度、耐冻融等项目进行检测并认定合格。
3）粘贴面砖时，面砖重量≤20kg/m²，且面积≤10000mm²/块。
4）墙体敷设钢丝网，应采取防雷接地措施。
5）办公部分窗户均采用断热型材铝合金，玻璃除注明外均为FL5+9+FL5双层透明LOW-E中空玻璃，气密性等级为四级，抗风压等级为二级，水密性等级为二级，空气隔声等级为二级。

十二　其他

1. √ 灭火器配备：每个消火栓带灭火器组合箱内放置3kg磷酸铵盐灭火器4具，位置详见水施图。
2. √ 凡檐口,雨篷,阳台底均应做滴水线。
3. √ 管井安装完毕后，同楼层楼板封闭，做法同楼面做法。
4. √ 本施工图未经设计人员同意不得擅自修改。图中如遇问题,请及时与我方联系,共同协商解决,本说明中未尽事宜按国家现行有关施工规范及规程执行。
5. √ 本图中 √ 符号为本工程采用的做法。

某某建筑设计研究院
建筑工程甲级证书
编号:110111-sj

备注:

建设单位

工程名称

子项

图纸名称：建筑设计总说明

工程勘察设计资质（出图）专用章

注册师章

类别	签名
审定	
审核	
工程主持人	
工种负责人	
校对	
设计	
制图	

会签栏：建筑　电气　结构　暖通　给水排水　工艺

工程编号　　图别 建施　　图号 1/14

出图日期

会签栏：给水排水　电气　暖通　会签　建筑　结构　工程主持　工种负责　设计制图　审定　审核　校对

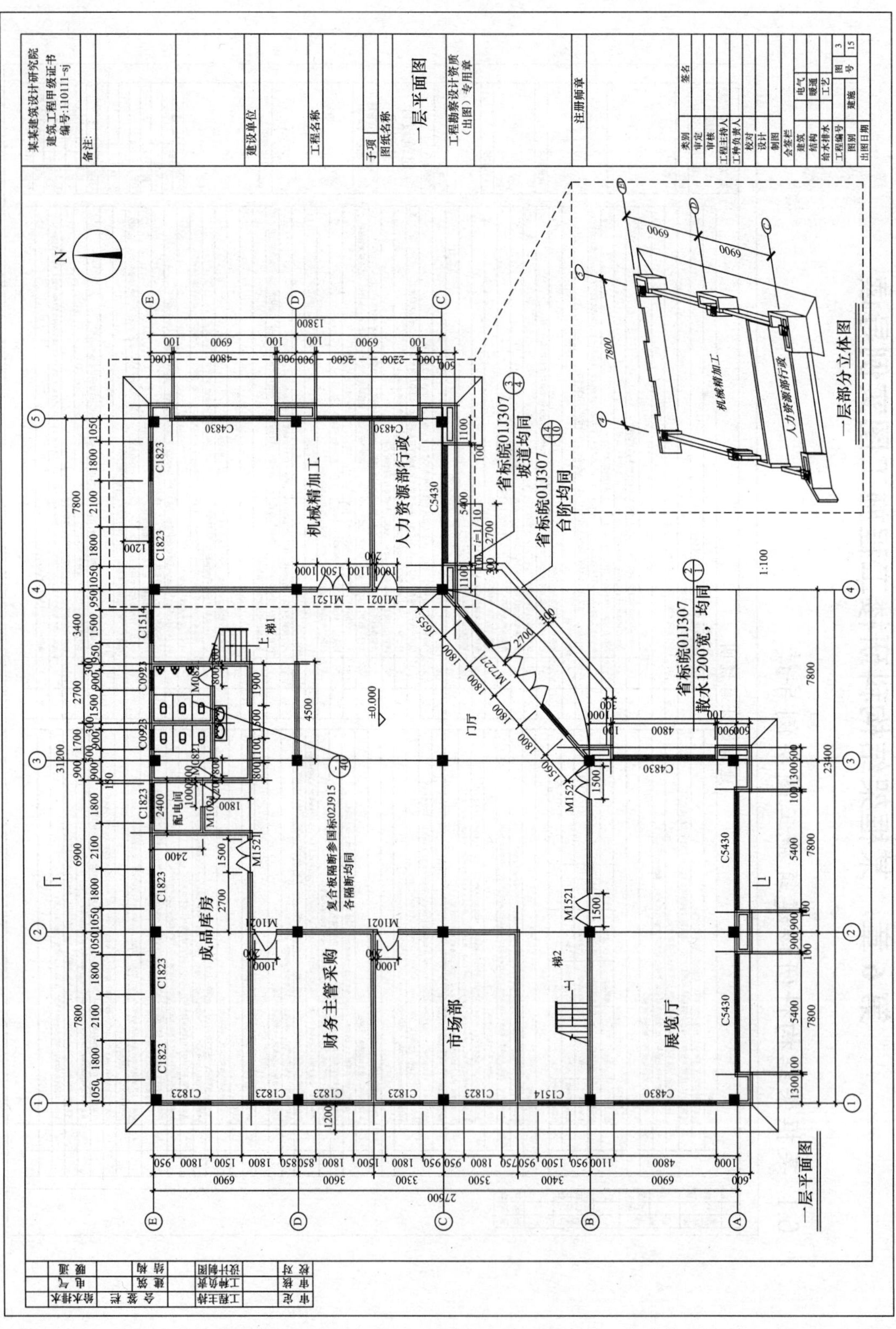

某某建筑设计研究院
建筑工程甲级证书
编号:110111-sj
备注:
建设单位
工程名称
子项
图纸名称
一层平面图
工程勘察设计资质
（出图）专用章
注册师章
成品库房
财务主管采购
市场部
展览厅
门厅
机械精加工
人力资源部行政
配电间
省标皖01J307
坡道均同
省标皖01J307
台阶均同
省标皖01J307
散水1200宽，均同
复合板隔断参国标02J915
各隔断均同
一层平面图
一层部分立体图
1:100

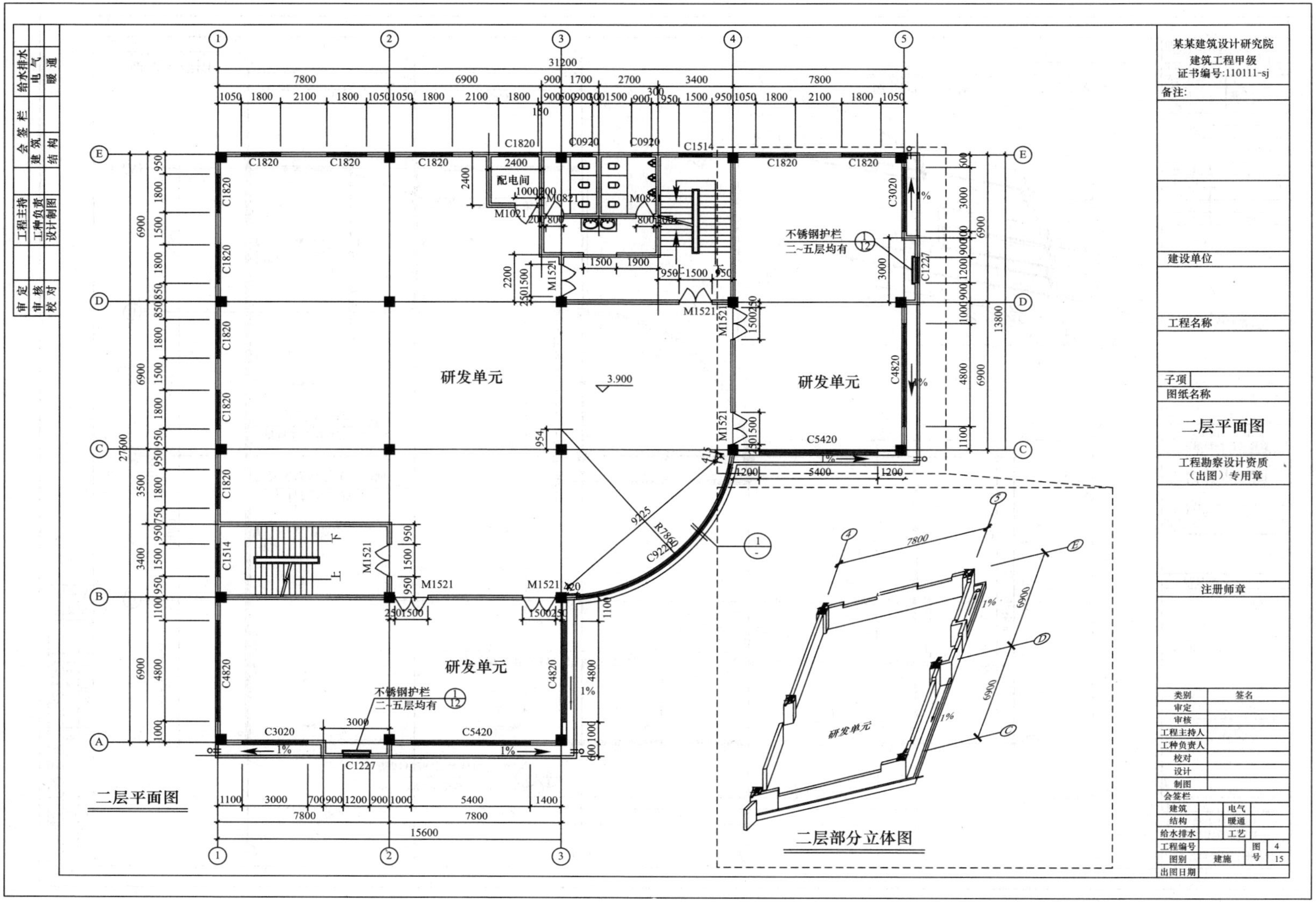
某某建筑设计研究院
建筑工程甲级
证书编号:110111-sj
备注:
建设单位
工程名称
子项
图纸名称
二层平面图
工程勘察设计资质（出图）专用章
注册师章
类别
签名
审定
审核
工程主持人
工种负责人
校对
设计
制图
会签栏
建筑
电气
结构
暖通
给水排水
工艺
工程编号
图号
4
图别
建施
15
出图日期
审定
审核
校对
工程主持
工种负责
设计制图
会签栏
建筑
结构
给水排水
电气
暖通
研发单元
研发单元
研发单元
配电间
不锈钢护栏
二~五层均有
3.900
R7860
C9225
二层平面图
二层部分立体图

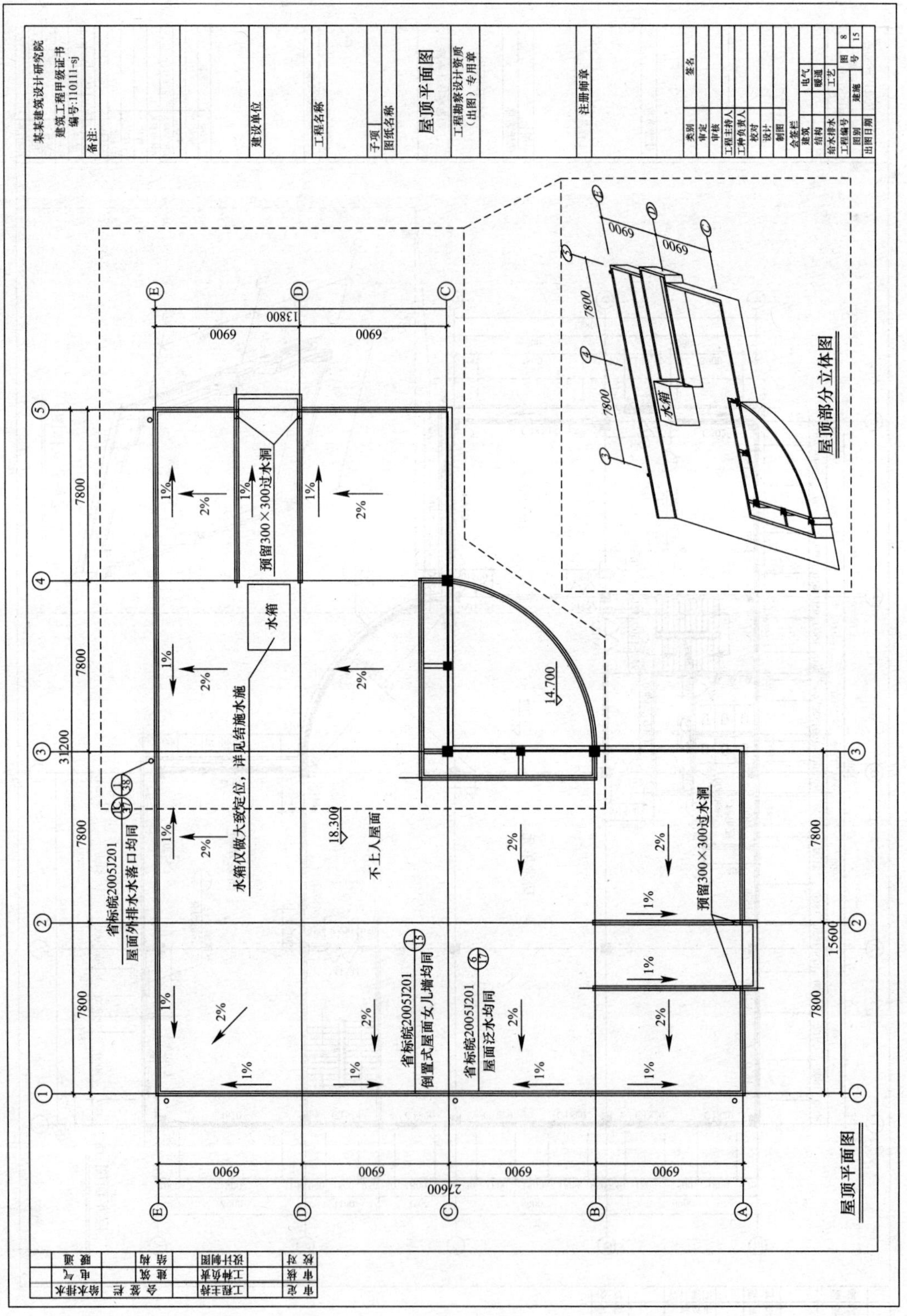

某某建筑设计研究院
建筑工程甲级证书
编号:110111-sj
备注:
建设单位
工程名称
子项
图纸名称
屋顶平面图
工程勘察设计资质（出图）专用章
注册师章
屋顶部分立体图
水箱
预留300×300过水洞
水箱仅做大致定位，详见结施水施
不上人屋面
18.300
14.700
省标皖2005J201
屋面外排水落口均同
倒置式屋面女儿墙均同
屋面泛水均同
7800
31200
15600
13800
27600
6900
2%
1%
屋顶平面图

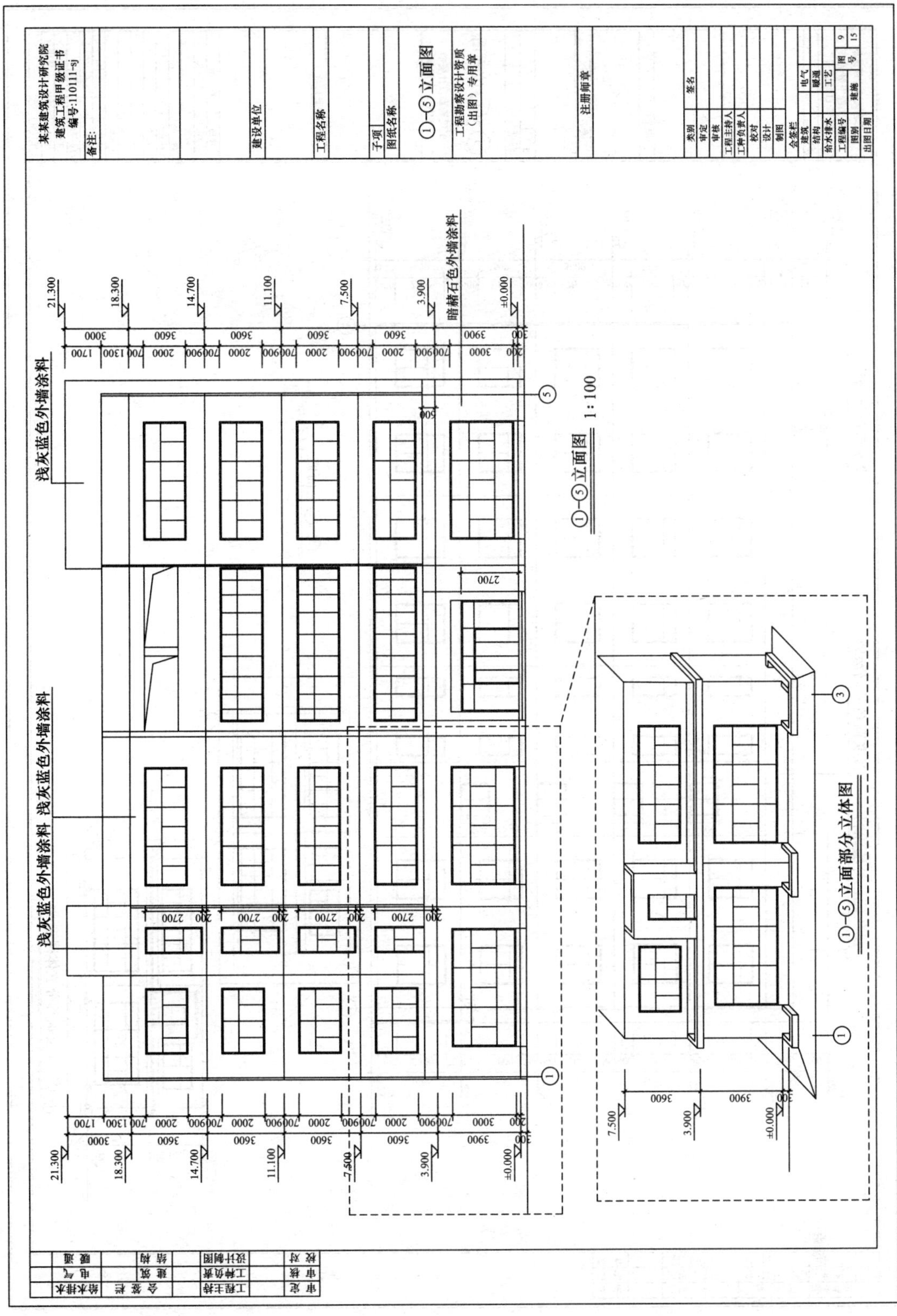
①—⑤立面图 1:100
①—⑤立面部分立体图
浅灰蓝色外墙涂料
暗赭石色外墙涂料
某某建筑设计研究院
建设单位
工程名称
图纸名称
①—⑤立面图

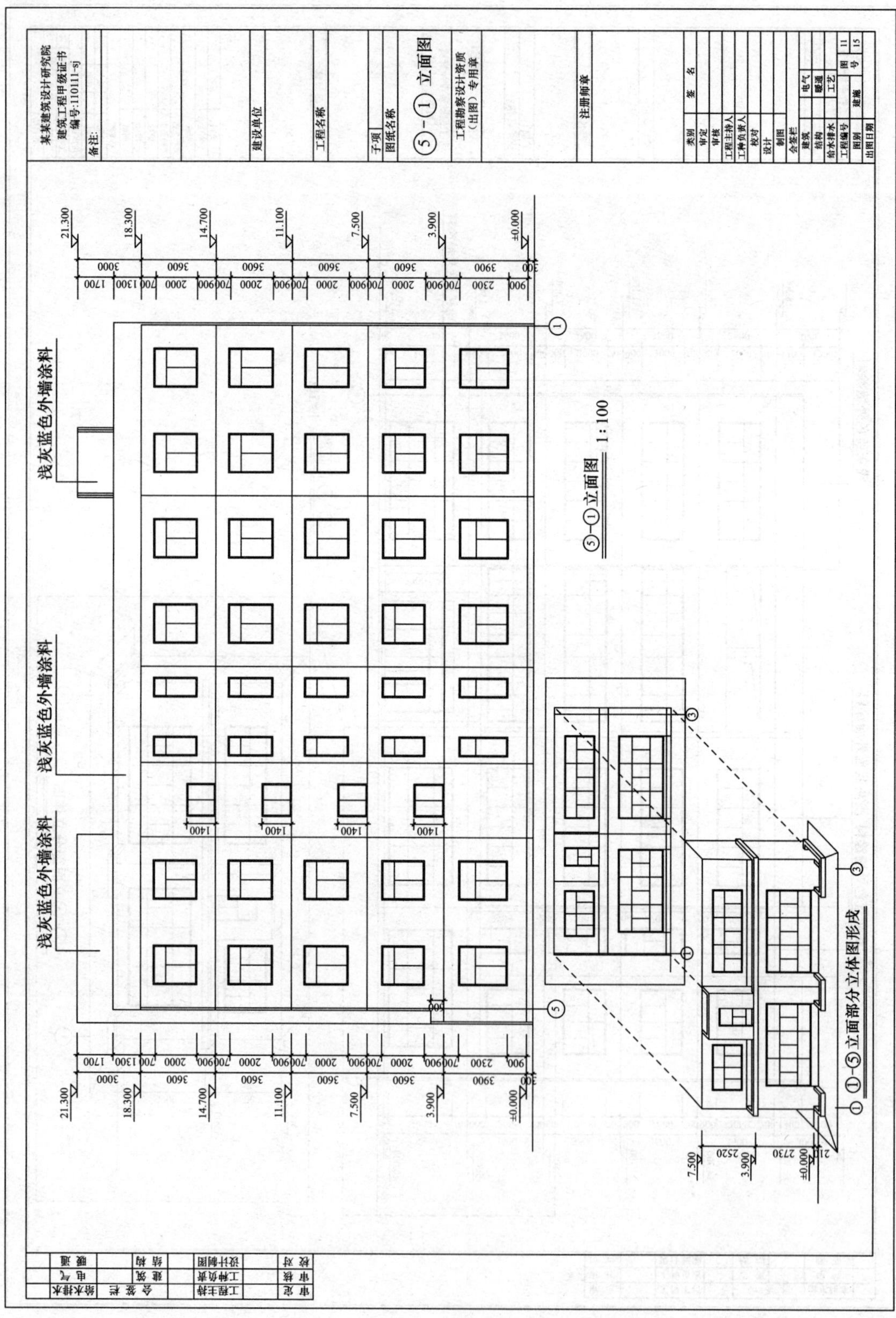
某某建筑设计研究院
建筑工程甲级证书
编号:110111-sj
备注:
建设单位
工程名称
子项
图纸名称
⑤-①立面图
工程勘察设计资质（出图）专用章
注册师章
浅灰蓝色外墙涂料
浅灰蓝色外墙涂料
浅灰蓝色外墙涂料
⑤-①立面图 1:100
①-⑤立面部分立体图形成
21.300
18.300
14.700
11.100
7.500
3.900
±0.000

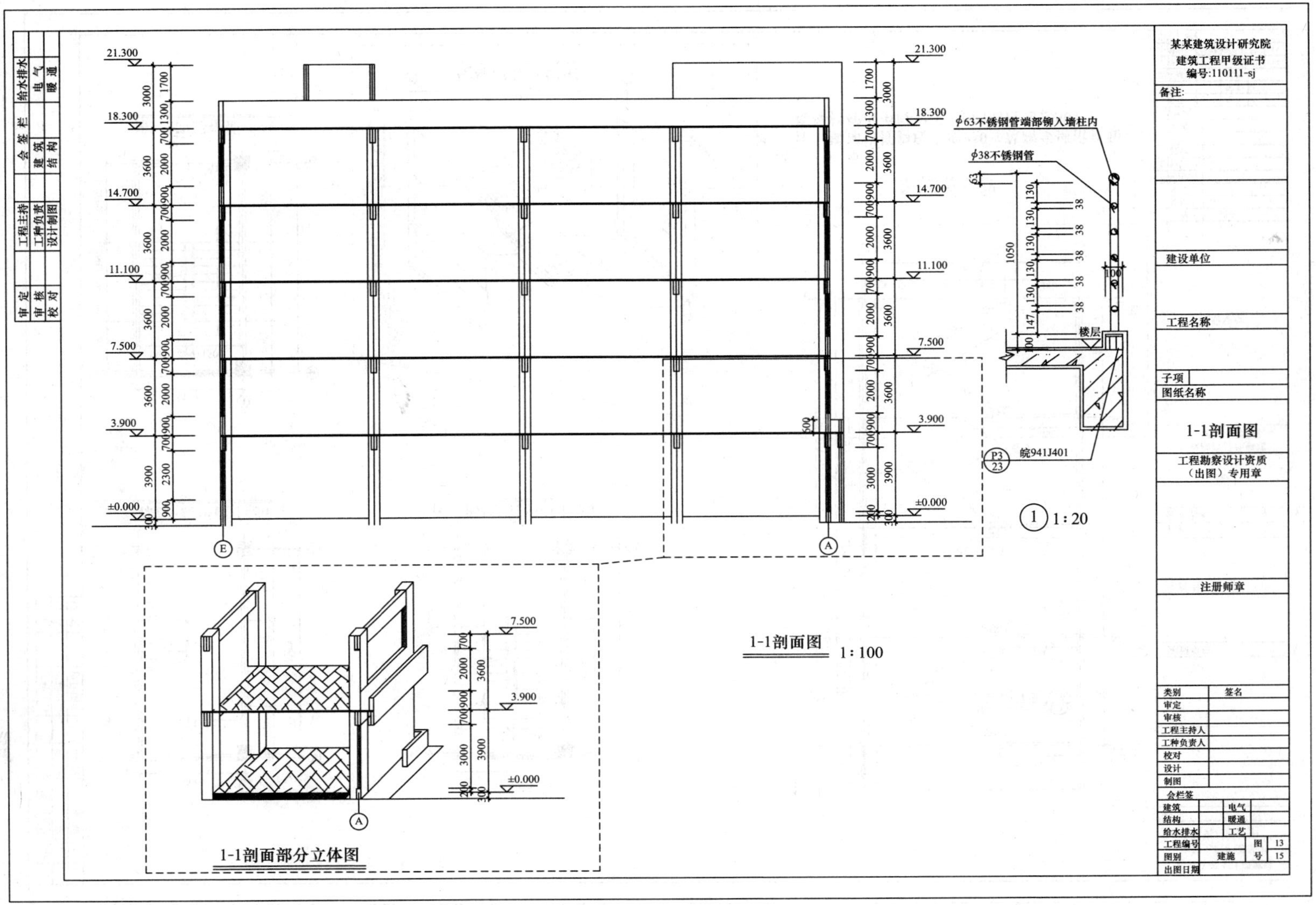

某某建筑设计研究院
建筑工程甲级证书
编号:110111-sj
备注:
建设单位
工程名称
子项
图纸名称
1-1剖面图
工程勘察设计资质（出图）专用章
注册师章
类别
签名
审定
审核
工程主持人
工种负责人
校对
设计
制图
会栏签
建筑
电气
结构
暖通
给水排水
工艺
工程编号
图
13
图别
建施
号
15
出图日期
审定
审核
校对
工程主持
工种负责
设计制图
会签栏
建筑
结构
给水排水
电气
暖通
21.300
18.300
14.700
11.100
7.500
3.900
±0.000
ϕ63不锈钢管端部铆入墙柱内
ϕ38不锈钢管
1050
楼层
皖941J401
P3
23
1 1:20
1-1剖面图 1:100
1-1剖面部分立体图

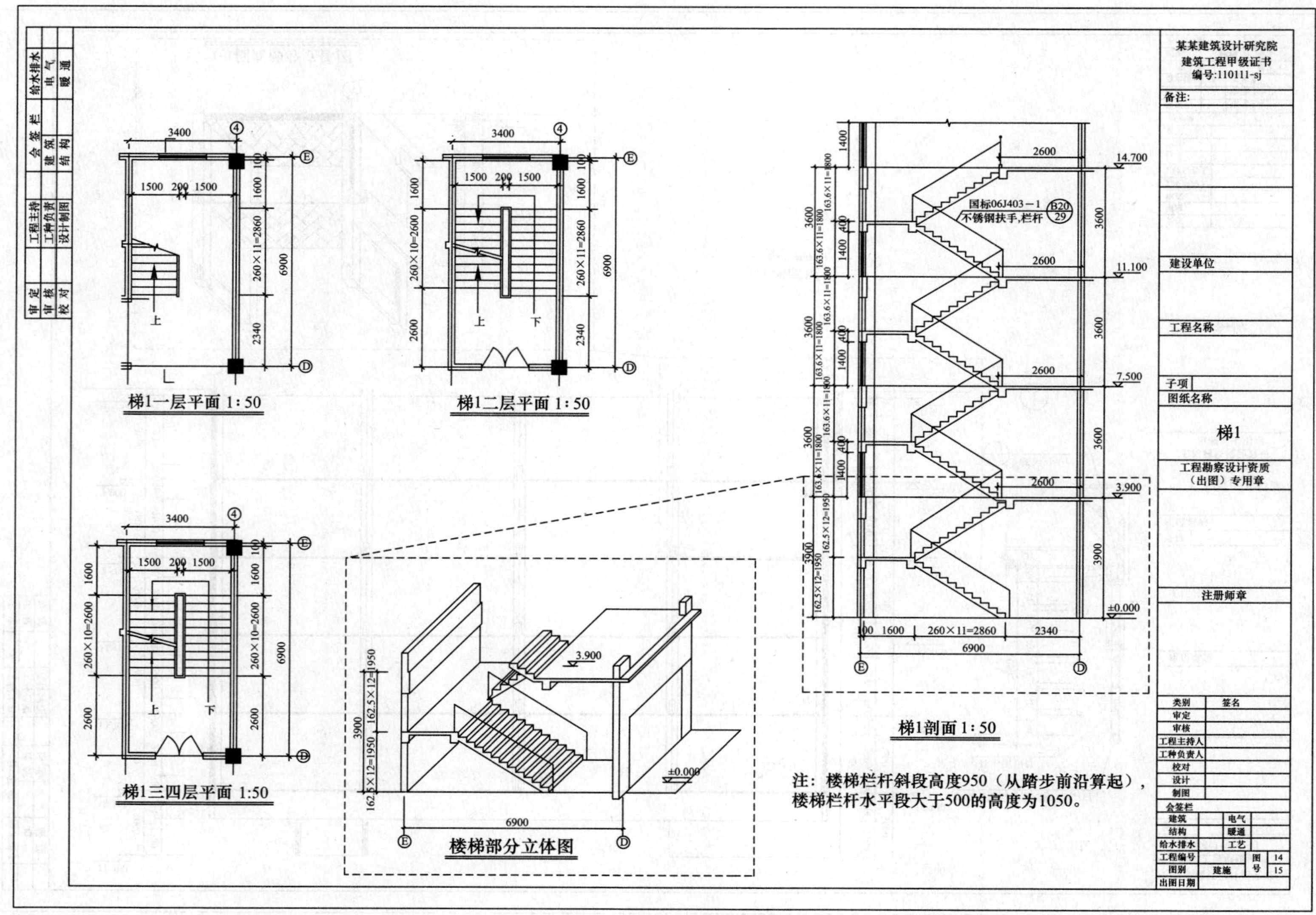

梯1一层平面 1:50
梯1二层平面 1:50
梯1三四层平面 1:50
楼梯部分立体图
梯1剖面 1:50
国标06J403－1 B20 29
不锈钢扶手,栏杆
注：楼梯栏杆斜段高度950（从踏步前沿算起），
楼梯栏杆水平段大于500的高度为1050。
某某建筑设计研究院
建筑工程甲级证书
编号:110111-sj
备注:
建设单位
工程名称
子项
图纸名称
梯1
工程勘察设计资质
（出图）专用章
注册师章

6.2 某框架结构科研楼结构施工图实例导读

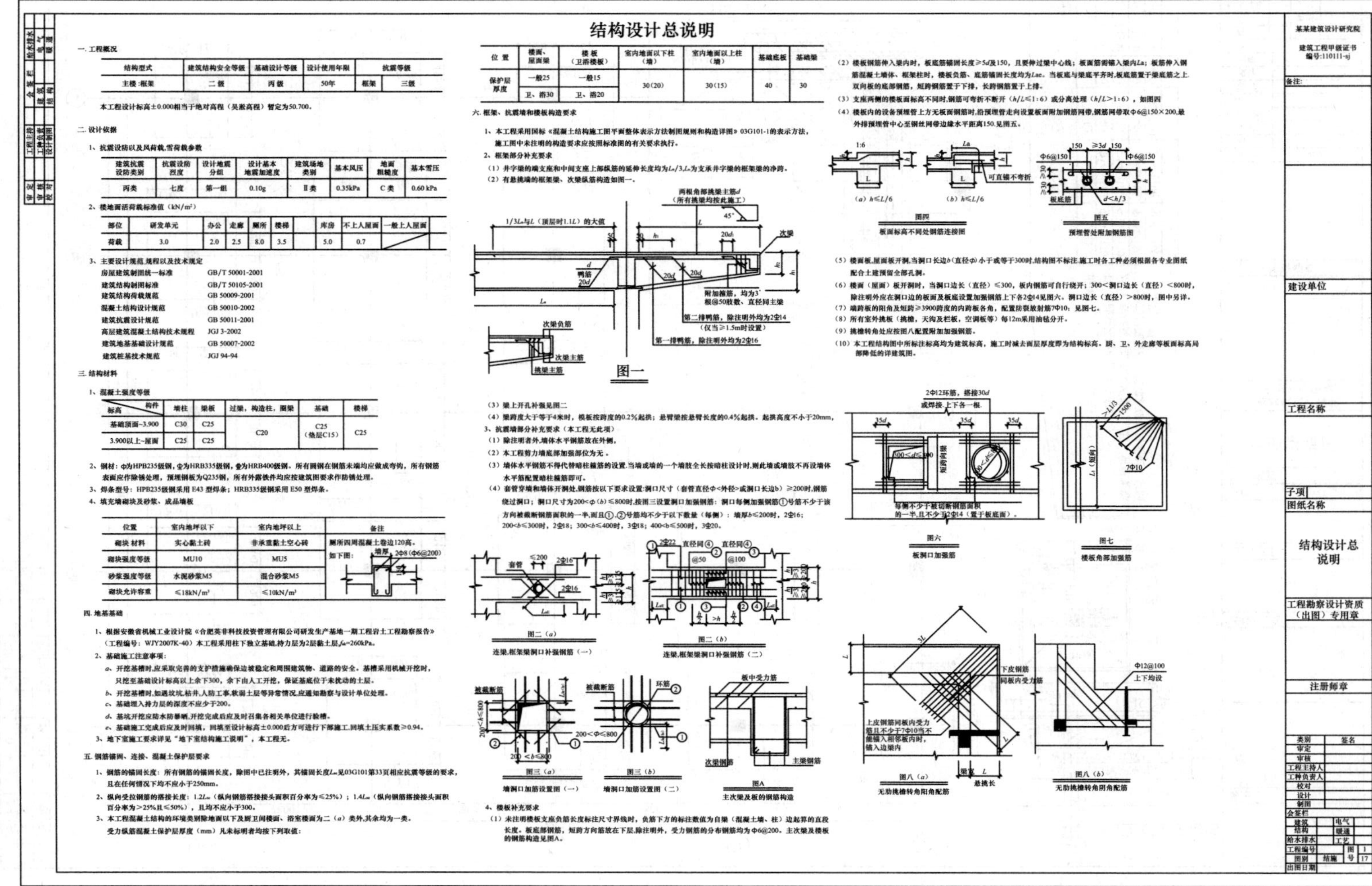

结构设计总说明

一. 工程概况

结构型式	建筑结构安全等级	基础设计等级	设计使用年限	抗震等级	
主楼:框架	二级	丙级	50年	框架	三级

本工程设计标高±0.000相当于绝对高程（吴淞高程）暂定为50.700。

二. 设计依据

1、抗震设防以及风荷载,雪荷载参数

建筑抗震设防类别	抗震设防烈度	设计地震分组	设计基本地震加速度	建筑场地类别	基本风压	地面粗糙度	基本雪压
丙类	七度	第一组	0.10g	Ⅱ类	0.35kPa	C类	0.60 kPa

2、楼地面活荷载标准值（kN/m²）

部位	研发单元	办公	走廊	厕所	楼梯		库房	不上人屋面	一般上人屋面	
荷载	3.0	2.0	2.5	8.0	3.5		5.0	0.7		

3、主要设计规范,规程以及技术规定

房屋建筑制图统一标准　GB/T 50001-2001
建筑结构制图标准　GB/T 50105-2001
建筑结构荷载规范　GB 50009-2001
混凝土结构设计规范　GB 50010-2002
建筑抗震设计规范　GB 50011-2001
高层建筑混凝土结构技术规程　JGJ 3-2002
建筑地基基础设计规范　GB 50007-2002
建筑桩基技术规范　JGJ 94-94

三. 结构材料

1、混凝土强度等级

标高＼构件	墙柱	梁板	过梁，构造柱，圈梁	基础	楼梯
基础顶面~3.900	C30	C25	C20	C25（垫层C15）	C25
3.900以上~屋面	C25	C25			

2、钢材：Φ为HPB235级钢，Φ为HRB335级钢，Φ为HRB400级钢。所有圆钢在钢筋末端均应做成弯钩，所有钢筋表面应作除锈处理，预埋钢板为Q235钢，所有外露铁件均应按建筑图要求作防锈处理。

3、焊条型号：HPB235级钢采用E43型焊条；HRB335级钢采用E50型焊条。

4、填充墙砌块及砂浆、成品墙板

位置	室内地坪以下	室内地坪以上	备注
砌块材料	实心黏土砖	非承重黏土空心砖	厕所四周混凝土卷边120高。如下图：墙厚，2Φ8（Φ6@200）
砌块强度等级	MU10	MU5	
砂浆强度等级	水泥砂浆M5	混合砂浆M5	
砌块允许容重	≤18kN/m³	≤10kN/m³	

四. 地基基础

1、根据安徽省机械工业设计院《合肥英非科技投资管理有限公司研发生产基地一期工程岩土工程勘察报告》（工程编号：WJY2007K-40）本工程采用柱下独立基础,持力层为2层黏土层,f_{ak}=260kPa。

2、基础施工注意事项：

a、开挖基槽时,应采取完善的支护措施确保边坡稳定和周围建筑物、道路的安全。基槽采用机械开挖时，只挖至基础设计标高以上余下300，余下由人工开挖，保证基底位于未扰动的土层。

b、开挖基槽时,如遇坟坑,枯井,人防工事,软弱土层等异常情况,应通知勘察与设计单位处理。

c、基础埋入持力层的深度不应少于200。

d、基坑开挖应防水防暴晒,开挖完成后应及时召集各相关单位进行验槽。

e、基础施工完成后应及时回填，回填至设计标高±0.000后方可进行下部施工,回填土压实系数≥0.94。

3、地下室施工要求详见"地下室结构施工说明"，本工程无。

五. 钢筋锚固、连接、混凝土保护层要求

1、钢筋的锚固长度：所有钢筋的锚固长度，除图中已注明外，其锚固长度L_{aE}见03G101第33页相应抗震等级的要求，且在任何情况下均不应小于250mm。

2、纵向受拉钢筋的搭接长度：$1.2L_{aE}$（纵向钢筋搭接接头面积百分率为≤25%）；$1.4L_{aE}$（纵向钢筋搭接接头面积百分率为>25%且≤50%），且均不应小于300。

3、本工程混凝土结构的环境类别除地面以下及厨卫间楼面、浴室楼面为二（a）类外,其余均为一类。

受力纵筋混凝土保护层厚度（mm）凡未标明者均按下列取值：

位置	楼面、屋面梁	楼板（卫浴楼板）	室内地面以下柱（墙）	室内地面以上柱（墙）	基础底板	基础梁
保护层厚度	一般25	一般15	30(20)	30(15)	40	30
	卫、浴30	卫、浴20				

六. 框架、抗震墙和楼板构造要求

1、本工程采用国标《混凝土结构施工图平面整体表示方法制图规则和构造详图》03G101-1的表示方法，施工图中未注明的构造要求应按照标准图的有关要求执行。

2、框架部分补充要求

（1）井字梁的端支座和中间支座上部纵筋的延伸长度均为$L_n/3$,L_n为支承井字梁的框架梁的净跨。

（2）有悬挑端的框架梁、次梁纵筋构造如图一。

图一

（3）梁上开孔补强见图二

（4）梁跨度大于等于4米时，模板按跨度的0.2%起拱；悬臂梁按悬臂长度的0.4%起拱。起拱高度不小于20mm。

3、抗震墙部分补充要求（本工程无此项）

（1）除注明者外,墙体水平钢筋放在外侧。

（2）本工程剪力墙底部加强部位为无。

（3）墙体水平钢筋不得代替暗柱箍筋的设置.当墙或墙的一个墙肢全长按暗柱设计时,则此墙或墙肢不再设墙体水平筋配置暗柱箍筋即可。

（4）套管穿墙和墙体开洞处,钢筋按以下要求设置:洞口尺寸（套管直径Φ<外径>或洞口长边b）≥200时,钢筋绕过洞口；洞口尺寸为200<Φ(b)≤800时,按图三设置洞口加强钢筋：洞口每侧加强钢筋①号筋不少于该方向被截断钢筋面积的一半,而且①,②号筋均不少于以下数量（每侧）：墙厚b≤200时，2Φ16；200<b≤300时，2Φ18；300<b≤400时，3Φ18；400<b≤500时，3Φ20。

图二（a）连梁,框架梁洞口补强钢筋（一）

图二（b）连梁,框架梁洞口补强钢筋（二）

图三（a）墙洞口加筋设置图（一）

图三（b）墙洞口加筋设置图（二）

图A 主次梁及板的钢筋构造

4、楼板补充要求

（1）未注明楼板支座负筋长度标注尺寸界线时，负筋下方的标注数值为自梁（混凝土墙、柱）边起算的直段长度。板底部钢筋，短跨方向筋放在下层,除注明外，受力钢筋的分布钢筋均为Φ6@200。主次梁及楼板的钢筋构造见图A。

（2）楼板钢筋伸入梁内时，板底筋锚固长度≥5d及150，且要伸过梁中心线；板面筋需锚入梁内La；板筋伸入钢筋混凝土墙体、框架柱时，楼板负筋、底筋锚固长度均为Lae。当板底与梁底平齐时,板底筋置于梁底筋之上.双向板的底部钢筋，短跨钢筋置于下排，长跨钢筋置于上排。

（3）支座两侧的楼板面标高不同时,钢筋可弯折不断开（h/L≤1:6）或分离处理（h/L>1:6），如图四

（4）楼板内的设备预埋管上方无板面钢筋时,沿预埋管走向设置板面附加钢筋网带,钢筋网带取Φ6@150×200,最外排预埋管中心至钢丝网带边缘水平距离150.见图五。

图四 板面标高不同处钢筋连接图

图五 预埋管处附加钢筋图

（5）楼面板,屋面板开洞,当洞口长边b(直径Φ)小于或等于300时,结构图不标注.施工时各工种必须根据各专业图纸配合土建预留全部孔洞。

（6）楼面（屋面）板开洞时，当洞口边长（直径）≤300，板内钢筋可自行绕开；300<洞口边长（直径）<800时，除注明外应在洞口边的板面及板底设置加强钢筋上下各2Φ14见图六。洞口边长（直径）>800时，图中另详。

（7）端跨板的阳角及短跨≥3900跨度的内跨板各角，配置防裂放射筋7Φ10；见图七。

（8）所有室外挑板（挑檐，天沟及栏板，空调板等）每12m采用油毡分开。

（9）挑檐转角处应按图八配置附加加强钢筋。

（10）本工程结构图中所标注标高均为建筑标高，施工时减去面层厚度即为结构标高。厨、卫、外走廊等板面标高局部降低的详建筑图。

图六 板洞口加强筋

图七 楼板角部加强筋

图八（a）无防挑檐转角阳角配筋

图八（b）无防挑檐转角阴角配筋

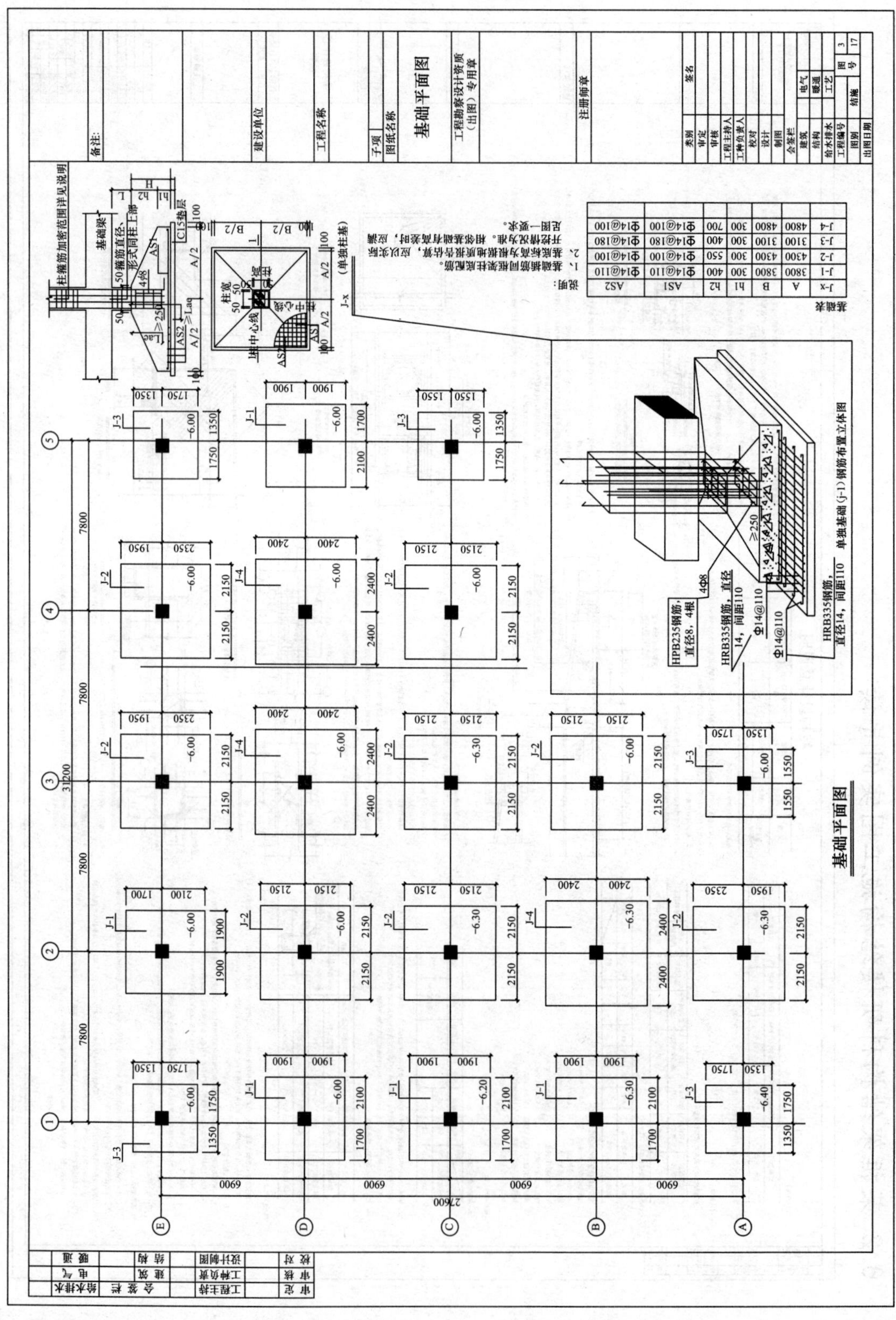
基础平面图
单独基础(J-1)钢筋布置立体图
基础表
J-x A B h1 h2 AS1 AS2
J-1 3800 3800 300 400 Φ14@110 Φ14@110
J-2 4300 4300 300 550 Φ14@100 Φ14@100
J-3 3100 3100 300 400 Φ14@180 Φ14@180
J-4 4800 4800 300 700 Φ14@100 Φ14@100
工程勘察设计资质（出图）专用章
注册师章

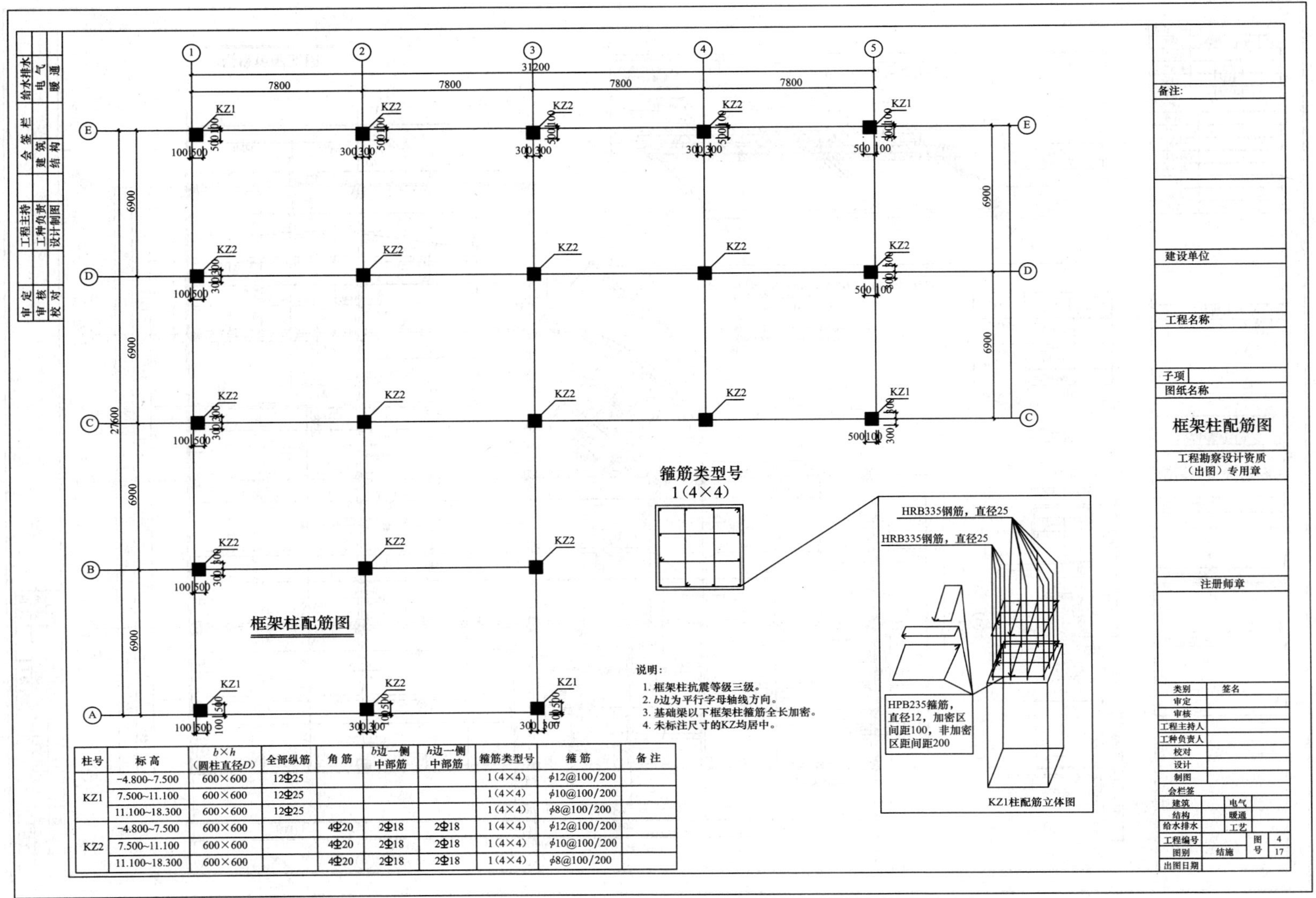

柱号	标高	$b \times h$（圆柱直径D）	全部纵筋	角筋	b边一侧中部筋	h边一侧中部筋	箍筋类型号	箍筋	备注
KZ1	-4.800~7.500	600×600	12Φ25				1(4×4)	φ12@100/200	
	7.500~11.100	600×600	12Φ25				1(4×4)	φ10@100/200	
	11.100~18.300	600×600	12Φ25				1(4×4)	φ8@100/200	
KZ2	-4.800~7.500	600×600		4Φ20	2Φ18	2Φ18	1(4×4)	φ12@100/200	
	7.500~11.100	600×600		4Φ20	2Φ18	2Φ18	1(4×4)	φ10@100/200	
	11.100~18.300	600×600		4Φ20	2Φ18	2Φ18	1(4×4)	φ8@100/200	

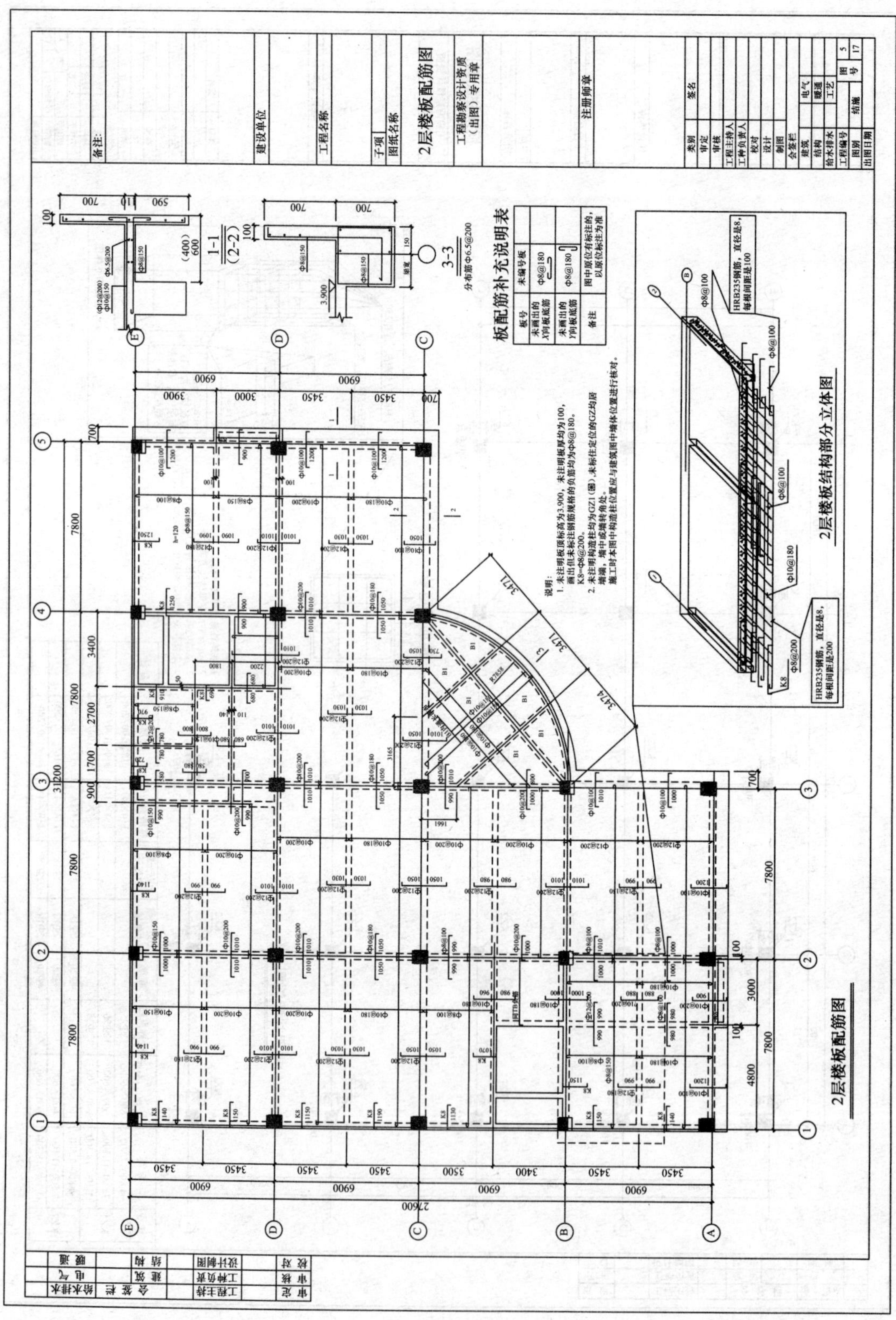
2层楼板配筋图
2层楼板结构部分立体图
板配筋补充说明表
工程勘察设计资质（出图）专用章
注册师章
建设单位
工程名称
图纸名称
备注：

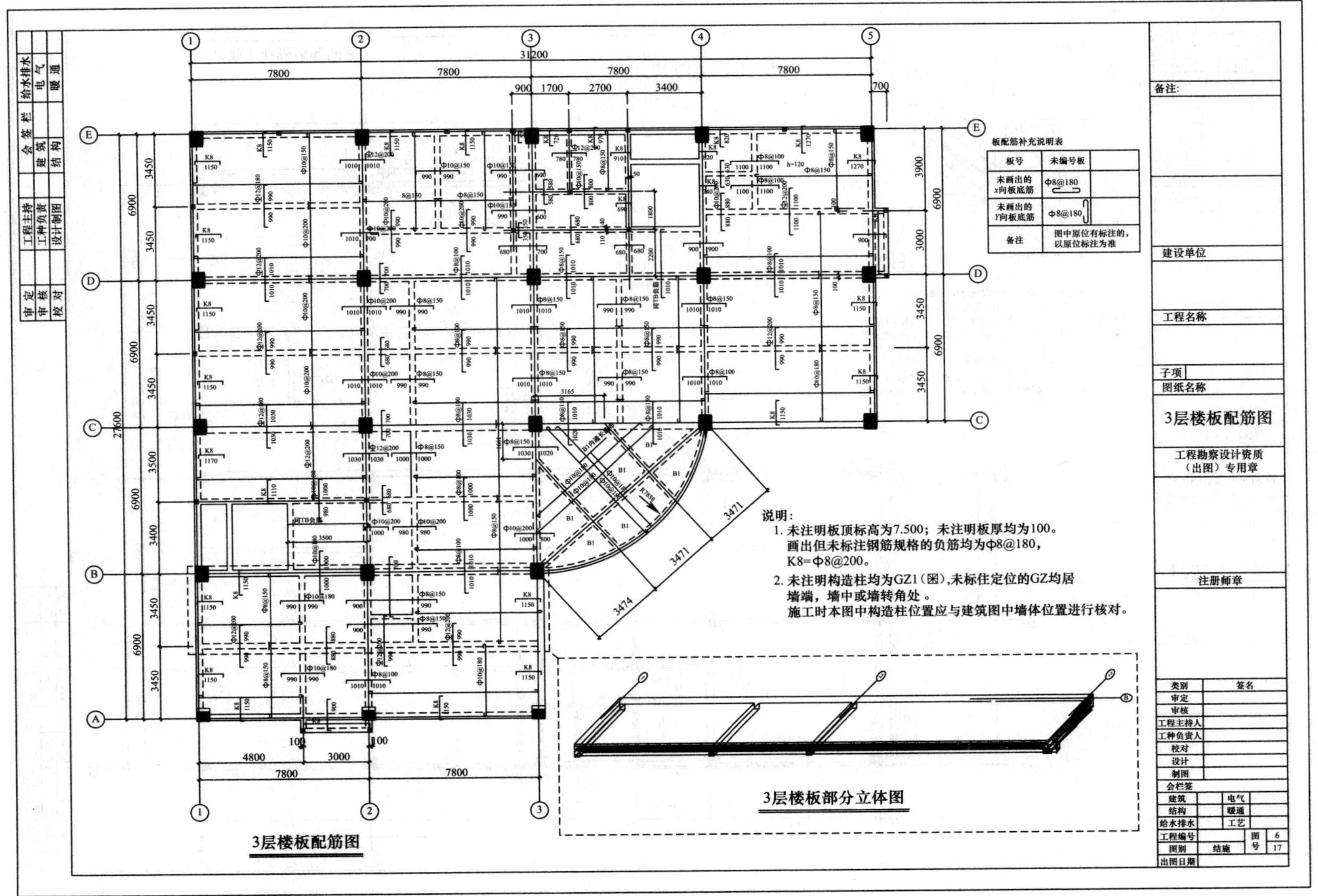
板配筋补充说明表
板号
未编号板
未画出的x向板底筋
Φ8@180
未画出的Y向板底筋
Φ8@180
备注
图中原位有标注的，以原位标注为准
说明：
1. 未注明板顶标高为7.500；未注明板厚均为100。
画出但未标注钢筋规格的负筋均为Φ8@180，
K8=Φ8@200。
2. 未注明构造柱均为GZ1(图)，未标住定位的GZ均居
墙端，墙中或墙转角处。
施工时本图中构造柱位置应与建筑图中墙体位置进行核对。
3层楼板配筋图
3层楼板部分立体图
31200
27600
备注:
建设单位
工程名称
子项
图纸名称
3层楼板配筋图
工程勘察设计资质（出图）专用章
注册师章
类别
签名
审定
审核
工程主持人
工种负责人
校对
设计
制图
会栏签
建筑
电气
结构
暖通
给水排水
工艺
工程编号
图别
结施
图号
6
17
出图日期
审定
审核
校对
工程主持
工种负责
设计制图
会签栏
建筑
结构
给水排水
电气
暖通

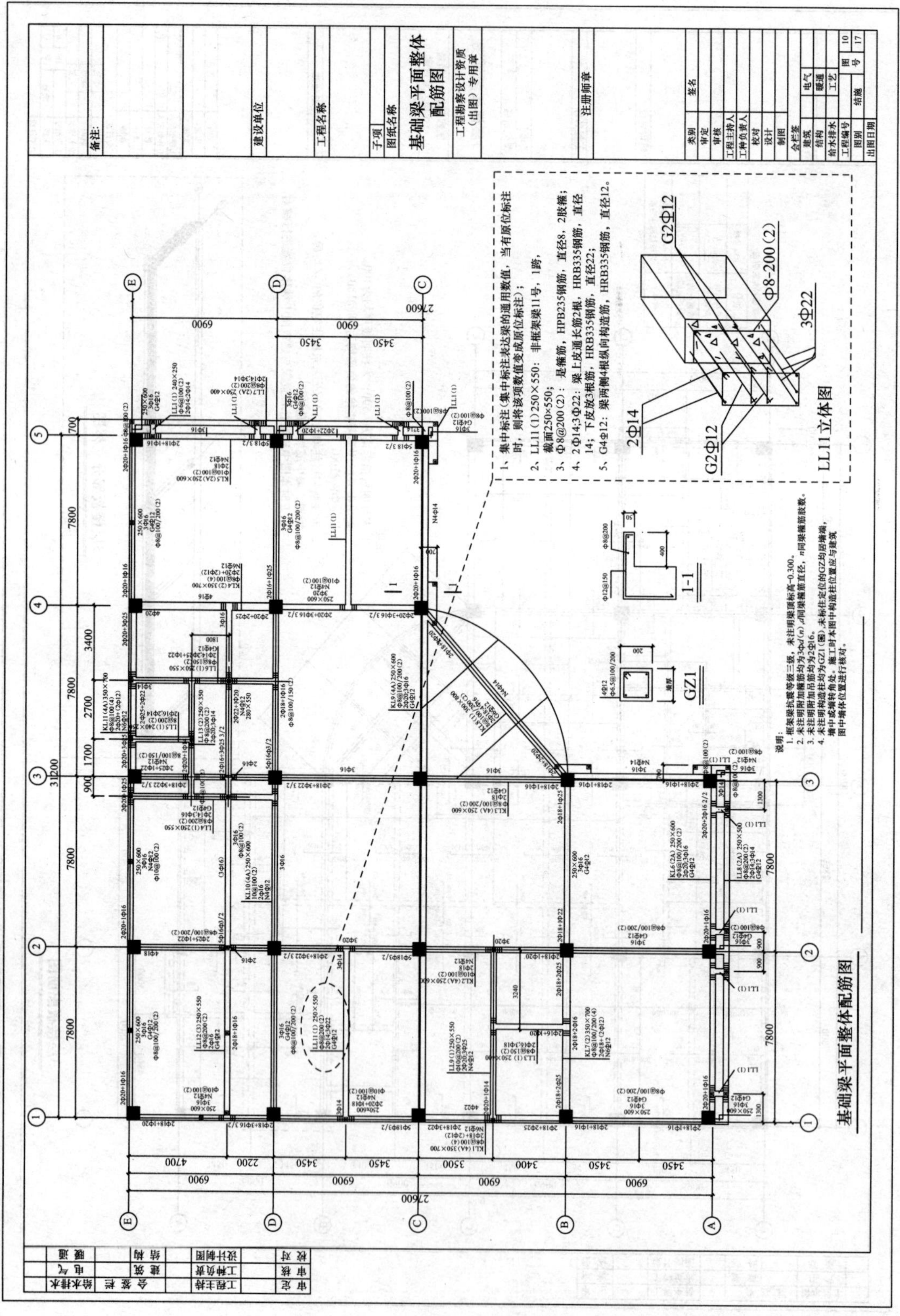
基础梁平面整体配筋图
1、集中标注（集中标注表达梁的通用数值，当有原位标注时，则将该项数值变成原位标注）；
2、LL11(1)250×550：非框架梁11号，1跨，截面250×550；
3、Φ8@200(2)：是箍筋，HPB235钢筋，直径8，2肢箍；
4、2Φ14;3Φ22：梁上皮通长筋2根，HRB335钢筋，直径14；下皮放3根筋，HRB335钢筋，直径22；
5、G4Φ12：梁两侧4根纵向构造筋，HRB335钢筋，直径12。
G2Φ12
Φ8-200(2)
3Φ22
2Φ14
LL11立体图
GZ1
1-1
基础梁平面整体配筋图
配筋图
注册师章

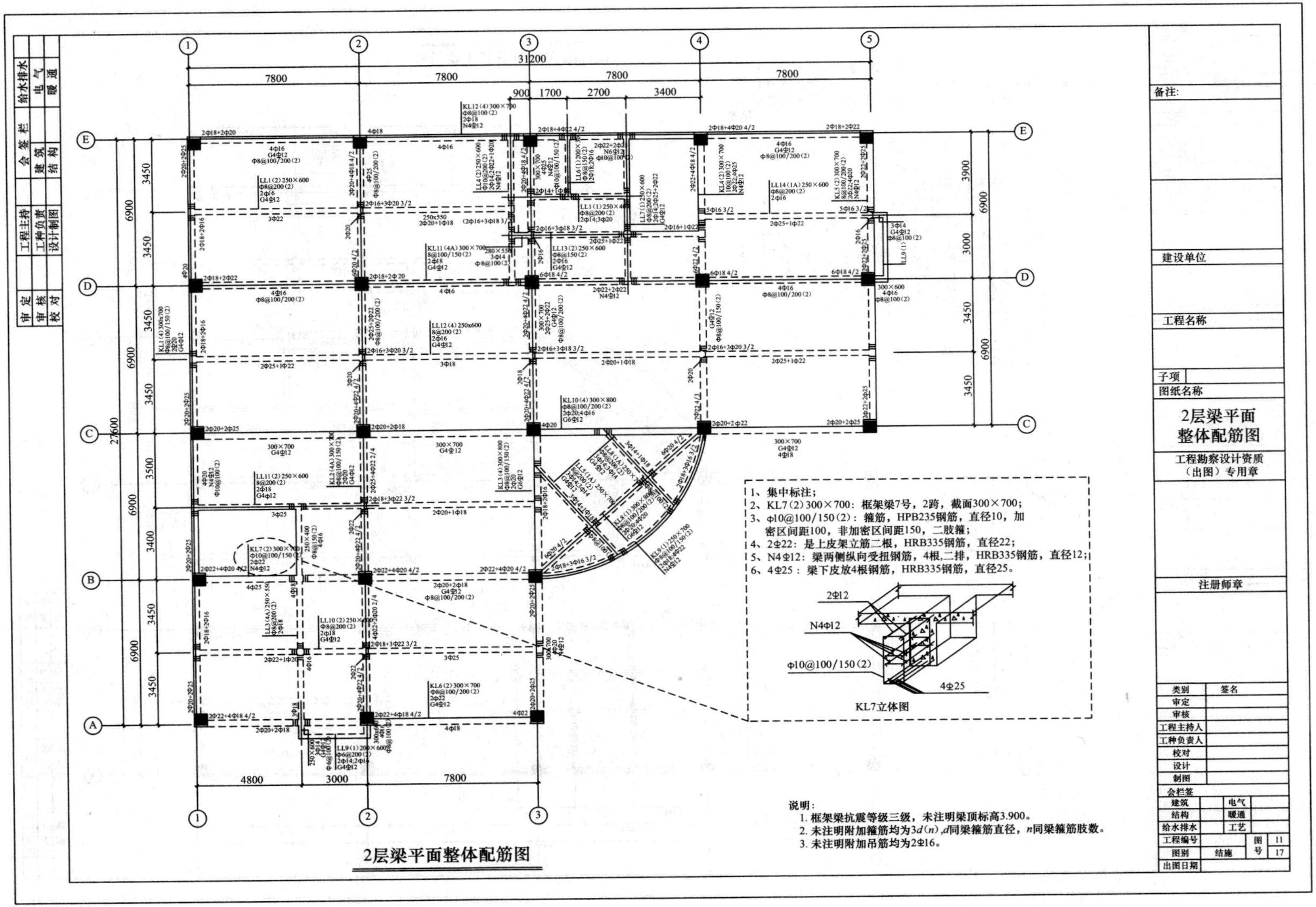

备注:
建设单位
工程名称
子项
图纸名称
2层梁平面
整体配筋图
工程勘察设计资质
（出图）专用章
注册师章
1、集中标注;
2、KL7(2)300×700：框架梁7号，2跨，截面300×700;
3、ϕ10@100/150(2)：箍筋，HPB235钢筋，直径10，加密区间距100，非加密区间距150，二肢箍;
4、2Φ22：是上皮架立筋二根，HRB335钢筋，直径22;
5、N4Φ12：梁两侧纵向受扭钢筋，4根,二排，HRB335钢筋，直径12;
6、4Φ25：梁下皮放4根钢筋，HRB335钢筋，直径25。
2Φ12
N4Φ12
ϕ10@100/150(2)
4Φ25
KL7立体图
说明：
1. 框架梁抗震等级三级，未注明梁顶标高3.900。
2. 未注明附加箍筋均为3d(n),d同梁箍筋直径，n同梁箍筋肢数。
3. 未注明附加吊筋均为2Φ16。
类别
签名
审定
审核
工程主持人
工种负责人
校对
设计
制图
会栏签
建筑
电气
结构
暖通
给水排水
工艺
工程编号
图别
结施
图号
11
17
出图日期

2层梁平面整体配筋图

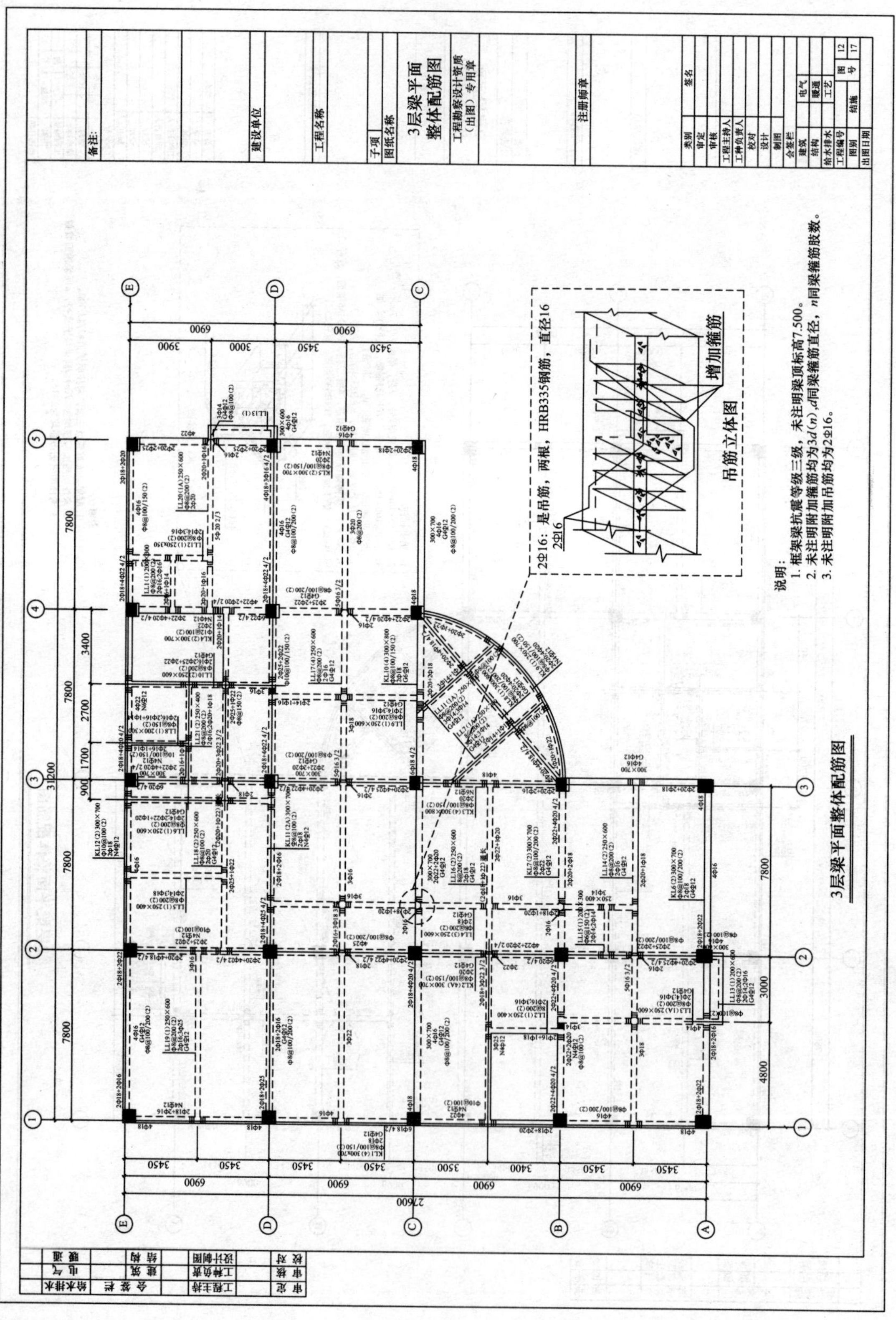
3层梁平面整体配筋图
说明：
1. 框架梁抗震等级三级，未注明梁顶标高7.500。
2. 未注明附加箍筋均为3d(n),d同梁箍筋直径，n同梁箍筋肢数。
3. 未注明附加吊筋均为2⌀16。
2⌀16：是吊筋，两根，HRB335钢筋，直径16
增加箍筋
吊筋立体图
3层梁平面整体配筋图

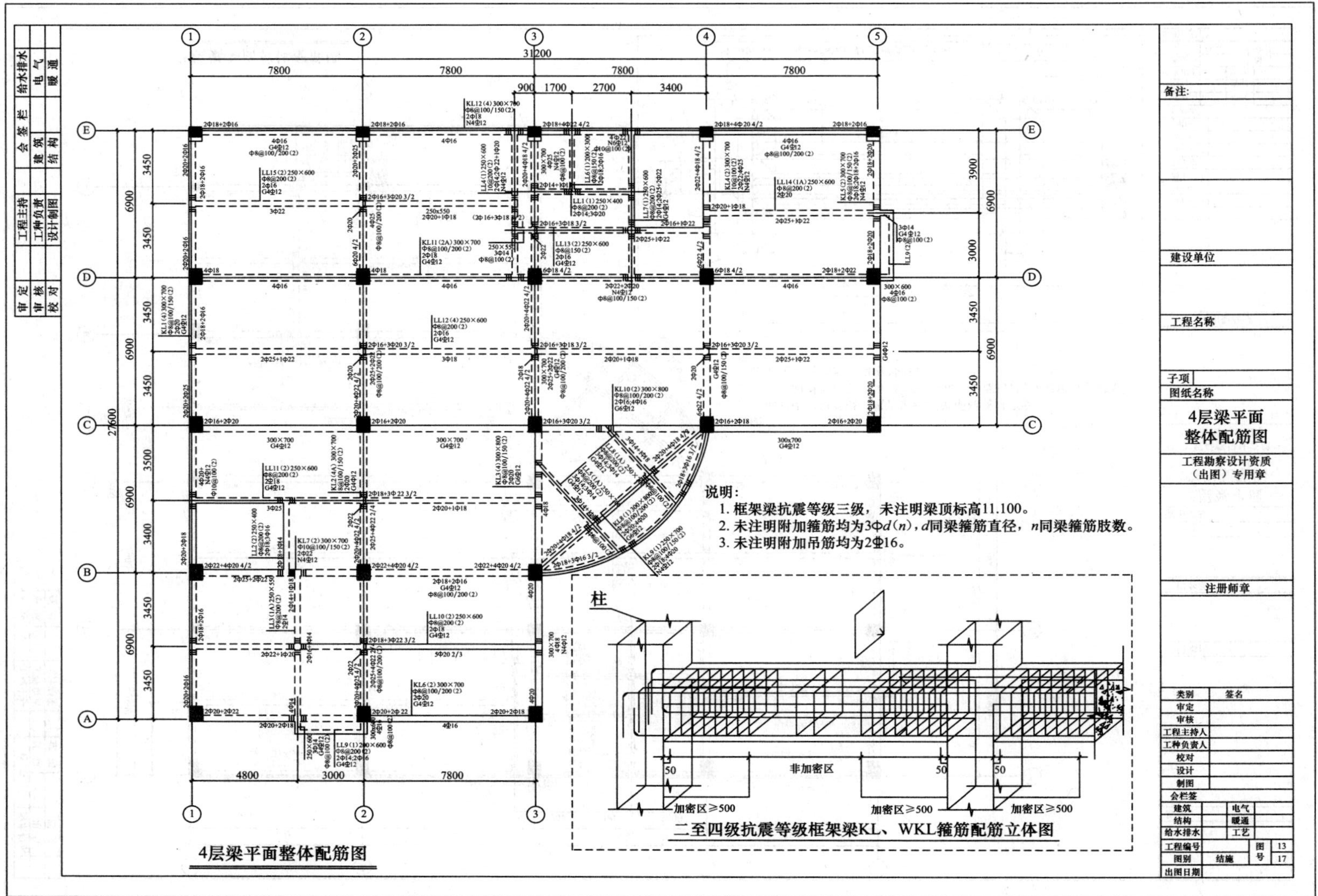
说明：
1. 框架梁抗震等级三级，未注明梁顶标高11.100。
2. 未注明附加箍筋均为3Φd(n)，d同梁箍筋直径，n同梁箍筋肢数。
3. 未注明附加吊筋均为2Φ16。
柱
50
非加密区
加密区≥500
加密区≥500
加密区≥500
二至四级抗震等级框架梁KL、WKL箍筋配筋立体图
4层梁平面整体配筋图
备注:
建设单位
工程名称
子项
图纸名称
4层梁平面整体配筋图
工程勘察设计资质（出图）专用章
注册师章
审定
审核
校对
工程主持
工种负责
设计制图
会签栏
建筑
结构
给水排水
电气
暖通

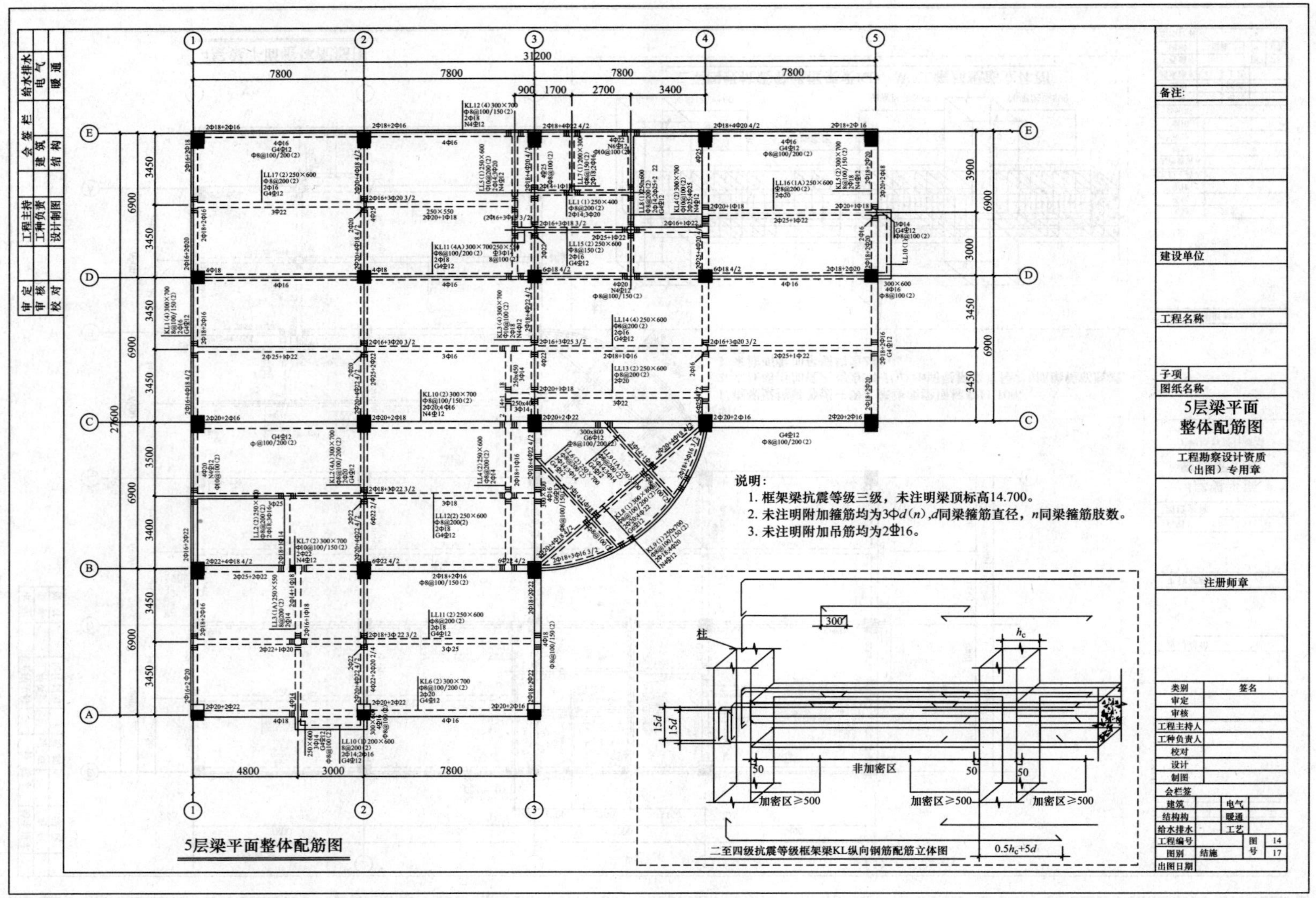
5层梁平面整体配筋图
说明：
1. 框架梁抗震等级三级，未注明梁顶标高14.700。
2. 未注明附加箍筋均为3Φd(n),d同梁箍筋直径，n同梁箍筋肢数。
3. 未注明附加吊筋均为2Φ16。
二至四级抗震等级框架梁KL纵向钢筋配筋立体图
柱
非加密区
加密区≥500
0.5hc+5d
15d
备注：
建设单位
工程名称
子项
图纸名称
5层梁平面
整体配筋图
工程勘察设计资质
（出图）专用章
注册师章

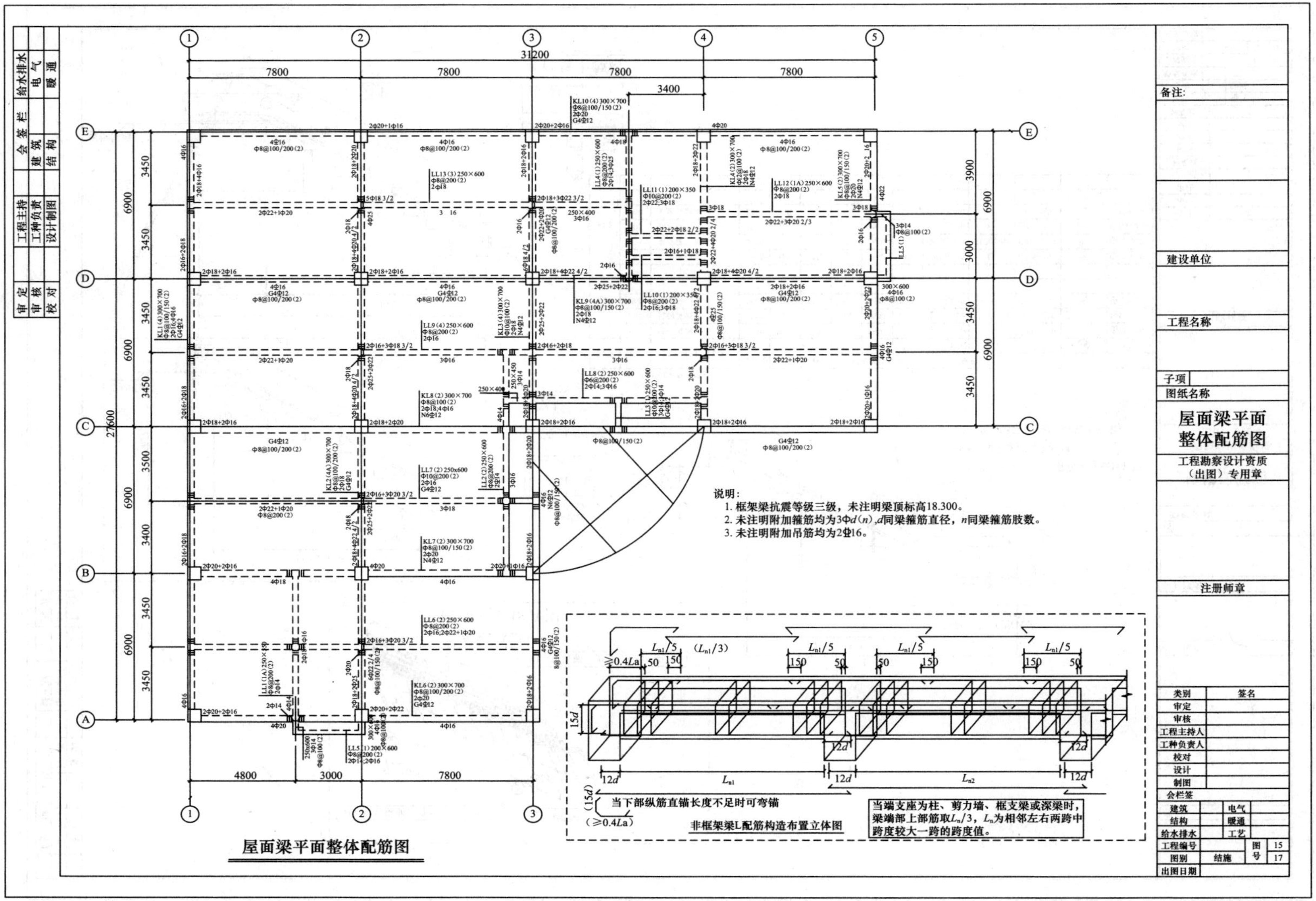
审定
审核
校对
工程主持
工种负责
设计制图
会签栏
建筑
结构
给水排水
电气
暖通
31200
7800
3400
27600
6900
3450
3500
3900
3000
4800
说明：
1. 框架梁抗震等级三级，未注明梁顶标高18.300。
2. 未注明附加箍筋均为3Φd(n)，d同梁箍筋直径，n同梁箍筋肢数。
3. 未注明附加吊筋均为2Φ16。
当下部纵筋直锚长度不足时可弯锚
非框架梁L配筋构造布置立体图
当端支座为柱、剪力墙、框支梁或深梁时，梁端部上部筋取Ln/3，Ln为相邻左右两跨中跨度较大一跨的跨度值。
屋面梁平面整体配筋图
备注:
建设单位
工程名称
子项
图纸名称
屋面梁平面整体配筋图
工程勘察设计资质（出图）专用章
注册师章
类别
签名
审定
审核
工程主持人
工种负责人
校对
设计
制图
会栏签
建筑
电气
结构
暖通
给水排水
工艺
工程编号
图号
15
17
图别
结施
出图日期

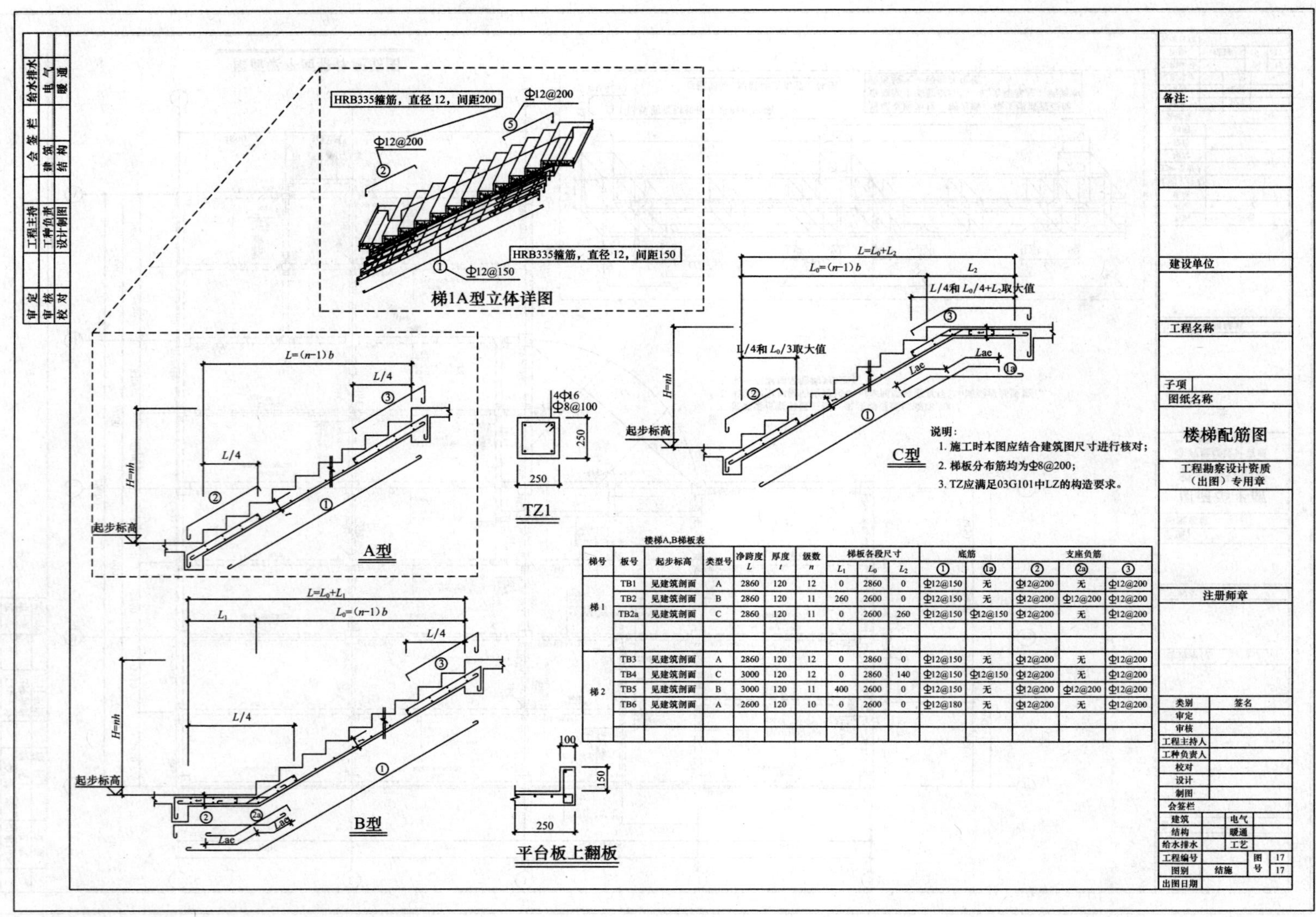

楼梯A,B梯板表

梯号	板号	起步标高	类型号	净跨度 L	厚度 t	级数 n	梯板各段尺寸 L_1	L_0	L_2	底筋 ①	①a	支座负筋 ②	②a	③
梯1	TB1	见建筑剖面	A	2860	120	12	0	2860	0	Φ12@150	无	Φ12@200	无	Φ12@200
	TB2	见建筑剖面	B	2860	120	11	260	2600	0	Φ12@150	无	Φ12@200	Φ12@200	Φ12@200
	TB2a	见建筑剖面	C	2860	120	11	0	2600	260	Φ12@150	Φ12@150	Φ12@200	无	Φ12@200
梯2	TB3	见建筑剖面	A	2860	120	12	0	2860	0	Φ12@150	无	Φ12@200	无	Φ12@200
	TB4	见建筑剖面	C	3000	120	12	0	2860	140	Φ12@150	Φ12@150	Φ12@200	无	Φ12@200
	TB5	见建筑剖面	B	3000	120	11	400	2600	0	Φ12@150	无	Φ12@200	Φ12@200	Φ12@200
	TB6	见建筑剖面	A	2600	120	10	0	2600	0	Φ12@180	无	Φ12@200	无	Φ12@200

6.3 某框架结构科研楼给水排水施工图实例导读

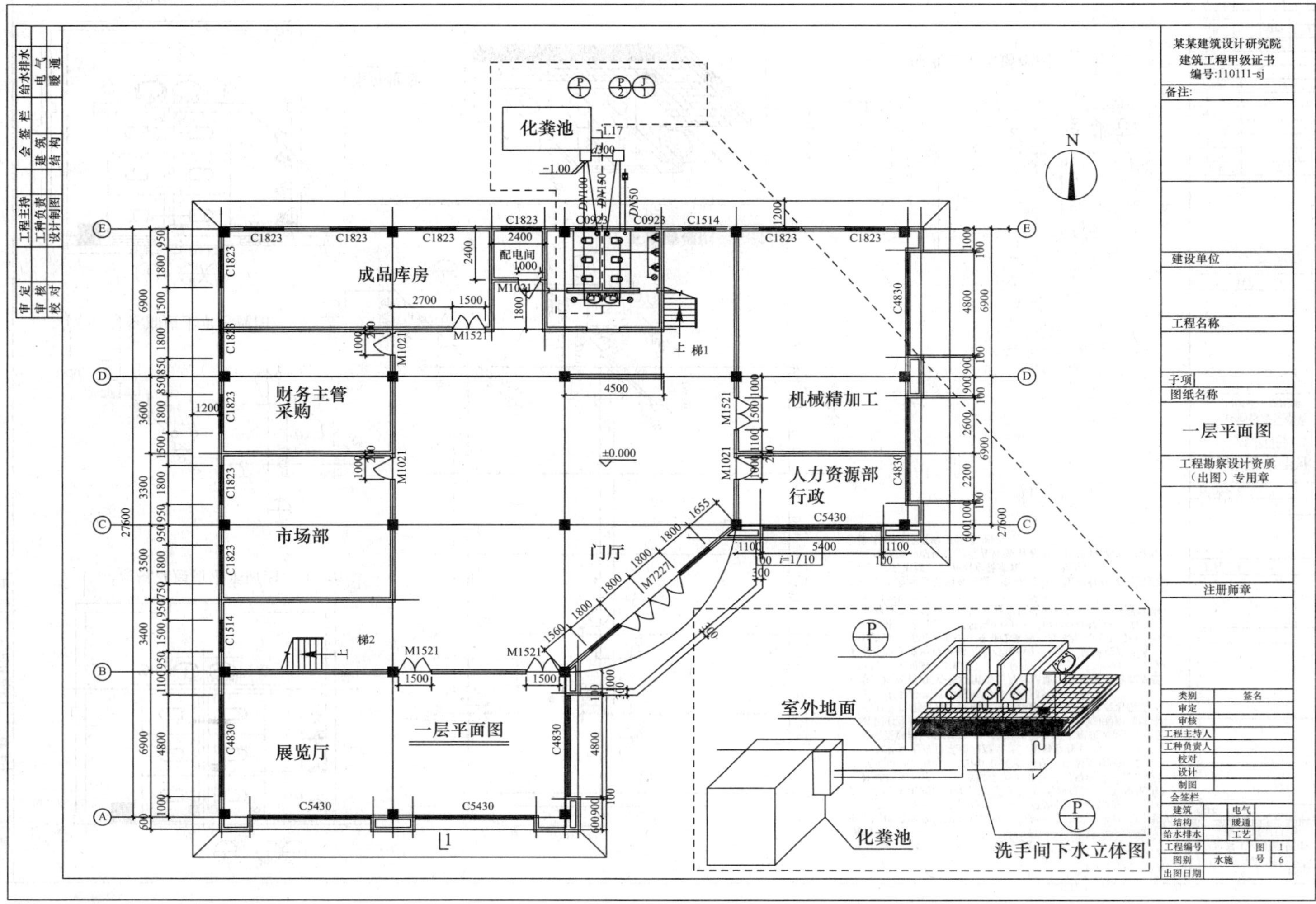

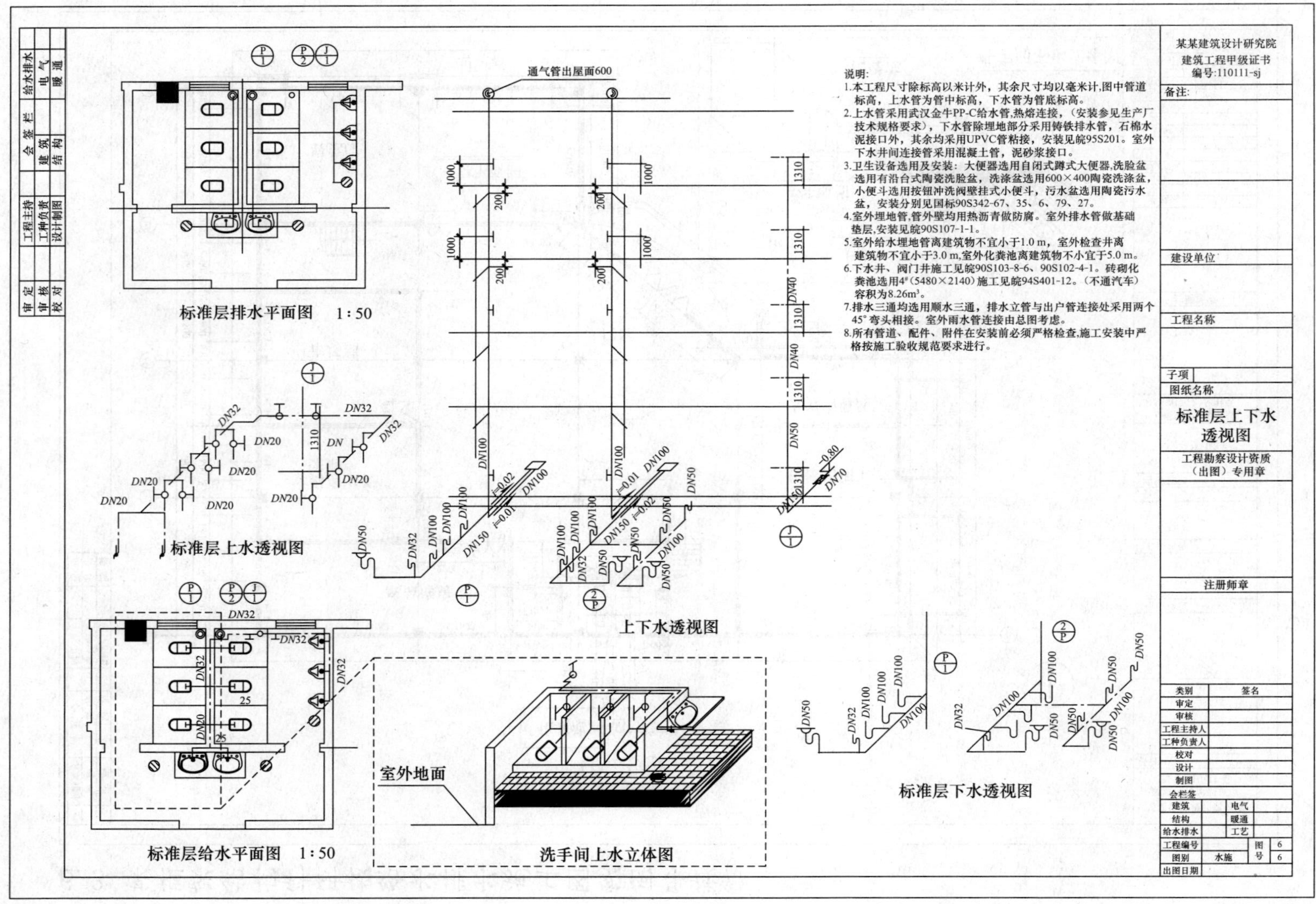

说明:
1.本工程尺寸除标高以米计外，其余尺寸均以毫米计,图中管道标高，上水管为管中标高，下水管为管底标高。
2.上水管采用武汉金牛PP-C给水管,热熔连接，（安装参见生产厂技术规格要求），下水管除埋地部分采用铸铁排水管，石棉水泥接口外，其余均采用UPVC管粘接，安装见皖95S201。室外下水井间连接管采用混凝土管，泥砂浆接口。
3.卫生设备选用及安装：大便器选用自闭式蹲式大便器,洗脸盆选用有沿台式陶瓷洗脸盆，洗涤盆选用600×400陶瓷洗涤盆，小便斗选用按钮冲洗阀壁挂式小便斗，污水盆选用陶瓷污水盆，安装分别见国标90S342-67、35、6、79、27。
4.室外埋地管,管外壁均用热沥青做防腐。室外排水管做基础垫层,安装见皖90S107-1-1。
5.室外给水埋地管离建筑物不宜小于1.0 m，室外检查井离建筑物不宜小于3.0 m,室外化粪池离建筑物不小宜于5.0 m。
6.下水井、阀门井施工见皖90S103-8-6、90S102-4-1。砖砌化粪池选用4#（5480×2140）施工见皖94S401-12。（不通汽车）容积为8.26m³。
7.排水三通均选用顺水三通，排水立管与出户管连接处采用两个45°弯头相接。室外雨水管连接由总图考虑。
8.所有管道、配件、附件在安装前必须严格检查,施工安装中严格按施工验收规范要求进行。
通气管出屋面600
标准层排水平面图　1:50
标准层上水透视图
上下水透视图
标准层给水平面图　1:50
室外地面
洗手间上水立体图
标准层下水透视图
某某建筑设计研究院
建筑工程甲级证书
编号:110111-sj
备注:
建设单位
工程名称
子项
图纸名称
标准层上下水透视图
工程勘察设计资质（出图）专用章
注册师章
类别
签名
审定
审核
工程主持人
工种负责人
校对
设计
制图
会栏签
建筑
电气
结构
暖通
给水排水
工艺
工程编号
图号
6
图别
水施
6
出图日期

6.4 某框架结构科研楼电气施工图实例导读

设计总说明

1.该建筑设计安装容量为162.5 kW,综合需要系数为0.6,计算容量为125.2 kVA。总进线采用电缆直埋引入,直埋深度-700,入户时穿钢管保护。
2.平面图中的主干线穿电线管沿吊顶内明敷。
3.平面图中未标注的导线均选用BV-2.5的塑料导线穿电线料管暗敷,导线与线管配合如下:1~3根 DG16;4~5根 DG20;6~8根 DG25。
4.开关、插座、照明箱均暗装,其下口安装高度见平面图。
5.防雷引下线在距地1800设引出连接板,供测量电阻用。
6.供电系统采用TN-C-S接地方式,接地电阻不大于4Ω,所有不带电的裸露的金属外壳均做好接地。
7.施工时请参见《建筑电气安装工程图集》的有关部分,并与土建、给水排水、暖通等专业密切配合,做好预留预埋工作。
8.配电设备须由获得ISO9002以上论证的设备厂成套提供,定货时应由设计人员进行技术交底。

空气自动开关

铜芯聚氯乙烯绝缘电线(简称铜芯线和塑铜线),4根35mm²铜线,1根25mm²铜线,穿塑料管,管径20,沿墙暗敷设,沿板内暗敷设

总配电箱

总进线,电缆,暗埋

VV-4X9522
直埋深度-700

NG100H-C63/4P+Vigi
NG100 300mA
Δt=0.4s
防火灾漏电开关

P_e=50.0 kW
I_{js}=125.2 A
K_x=0.6
cosΦ=0.8

P/GGK2

NSD100/80A　BV-4X35+1X25-G50 ① 1M1 P_e=30.0 kW
NSD100/80A　BV-4X35+1X25-G50 ② 2M1 P_e=30.0 kW
NSD100/80A　BV-4X35+1X25-G50 ③ 3M1 P_e=30.0 kW
NSD100/80A　BV-4X35+1X25-G50 ④ 4M1 P_e=30.0 kW
NSD100/80A　BV-4X35+1X25-G50 ⑤ 5M1 P_e=30.0 kW

BV-4X35+1X25-G50　E4CB363CH

P_e=50.0 kW
I_{js}=61.9 A
K_x=0.6
cosΦ=0.8

E4CB110CE　BV-2X2.5-DG15 ① P_e=1000 W
E4CB332CE　BV-3X10-DG25 ② P_e=5000 W Nb1
E4CB332CE　BV-3X10-DG25 ③ P_e=5000 W Nb1
E4CB332CE　BV-3X10-DG25 ④ P_e=5000 W Nb1
E4CB332CE　BV-3X10-DG25 ⑤ P_e=5000 W Nb1
E4CB332CE　BV-3X10-DG25 ⑥ P_e=5000 W Nb1
E4CB332CE　BV-3X10-DG25 ⑦ P_e=5000 W Nb1
E4CB332CE　BV-3X10-DG25 ⑧ P_e=5000 W Nb1
E4CB332CE　BV-3X10-DG25 ⑨ P_e=5000 W Nb1
E4CB340CG　BV-4X25+1X16-G40 ⑩ P_e=5000 W备用

(1-5)M1/XADP-R310

P_e=5.0 kW
I_{js}=27.2 A
K_x=0.8
cosΦ=0.8

E4CB232CE

铜线,2根,2.5mm²,穿DG15管
空气自动开关

E4CB110CE　BV-2X2.5-DG15 ①
E4CB210CE+E4EL　BV-2X2.5-DG15 ②
E4CB210CE+E4EL　BV-3X2.5-DG15 ③
E4CB210CE+E4EL　BV-3X2.5-DG15 ④
E4CB210CE+E4EL　BV-3X2.5-DG15 ⑤
E4CB120CE　BV-3X4-DG20 ⑥

铜线,3根,4mm²,穿DG20管

Nb1/XADP-R108

图例及主要设备材料表

序号	图例	名称	规格	单位	数量	备注
1		格栅三管荧光灯	HGS340-24A9 3×40W	套	22	
2		荧光灯	1×40W	套	1	
3	⊗	太平原吸顶灯	1×60W	套	7	
4		疏散灯	1×8W	套	2	安装高度500
5		照明配电箱	XADP-R---	台	3	安装高度1800
6		配电箱		台	1	安装高度1800
7		暗装接地三相插座	380V 16A		2	安装高度300
8		风扇调速开关	预留接线盒		1	安装高度1400
9		暗装三极开关	E2033/1/2A-GA		1	安装高度1400
10		吊扇	预留吊钩		1	
11		暗装接地单相插座	E2426CS-GA		1	安装高度1800
12		暗装双极开关	E2032/1/2A-GA		3	安装高度1400
13		格栅两管荧光灯	HGS240-24A9 2×40W		4	
14		双控开关	E2031L2/3A-GA		2	安装高度1400
15		二三极双联暗插座	E2426/10US-GA		19	安装高度300
16		单极暗开关	E2031L1/2A-GA		8	安装高度1400

供电系统图

某某建筑设计研究院 建筑工程甲级证书 编号:110111-sj
备注:
建设单位
工程名称
子项
图纸名称
供电系统图
工程勘察设计资质(出图)专用章
注册师章

类别	签名
审定	
审核	
工程主持人	
工种负责人	
校对	
设计	
制图	
会栏签	

建筑	电气
结构	暖通
给水排水	工艺
工程编号	图号 1
图别 电施	15
出图日期	

给水排水	电气	暖通
会签栏	建筑	结构
工程主持	工种负责	设计制图
审定	审核	校对

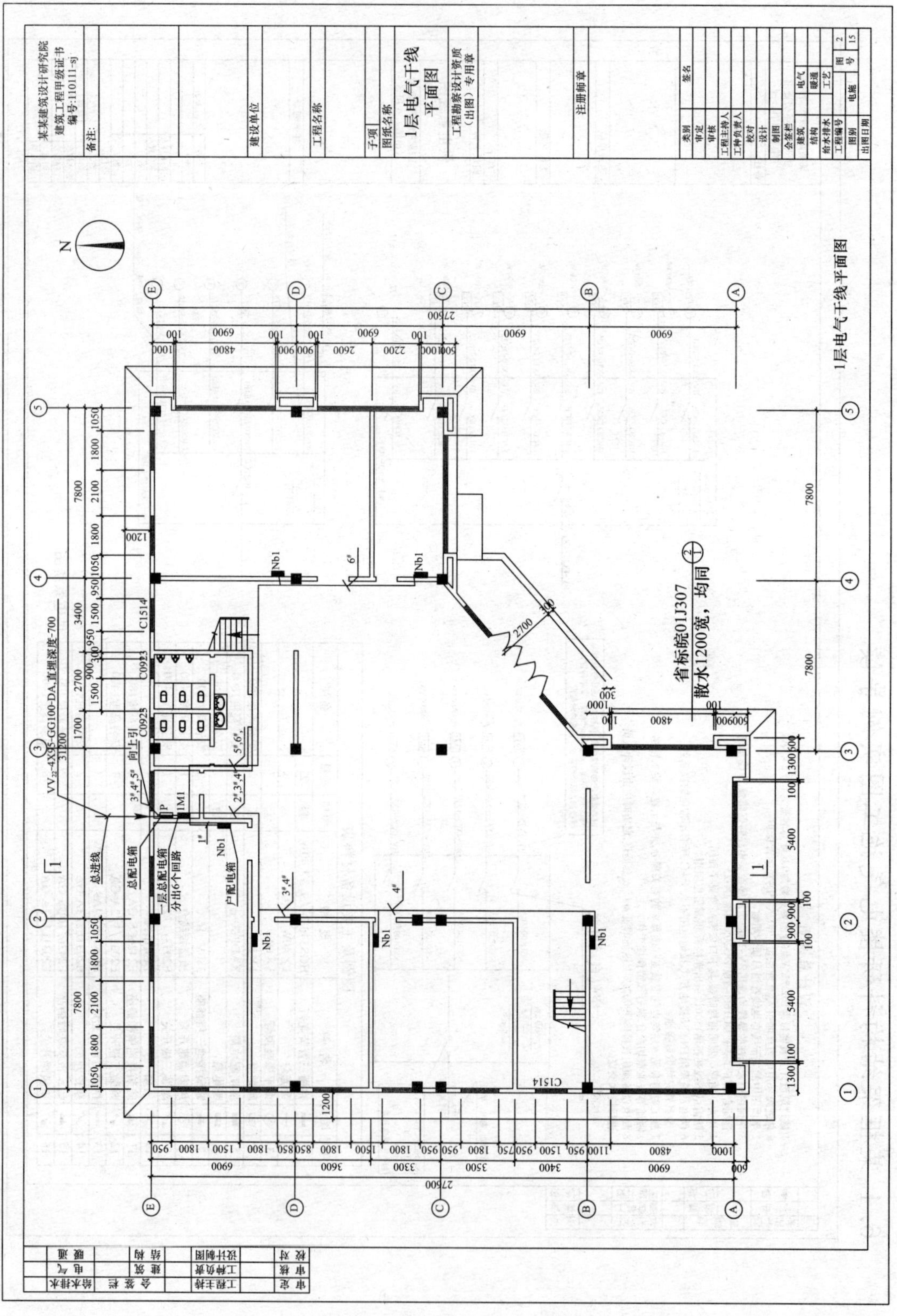

1层电气干线平面图
某某建筑设计研究院
建筑工程甲级证书
编号:110111-sj
备注:
建设单位
工程名称
子项
图纸名称
1层电气干线平面图
工程勘察设计资质（出图）专用章
注册师章
总进线
总配电箱
一层总配电箱
分出6个回路
户配电箱
向上引
省标皖01J307
散水1200宽，均同

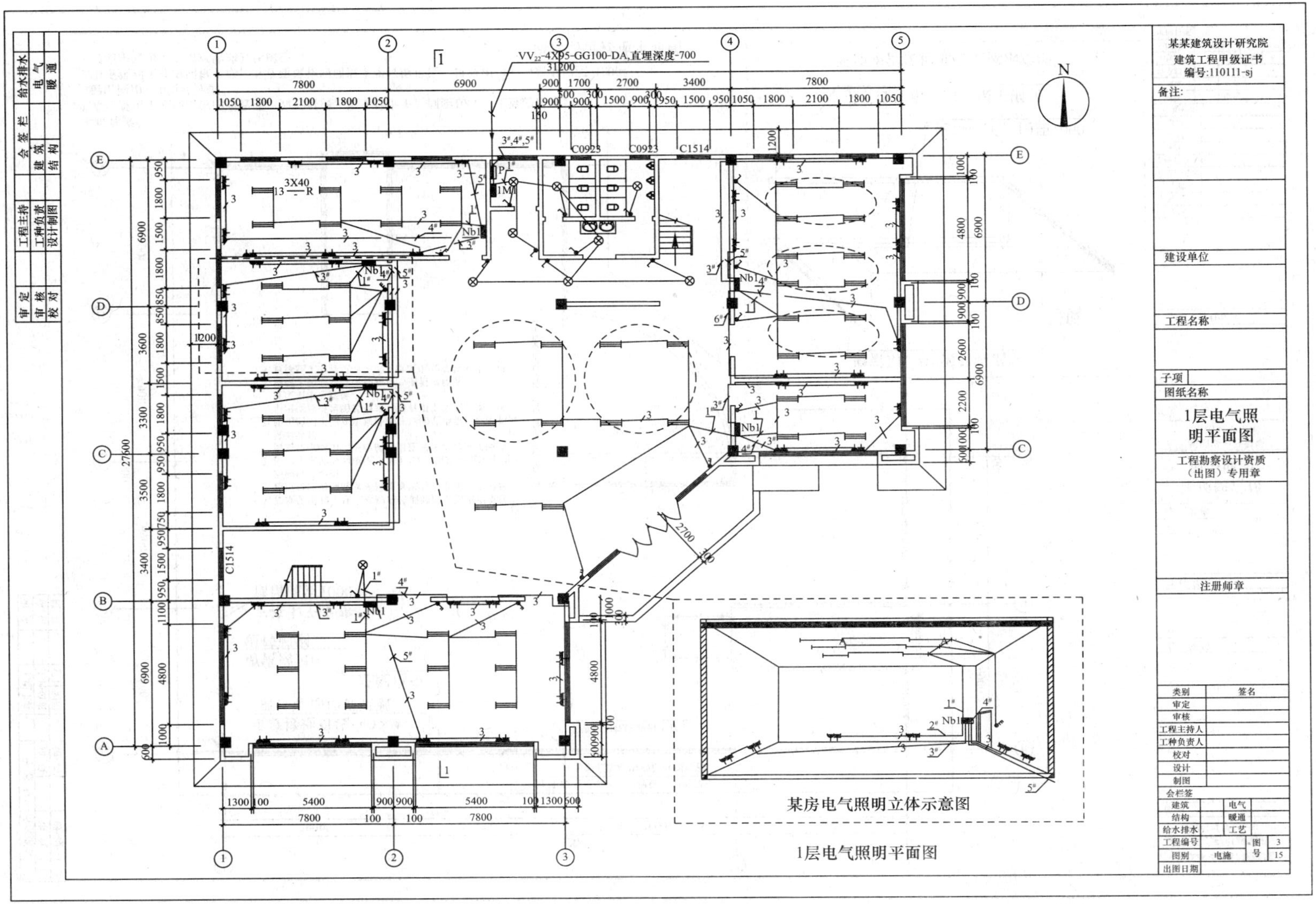
某某建筑设计研究院
建筑工程甲级证书
编号:110111-sj
备注:
建设单位
工程名称
子项
图纸名称
1层电气照明平面图
工程勘察设计资质（出图）专用章
注册师章
类别
签名
审定
审核
工程主持人
工种负责人
校对
设计
制图
会栏签
建筑
电气
结构
暖通
给水排水
工艺
工程编号
图号
3
15
图别
电施
出图日期
审定
审核
校对
工程主持
工种负责
设计制图
会签栏
建筑
结构
给水排水
电气
暖通
VV22-4X95-GG100-DA,直埋深度-700
31200
27600
C0923
C1514
3X40
13 — R
Nb1
某房电气照明立体示意图
1层电气照明平面图

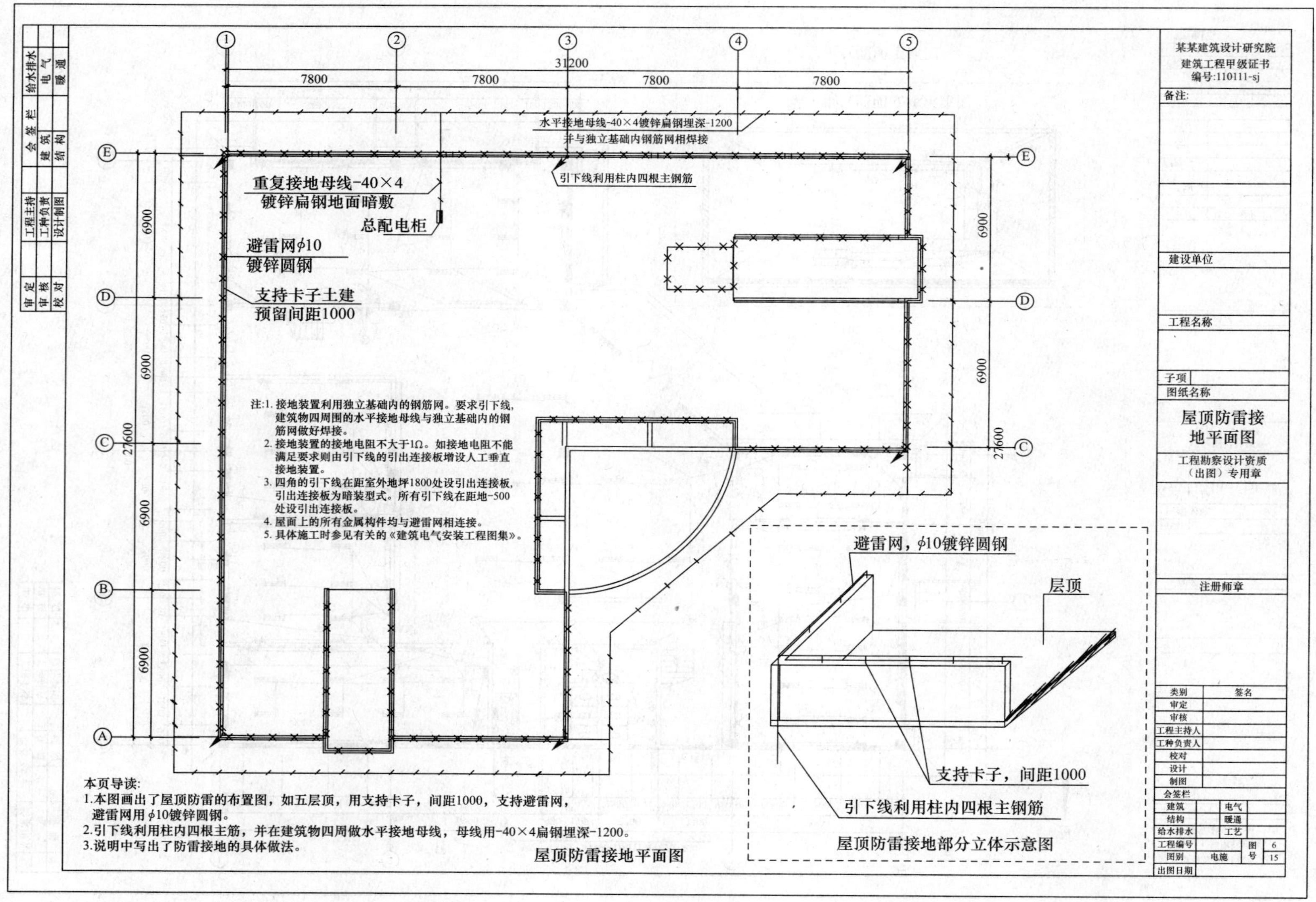

某某建筑设计研究院
建筑工程甲级证书
编号:110111-sj
备注:
建设单位
工程名称
子项
图纸名称
屋顶防雷接地平面图
工程勘察设计资质（出图）专用章
注册师章
类别 签名
审定
审核
工程主持人
工种负责人
校对
设计
制图
会签栏
建筑 电气
结构 暖通
给水排水 工艺
工程编号
图别 电施
图号 6 15
出图日期
31200
7800
7800
7800
7800
27600
6900
6900
6900
6900
水平接地母线-40×4镀锌扁钢埋深-1200
并与独立基础内钢筋网相焊接
引下线利用柱内四根主钢筋
重复接地母线-40×4
镀锌扁钢地面暗敷
总配电柜
避雷网ϕ10
镀锌圆钢
支持卡子土建
预留间距1000
注:1. 接地装置利用独立基础内的钢筋网。要求引下线，建筑物四周围的水平接地母线与独立基础内的钢筋网做好焊接。
2. 接地装置的接地电阻不大于1Ω。如接地电阻不能满足要求则由引下线的引出连接板增设人工垂直接地装置。
3. 四角的引下线在距室外地坪1800处设引出连接板，引出连接板为暗装型式。所有引下线在距地-500处设引出连接板。
4. 屋面上的所有金属构件均与避雷网相连接。
5. 具体施工时参见有关的《建筑电气安装工程图集》。
避雷网，ϕ10镀锌圆钢
层顶
支持卡子，间距1000
引下线利用柱内四根主钢筋
屋顶防雷接地部分立体示意图
本页导读:
1.本图画出了屋顶防雷的布置图，如五层顶，用支持卡子，间距1000，支持避雷网，避雷网用ϕ10镀锌圆钢。
2.引下线利用柱内四根主筋，并在建筑物四周做水平接地母线，母线用-40×4扁钢埋深-1200。
3.说明中写出了防雷接地的具体做法。
审定
审核
校对
工程主持
工种负责
设计制图
会签栏
建筑
结构
给水排水
电气
暖通

屋顶防雷接地平面图

6.5　某框架结构科研楼施工图配套标准图集

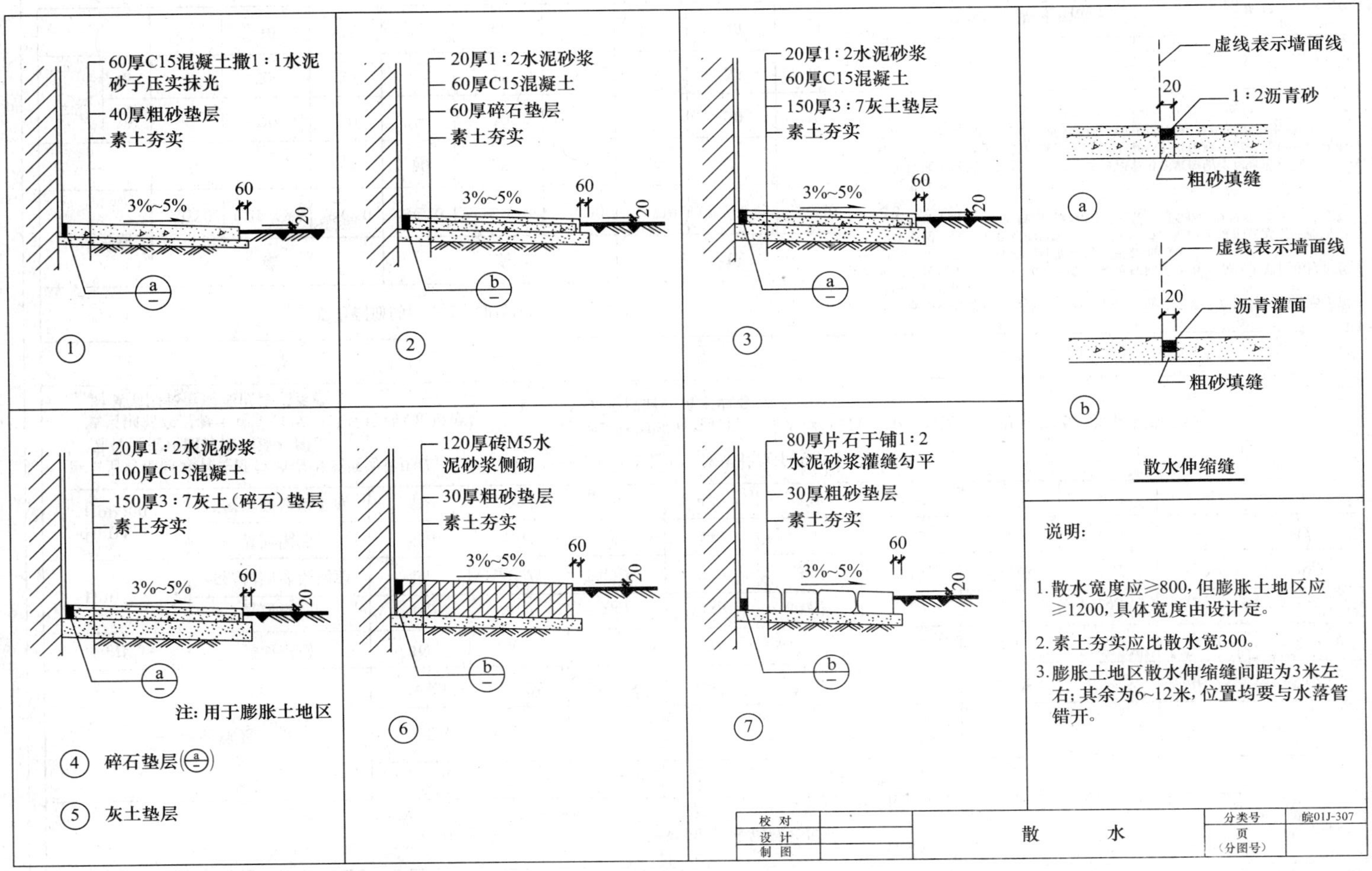

①
60厚C15混凝土撒1：1水泥砂子压实抹光
40厚粗砂垫层
素土夯实
3%~5%
60
20
a/—

②
20厚1：2水泥砂浆
60厚C15混凝土
60厚碎石垫层
素土夯实
3%~5%
60
20
b/—

③
20厚1：2水泥砂浆
60厚C15混凝土
150厚3：7灰土垫层
素土夯实
3%~5%
60
20
a/—

④ 碎石垫层(a/—)
⑤ 灰土垫层
20厚1：2水泥砂浆
100厚C15混凝土
150厚3：7灰土（碎石）垫层
素土夯实
3%~5%
60
20
a/—
注：用于膨胀土地区

⑥
120厚砖M5水泥砂浆侧砌
30厚粗砂垫层
素土夯实
3%~5%
60
20
b/—

⑦
80厚片石干铺1：2水泥砂浆灌缝勾平
30厚粗砂垫层
素土夯实
3%~5%
60
20
b/—

ⓐ
虚线表示墙面线
20
1：2沥青砂
粗砂填缝

ⓑ
虚线表示墙面线
20
沥青灌面
粗砂填缝

散水伸缩缝

说明：

1. 散水宽度应≥800，但膨胀土地区应≥1200，具体宽度由设计定。
2. 素土夯实应比散水宽300。
3. 膨胀土地区散水伸缩缝间距为3米左右；其余为6~12米，位置均要与水落管错开。

校 对		散　　水	分类号	皖01J-307
设 计			页（分图号）	
制 图				

受拉钢筋的最小锚固长度L_a

钢筋种类		混凝土强度等级									
		C20		C25		C30		C35		≥C40	
		d≤25	d>25	d≤25	d>25	d≤25	d>25	d≤25	d>25	d≤25	d>25
HPB235	普通钢筋	36d	33d	31d	28d	27d	25d	25d	23d	23d	21d
HPB335	普通钢筋	44d	41d	38d	35d	34d	31d	31d	29d	29d	26d
	环氧树脂涂层钢筋	49d	45d	42d	39d	38d	34d	34d	34d	32d	29d
HPB400 HPB400	普通钢筋	55d	51d	48d	44d	43d	39d	39d	36d	36d	33d
	环氧树脂涂层钢筋	61d	56d	53d	48d	47d	43d	43d	39d	39d	36d

注：1.当弯锚时，有些部位的锚固长度为≥$0.4L_a+15d$，见各类构建的标准构造产图。

2.当钢筋在混凝土施工过程中易受扰动（如滑模施工）时其锚固长度应乘以修正系数1.1。

3.在任何情况下，锚固长度不得小于25mm。

4.HPB235钢筋为受拉时，其末端应做成180°弯钩。弯钩平直段长度不应小于3d。当为受压时，可不做弯钩。

受力钢筋的混凝土保护层最小厚度（mm）

环境类别		墙			梁			柱		
		≤C20	C25~C45	≥C50	≤C20	C25~C45	≥C20	≤C20	C25~C45	≥C20
一		20	15	15	30	25	25	30	30	30
二	a	—	20	20	—	30	30	—	30	30
	b	—	25	20	—	35	30	—	35	30
三		—	30	25	—	40	35	—	40	35

注：
1. 受力钢筋外边缘至混凝土上表面的距离，除符合表中规定外，不应小于钢筋的公称直径。
2. 机械连接接头连接件的混凝土保护厚度应满足受力钢筋保护层最小厚度的要求。连接件之间的横向净距不宜小于25mm。
3. 设计使用年限为100年的结构：一类环境中，混凝土保护层厚度应按表中规定增加40%；二类和三类环境中，混凝土保护层厚度应采取专门有效措施。
4. 环境类别表详见第35页。
5. 三类环境中的结构构件，其受力钢筋宜采用环氧树脂涂层带肋钢筋。
6. 板、墙、壳中分布钢筋的保护层厚度不应小于表相应数值减10mm，且不应小于10mm；梁、柱中箍筋和构造钢筋的保护层厚度不应小于15mm。

受拉钢筋最小锚固长度L_a 受力钢筋的混凝土保护层最小厚度						图集号	03G101-1
审核		校对		设计		页	

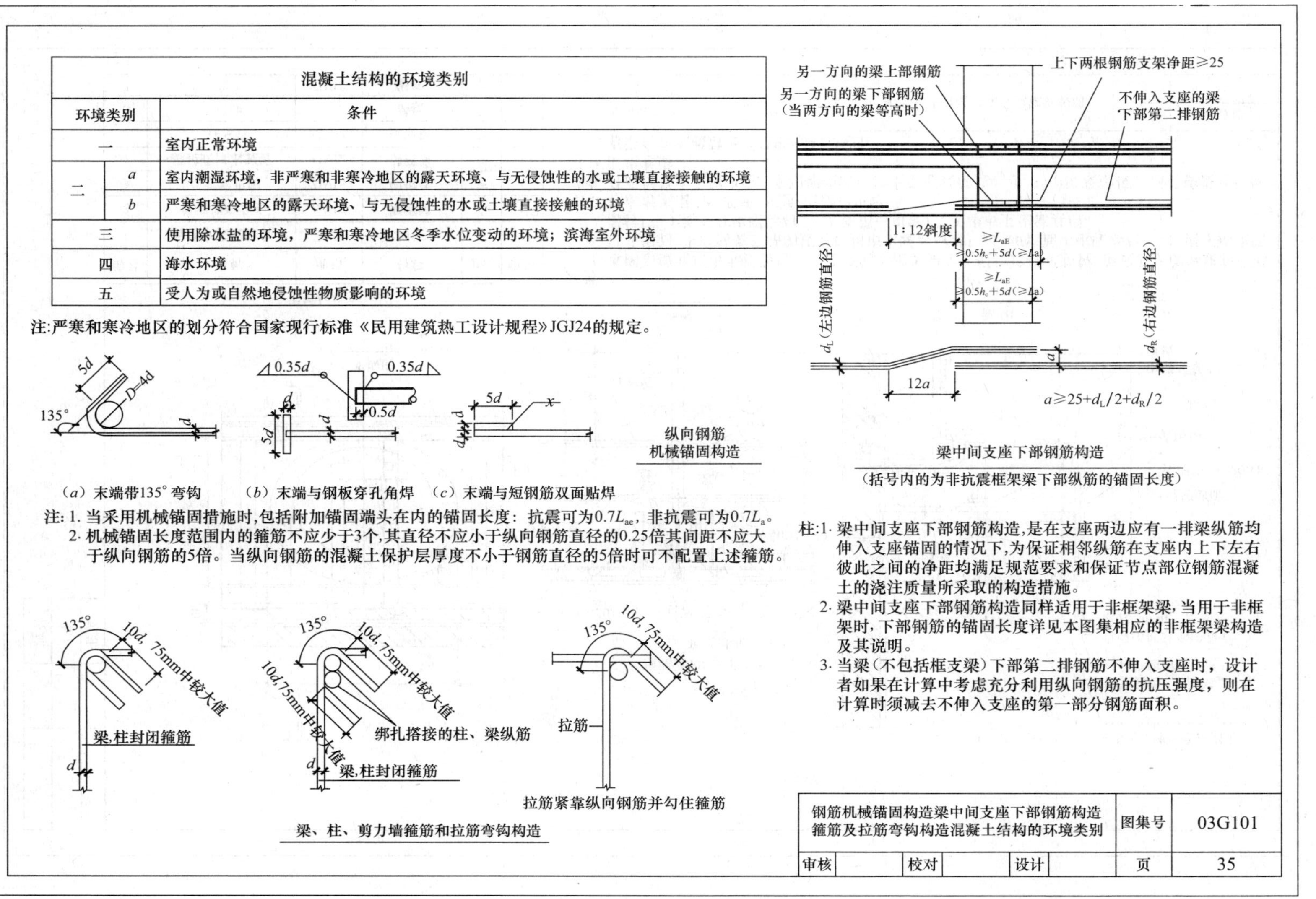

混凝土结构的环境类别

环境类别		条件
一		室内正常环境
二	a	室内潮湿环境，非严寒和非寒冷地区的露天环境、与无侵蚀性的水或土壤直接接触的环境
	b	严寒和寒冷地区的露天环境、与无侵蚀性的水或土壤直接接触的环境
三		使用除冰盐的环境，严寒和寒冷地区冬季水位变动的环境；滨海室外环境
四		海水环境
五		受人为或自然地侵蚀性物质影响的环境

注:严寒和寒冷地区的划分符合国家现行标准《民用建筑热工设计规程》JGJ24的规定。

纵向钢筋机械锚固构造

（a）末端带135°弯钩　（b）末端与钢板穿孔角焊　（c）末端与短钢筋双面贴焊

注: 1. 当采用机械锚固措施时,包括附加锚固端头在内的锚固长度：抗震可为$0.7L_{ae}$，非抗震可为$0.7L_a$。
2. 机械锚固长度范围内的箍筋不应少于3个,其直径不应小于纵向钢筋直径的0.25倍其间距不应大于纵向钢筋的5倍。当纵向钢筋的混凝土保护层厚度不小于钢筋直径的5倍时可不配置上述箍筋。

梁、柱、剪力墙箍筋和拉筋弯钩构造

梁中间支座下部钢筋构造

（括号内的为非抗震框架梁下部纵筋的锚固长度）

注:1. 梁中间支座下部钢筋构造,是在支座两边应有一排梁纵筋均伸入支座锚固的情况下,为保证相邻纵筋在支座内上下左右彼此之间的净距均满足规范要求和保证节点部位钢筋混凝土的浇注质量所采取的构造措施。
2. 梁中间支座下部钢筋构造同样适用于非框架梁,当用于非框架时,下部钢筋的锚固长度详见本图集相应的非框架梁构造及其说明。
3. 当梁（不包括框支梁）下部第二排钢筋不伸入支座时，设计者如果在计算中考虑充分利用纵向钢筋的抗压强度，则在计算时须减去不伸入支座的第一部分钢筋面积。

钢筋机械锚固构造梁中间支座下部钢筋构造箍筋及拉筋弯钩构造混凝土结构的环境类别						图集号	03G101
审核		校对		设计		页	35

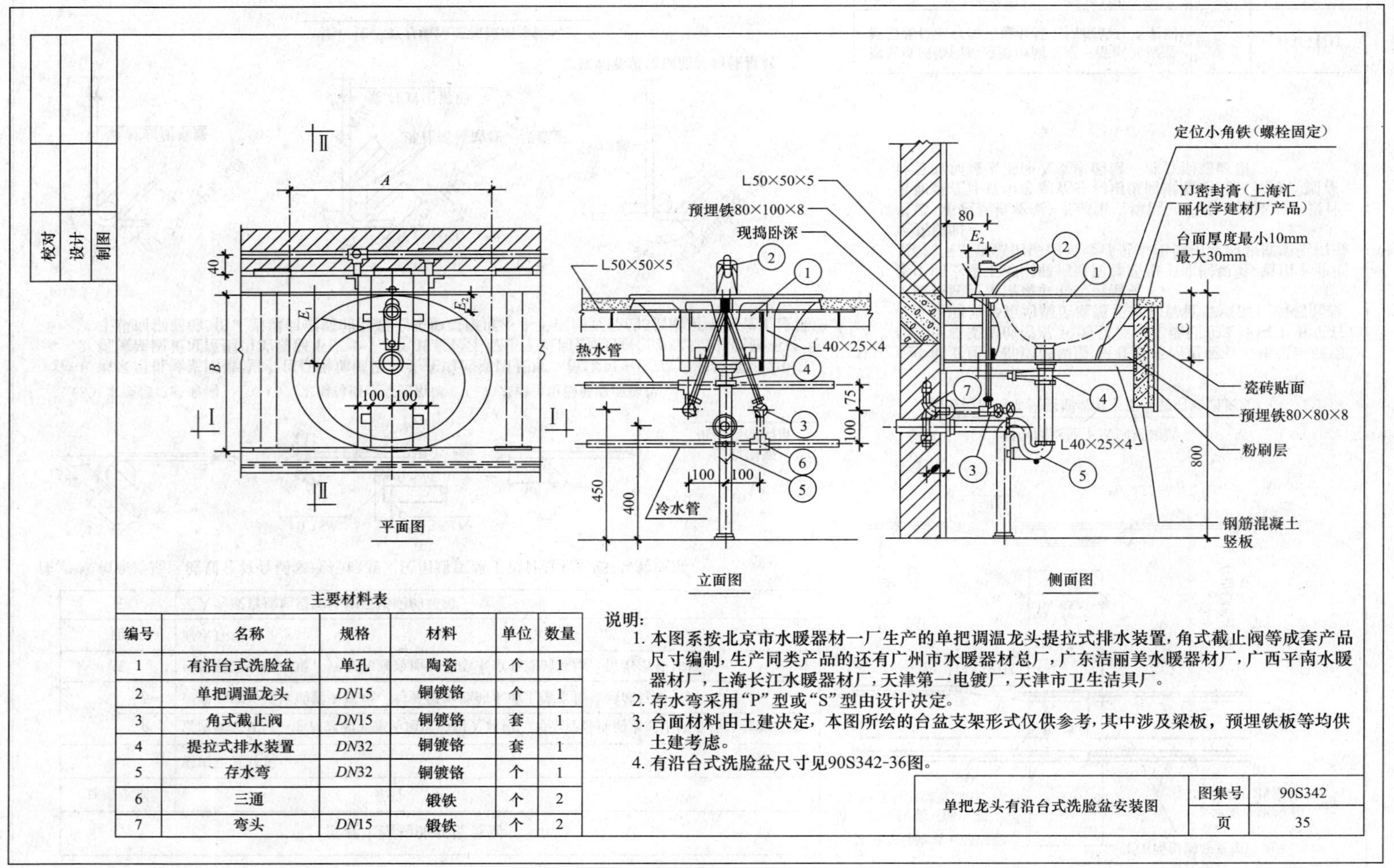

主要材料表

编号	名称	规格	材料	单位	数量
1	有沿台式洗脸盆	单孔	陶瓷	个	1
2	单把调温龙头	DN15	铜镀铬	个	1
3	角式截止阀	DN15	铜镀铬	套	1
4	提拉式排水装置	DN32	铜镀铬	套	1
5	存水弯	DN32	铜镀铬	个	1
6	三通		锻铁	个	2
7	弯头	DN15	锻铁	个	2

说明：

1. 本图系按北京市水暖器材一厂生产的单把调温龙头提拉式排水装置，角式截止阀等成套产品尺寸编制，生产同类产品的还有广州市水暖器材总厂，广东洁丽美水暖器材厂，广西平南水暖器材厂，上海长江水暖器材厂，天津第一电镀厂，天津市卫生洁具厂。
2. 存水弯采用“P”型或“S”型由设计决定。
3. 台面材料由土建决定，本图所绘的台盆支架形式仅供参考，其中涉及梁板，预埋铁板等均供土建考虑。
4. 有沿台式洗脸盆尺寸见90S342-36图。

单把龙头有沿台式洗脸盆安装图	图集号	90S342
	页	35

中篇　建筑工程造价基本知识

第 7 章　工程量清单计价与报价

7.1　招标工程量清单

7.1.1　工程量清单的含义

工程量清单含义有：

1. 招标时，招标方根据招标工程，计算出全部项目和内容的分部分项工程实物量，列出清单，供投标单位逐项填写单价用于投标报价。

2. 中标人确定后，在承包合同中，工程量清单作用为计算工程价款的依据，工程量清单是承包合同的重要组成部分。

工程量清单的内容不仅是实物工程量，还包括措施清单等非实物工程量。

7.1.2　工程量清单的作用

1. 工程量清单是由招标方提供的统一的工程量，避免了由于计算不准确、项目不一致等人为因素造成的造价不准确，有利于投标方的准确报价。

2. 是计价和询标、评标的基础。工程量清单由招标人提供，标底的编制及投标报价，都必须依靠清单。也为今后的询标、评标奠定基础。

3. 为施工过程中支付工程进度款提供依据。

4. 为办理工程结算、竣工结算及工程索赔提供依据。

7.1.3　工程量清单的编制内容及相关规定

工程量清单应由分部分项工程量清单、措施项目清单、其他项目清单、规费项目清单、税金项目清单组成。

1. 分部分项工程

分部分项工程量清单应载明项目编码、项目名称、项目特征、计量单位和工程量。

2. 措施项目

措施项目清单应根据相关工程现行国家计量规范的规定编制。

3. 其他项目

其他项目清单应按照下列内容列项：

(1) 暂列金额；

(2) 暂估价：包括材料暂估单价、工程设备暂估单价、专业工程暂估价；

(3) 计日工；

(4) 总承包服务费。

4. 规费

规费项目清单应按照下列内容列项：

（1）工程排污费；

（2）社会保障费：包括养老保险费、失业保险费、医疗保险费；

（3）住房公积金；

（4）工伤保险。

5. 税金

税金项目清单应包括下列内容：

（1）营业税；

（2）城市维护建设税；

（3）教育费附加。

7.2　投标报价

《建设工程工程量清单计价规范》GB 50500—2013 中关于工程量清单投标价的条文具体如下：

1. 投标人应按招标工程量清单填报价格。项目编码、项目名称、项目特征、计量单位、工程量必须与招标工程量清单一致。

2. 投标人可根据工程实际情况结合施工组织设计，对招标人所列的措施项目进行增补。

3. 投标报价应根据下列依据编制和复核：

（1）《建设工程工程量清单计价规范》GB 50500—2013；

（2）国家或省级、行业建设主管部门颁发的计价办法；

（3）企业定额，国家或省级、行业建设主管部门颁发的计价定额；

（4）招标文件、工程量清单及其补充通知、答疑纪要；

（5）建设工程设计文件及相关资料；

（6）施工现场情况、工程特点及拟定的投标施工组织设计或施工方案；

（7）与建设项目相关的标准、规范等技术资料；

（8）市场价格信息或工程造价管理机构发布的工程造价信息；

（9）其他的相关资料。

4. 分部分项工程费应依据招标文件及其招标工程量清单中分部分项工程量清单项目的特征描述确定综合单价计算，并应符合下列规定：

（1）综合单价中应考虑招标文件中要求投标人承担的风险费用；

（2）招标工程量清单中提供了暂估单价的材料和工程设备，按暂估的单价计入综合单价。

5. 措施项目费应根据招标文件中的措施项目清单及投标时拟定的施工组织设计或施工方案按规范的规定自主确定。

6. 其他项目费应按下列规定报价：

（1）暂列金额应按招标工程量清单中列出的金额填写；

(2) 材料、工程设备暂估价应按招标工程量清单中列出的单价计入综合单价；

(3) 专业工程暂估价应按招标工程量清单中列出的金额填写；

(4) 计日工应按招标工程量清单中列出的项目和数量，自主确定综合单价并计算计日工总额；

(5) 总承包服务费应根据招标工程量清单中列出的内容和提出的要求自主确定。

7. 规费和税金应按规范《建设工程工程量清单计价规范》GB 50500—2013 的规定确定。

8. 招标工程量清单与计价表中列明的所有需要填写的单价和合价的项目，投标人均应填写且只允许有一个报价。未填写单价和合价的项目，视为此项费用已包含在已标价工程量清单中其他项目的单价和合价之中。竣工结算时，此项目不得重新组价予以调整。

9. 投标总价应当与分部分项工程费、措施项目费、其他项目费和规费、税金的合计金额一致。

第 8 章　工程清单计价取费

8.1　工程造价构成与计算程序

8.1.1　建设工程造价构成

建设工程造价由直接费、间接费、利润和税金组成如表 8-1 所示。

建设工程造价构成表　　　　表 8-1

<table>
<tr><td rowspan="33">建设工程造价</td><td rowspan="24">直接费</td><td rowspan="3" colspan="2">直接工程费</td><td>1. 人工费</td></tr>
<tr><td>2. 材料费</td></tr>
<tr><td>3. 施工机械使用费</td></tr>
<tr><td rowspan="21">措施费</td><td rowspan="9">施工技术措施费</td><td>1. 大型机械进出场及安拆费</td></tr>
<tr><td>2. 混凝土、钢筋混凝土模板及支架费</td></tr>
<tr><td>3. 脚手架费</td></tr>
<tr><td>4. 已完工程及设备保护费</td></tr>
<tr><td>5. 施工排水、降水费</td></tr>
<tr><td>6. 垂直运输机械及超高增加费</td></tr>
<tr><td>7. 构件运输及安装费</td></tr>
<tr><td>8. 其他施工技术措施费</td></tr>
<tr><td>9. 总承包服务费</td></tr>
<tr><td rowspan="12">施工组织措施费</td><td>10. 环境保护费</td></tr>
<tr><td>11. 文明施工费</td></tr>
<tr><td>12. 安全施工费</td></tr>
<tr><td>13. 临时设施费</td></tr>
<tr><td>14. 夜间施工费</td></tr>
<tr><td>15. 二次搬运费</td></tr>
<tr><td>16. 冬雨期施工增加费</td></tr>
<tr><td>17. 工程定位复测、工程交点、场地清理费</td></tr>
<tr><td>18. 室内环境污染物检测费</td></tr>
<tr><td>19. 缩短工期措施费</td></tr>
<tr><td>20. 生产工具用具使用费</td></tr>
<tr><td>21. 其他施工组织措施费</td></tr>
<tr><td rowspan="9">间接费</td><td rowspan="9" colspan="2">企业管理费</td><td>1. 管理人员工资</td></tr>
<tr><td>2. 办公费</td></tr>
<tr><td>3. 差旅交通费</td></tr>
<tr><td>4. 固定资产使用费</td></tr>
<tr><td>5. 工具用具使用费</td></tr>
<tr><td>6. 劳动保险费</td></tr>
<tr><td>7. 工会经费</td></tr>
<tr><td>8. 职工教育经费</td></tr>
<tr><td>9. 财产保险费</td></tr>
</table>

续表

<table>
<tr><td rowspan="10">建设工程造价</td><td rowspan="8">间接费</td><td rowspan="3">企业管理费</td><td>10. 财务费</td></tr>
<tr><td>11. 税金</td></tr>
<tr><td>12. 其他</td></tr>
<tr><td rowspan="5">规费</td><td>1. 工程排污费</td></tr>
<tr><td>2. 工程定额测定费</td></tr>
<tr><td>3. 社会保障费（①养老保险费；②失业保险费；③医疗保险费）</td></tr>
<tr><td>4. 住房公积金</td></tr>
<tr><td>5. 危险作业意外伤害保险</td></tr>
<tr><td colspan="3">利润</td></tr>
<tr><td colspan="3">税金</td></tr>
</table>

注：表中措施费仅列通用项目，各专业工程的措施项目可根据拟建工程的具体情况确定。

8.1.2　建设工程造价计算程序

1. 分部分项工程量清单项目、施工技术措施清单项目综合单价计算程序

（1）基本单位的分项工程综合单价计算程序

分项综合单价是指组成某个清单项目的各个分项工程内容的综合单价，计算程序如表 8-2 所示。

基本单位的分项工程综合单价计算程序表　　表 8-2

序　号	费用项目		计算公式
一	直接工程费		人工费＋材料费＋机械费
	其中	1. 人工费	
		2. 机械费	
二	企业管理费		(1＋2)×相应企业管理费费率
三	利润		(1＋2)×相应利润率
四	综合单价		一＋二＋三

（2）分项施工技术措施项目综合单价计算程序

分项施工技术措施项目综合单价计算程序如表 8-3 所示。

分项施工技术措施项目综合单价计算程序表　　表 8-3

序　号	费用项目		计算公式
一	分项施工技术措施费		人工费＋材料费＋机械费
	其中	1. 人工费	
		2. 机械费	
二	企业管理费		(1＋2)×相应企业管理费费率
三	利润		(1＋2)×相应利润率
四	综合单价		一＋二＋三

（3）分项工程清单项目、施工技术措施清单项目综合单价计算程序

1）分部分项工程量清单项目综合单价是指给定的清单项目的综合单价，即基本单位的清单项目所包括的各个分项工程内容的工程量分别乘以相应综合单价的小计。

分部分项工程量清单项目综合单价＝Σ(清单项目所含分项工程内容的综合单价×其工程量)/清单项目工程量。

清单项目所含分项工程内容的综合单价可参照“安徽省建设工程消耗量定额综合单价”（建筑、装饰装修、安装、市政、园林绿化及仿古建筑工程等）。

2）施工技术措施清单项目综合单价计算如下：

施工技术措施清单项目综合单价＝Σ(分项施工技术措施项目综合单价×其工程量)/清单项目工程量。

施工技术措施清单项目综合单价可参照“安徽省建设工程消耗量定额综合单价”（建筑、装饰装修、安装、市政、园林绿化及仿古建筑工程等）。

2. 施工组织措施项目清单费计算

施工组织措施项目清单费一般按照直接工程费和施工技术措施项目费中的“人工费＋机械费”为取费基数乘以相应的费率计算。

3. 单位工程造价计算程序

建设工程中各单位工程的取费基数为人工费与机械费之和，其中工程造价计算程序如表 8-4 所示。

建设工程造价计算程序表　　**表 8-4**

序　号	费用项目		计算公式
一	分部分项工程量清单项目费		Σ(分部分项工程量×综合单价)
	其中	1. 人工费	
		2. 机械费	
二	措施项目清单费		(一)＋(二)
	（一）施工技术措施项目清单费		Σ(施工技术措施项目清单)×综合单价
	其中	3. 人工费	
		4. 机械费	
	（二）施工组织措施项目清单费		Σ(1＋2＋3＋4)×费率
三	其他项目清单费		按清单计价要求计算
四	规费	规费（一）	(1＋3)×规定的相应费率
		规费（二）	(一＋二＋三)×规定的相应费率
五	税金		(一＋二＋三＋四)×规定的相应费率
六	建设工程造价		一＋二＋三＋四＋五

注：规费（一）是指工程排污费、社会保障费、住房公积金、危险作业意外伤害保险费。
规费（二）是指工程定额测定费。

8.2　工程量清单计价取费费率

1. 建筑工程施工技术措施费

建筑工程施工技术措施费按建筑工程计价规范和建筑工程消耗量定额规定执行。

2. 建筑工程施工组织措施费费率

建筑工程施工组织措施费费率　　**表 8-5**

定额编号	项目名称	计算基数	费率（%）
A1	施工组织措施费		
A1-1	环境保护费	人工费＋机械费	0.4～1.0

续表

定额编号	项目名称		计算基数	费率（%）
A1-2	文明施工费			
A1-2.1	其中	非市区工程	人工费＋机械费	3.2～4.0
A1-2.2		市区工程	人工费＋机械费	4.0～6.0
A1-3	安全施工费		人工费＋机械费	3.0～5.0
A1-4	临时设施费		人工费＋机械费	4.8～9.2
A1-5	夜间施工费		人工费＋机械费	0.0～0.2
A1-6	缩短工期措施费			
A1-6.1	其中	缩短工期 10%以内	人工费＋机械费	0.0～2.5
A1-6.2		缩短工期 20%以内	人工费＋机械费	2.5～3.5
A1-6.3		缩短工期 30%以内	人工费＋机械费	3.5～4.5
A1-7	二次搬运费		人工费＋机械费	0.9～1.3
A1-8	已完工程及设备保护费		人工费＋机械费	0.0～0.1
A1-9	冬雨期施工增加费		人工费＋机械费	1.3～3.0
A1-10	工程定位复测、工程点交、场地清理费		人工费＋机械费	2.0～4.5
A1-11	生产工具用具使用费		人工费＋机械费	1.8～3.5

注：专业工程施工组织措施费费率乘以系数 0.6。

3. 建筑工程企业管理费率

建筑工程企业管理费率　　表 8-6

定额编号	项目名称	计算基数	费率（%）		
			一类	二类	三类
A2	企业管理费				
A2-1	民用建筑工程	人工费＋机械费	31～36	25～30	19～24
A2-2	工业建筑工程	人工费＋机械费	26～31	20～25	14～19
A2-3	钢结构工程	人工费＋机械费	20～25	14～19	8～13
A2-4	构筑物及其他	人工费＋机械费	31～36	25～30	19～24
A2-5	专业土石方工程	人工费＋机械费	—	9～14	5～8
A2-6	专业打桩工程	人工费＋机械费	18～23	12～17	6～11
A2-7	其他专业工程	人工费＋机械费	—	14～19	—

4. 建筑工程利润率

建筑工程利润率　　表 8-7

定额编号	项目名称	计算基数	费率（%）		
			一类	二类	三类
A3	利润				
A3-1	民用建筑工程	人工费＋机械费	23～27	18～22	13～17
A3-2	工业建筑工程	人工费＋机械费	20～23	16～19	12～15
A3-3	钢结构工程	人工费＋机械费	14～16	11～13	8～10
A3-4	构筑物及其他	人工费＋机械费	18～21	14～17	10～13
A3-5	专业土石方工程	人工费＋机械费	—	11～14	6～10
A3-6	专业打桩工程	人工费＋机械费	13～16	9～12	5～8
A3-7	其他专业工程	人工费＋机械费	—	8～13	—

5. 建筑工程规费费率

建筑工程规费费率　　表 8-8

定额编号	项目名称	计算基数	费率（%）
A-4	规费		
A4-1	社会保障费		
A4-1.1	养老保险费	分部分项项目清单人工费＋施工技术措施项目清单人工费	20～35
A4-1.2	失业保险费	分部分项项目清单人工费＋施工技术措施项目清单人工费	2～4
A4-1.3	医疗保险费	分部分项项目清单人工费＋施工技术措施项目清单人工费	8～15
A4-2	住房公积金	分部分项项目清单人工费＋施工技术措施项目清单人工费	10～20
A4-3	危险作业意外保险费	分部分项项目清单人工费＋施工技术措施项目清单人工费	0.5～1.0
A4-4	工程排污费	按工程所在地环保部门规定计取	
A4-5	工程定额测定费	税前工程造价	0.124

6. 建筑工程税金费率

建筑工程税金费率　　表 8-9

定额编号	项目名称	计算基数	费率（%）		
			市区	城（镇）	其他
A5	税金	分部分项工程项目清单费＋措施项目清单费＋其他项目清单费＋规费	3.475	3.410	3.282
A5-1	税费	分部分项工程项目清单费＋措施项目清单费＋其他项目清单费＋规费	3.413	3.348	3.220
A5-2	水利建设基金	分部分项工程项目清单费＋措施项目清单费＋其他项目清单费＋规费	0.062	0.062	0.062

注：税费包括营业税、城市建设维护税及教育费附加。

8.3　工程清单计价取费工程类别划分标准

建筑工程取费工程类别划分标准如表 8-10 所示。

建筑工程取费工程类别划分标准表（部分）　　表 8-10

工程		类别	一类	二类	三类
民用建筑	居住建筑	高度 H（m）	$H>88$	$88\geqslant H>45$	$H\leqslant 45$
		层数 N	$N>28$	$28\geqslant N>14$	$14\geqslant N>6$
		地下室层数 N	$N>1$	1	半地下室
	公共建筑	高度 H（m）	$H>65$	$65\geqslant H>25$	$H\leqslant 25$
		层数 N	$N>18$	$18\geqslant N>6$	$N\leqslant 6$
		地下室层数 N	$N>1$	1	
	特殊建筑	跨度 L（m）	$L>36$	$36\geqslant L>24$	$L\leqslant 24$
		面积 S（m^2）	$S>10000$	$10000\geqslant S>50000$	$S\leqslant 5000$

第 9 章 常用工程量计算规则解释

9.1 土（石）方工程

9.1.1 土方工程

土方工程工程量计算规则公式与解释表 表 9-1

项目名称	规范工程量计算规则	图 形	计算公式	解 释
挖基础土方	按设计图示尺寸以基础垫层底面积乘以挖土深度计算	不留工作面、不放坡地槽	$V = ahl$	1. 挖基础土方包括带形基础、独立基础、满堂基础（包括地下室基础）及设备基础、人工挖孔桩等的土方。带形基础应按不同的底宽和深度，独立基础、满堂基础按不同的底面积和深度分别编码列项； 2. 定额规定： （1）凡图示沟槽底宽在 3m 以内，且沟槽长大于槽底宽 3 倍以上的为沟槽；凡图示基坑底面积在 $20m^2$ 以内的为基坑；凡图示沟槽底宽在 3m 以上，基坑底面积在 $20m^2$ 以上，平整场地挖土方厚度在 30cm 以上均按挖土方计算； （2）沟槽工程量：按沟槽长度乘沟槽截面（m^2）计算，沟槽长度：外墙按图示中心线长度计算，内墙按图示基础之间净长线长度计算。沟槽宽：不放坡的按图示垫层或基础宽度计算；放坡的加放坡宽度计算；支模板以增加工作面计算，突出墙面的附墙烟囱、垛等体积并入沟槽工程量内计算； （3）挖沟槽、基坑须放坡时，以《施工组织设计》规定计算，《施工组织设计》无明显规定时，放坡系数按下表规定计算；
		不放坡不支挡土板地槽	$V = (a+2c)hl$ 式中 c——增加工作面	

续表

项目名称	规范工程量计算规则	图　形	计算公式
挖基础土方	按设计图示尺寸以基础垫层底面积乘以挖土深度计算	放坡地槽	$V=(a+2c+kh)hl$ 式中　c——增加工作面； k——放坡系数
		支挡土板地槽	$V=(a+2c+2\times0.1)hl$ 式中　c——增加工作面
		长方形放坡地坑	$V=(a+kh)(b+kh)h+\frac{1}{3}k^2h^3$ 式中　k——放坡系数
		圆形不放坡地坑	$V=\pi r^2h$

解　释

放坡系数表

土壤类别	放坡起点（m）	人工挖土	机械挖土	
			坑内作业	坑上作业
一、二类土	1.20	1∶0.50	1∶0.33	1∶0.75
三类土	1.50	1∶0.33	1∶0.25	1∶0.67
四类土	2.00	1∶0.25	1∶0.10	1∶0.33

注：计算放坡时，在交接处的重复工作量不予扣除，原槽、坑有基础垫层时，放坡自垫层上表面开始计算。

（4）沟槽、基坑需支挡土板时，其宽度按图示底宽单面加100mm，双面加200mm计算。挡土板面积按槽、坑垂直支撑面积计算。支挡土板后，不得再计放坡；

（5）基础施工所需工作面，按下表规定计算；

基础施工所需工作面宽度计算表

基础材料	每边各增加工作面宽度（mm）
砖基础	200
浆砌毛石、条石基础	150
混凝土基础垫层支模板	300
混凝土基础支模板	300
基础垂直面做防水层	800（防水层面）

9.1.2　土石方回填

土石方回填工程量计算规则公式与解释表　　　　表 9-2

项目名称	规范工程量计算规则	图　形	计算公式	解　释
土石方回填	设计图示尺寸以体积计算	场地回填（图形略）	回填面积乘以平均回填厚度	定额规定： 1. 就地回填土区分夯填，松填以立方米计算； 沟槽、基坑回填土体积＝挖土体积－设计室外地坪以下基础体积（包括垫层体积、管道及其他构筑物体积） 2. 室内回填体积按主墙间净面积乘以回填厚度计算
		室外地面标高 a　b　h 室内回填	主墙间净面积乘以回填厚度： $V = a \times b \times h$ 式中　V——回填土体积； a——室内净长； b——室内净宽； h——室内回填土厚	
		室内地坪 室外地坪 面层 垫层 室内回填土厚度 槽坑回填土 基础回填	挖方体积减去设计室外地坪以下基础体积（包括基础垫层及其他构筑物体积）	

土石方运输：

1. 按设计图示尺寸以体积计算。土石方外运体积等于挖方体积减去回填体积。计算结果为正值时为余方外运体积，负值时为补方回运体积；

房屋工程运土体积 ＝ 挖土工程量 －（基础回填土工程量 ＋ 地坪回填土工程量）

其中：地坪回填土工程量 ＝ 地坪回填土厚 × 地坪净面积（室内、阳台等）

2. 如运浮土回填，不能另计挖土人工，但遇到已经压实的浮土，可另加Ⅰ、Ⅱ类挖土用工，其工程量同填土量，如挖自然土用作填土时，可计挖土子用工；

3. 土、石方运距：

（1）推土机推土运距：按挖方区重心至填方区重心之间的直线距离计算；

（2）铲运机运距：按挖方区重心至卸土区重心加转向 45m 计算；

（3）自卸汽车运距：按挖方区重心至填土区（或堆放地点）重心的最短距离计算

9.1.3 土方计算举例

土方计算举例表 **表 9-3**

例题：某建筑物基础平面图、剖面图如下，其中室外地坪以下砖基础体积为 10.02m³，求出此建筑物平整场地、基础挖方、基础回填土、室内回填土、余土外运等工程量。

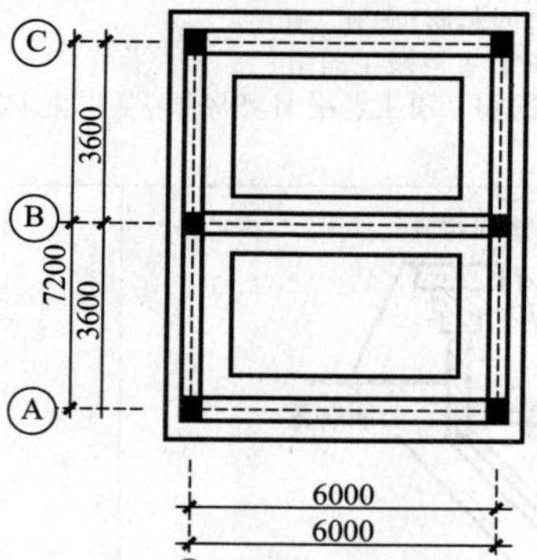

基础平面图

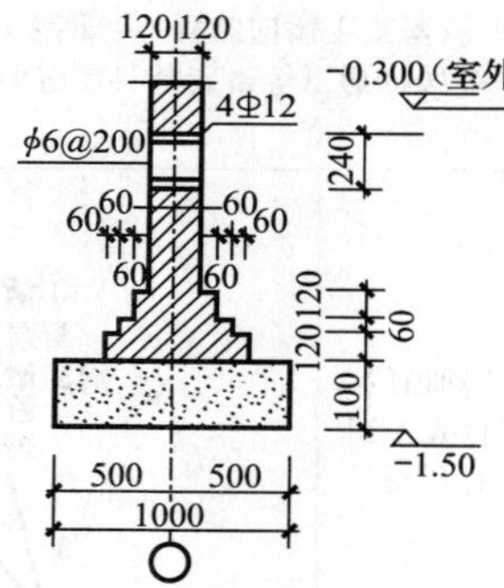

基础剖面图

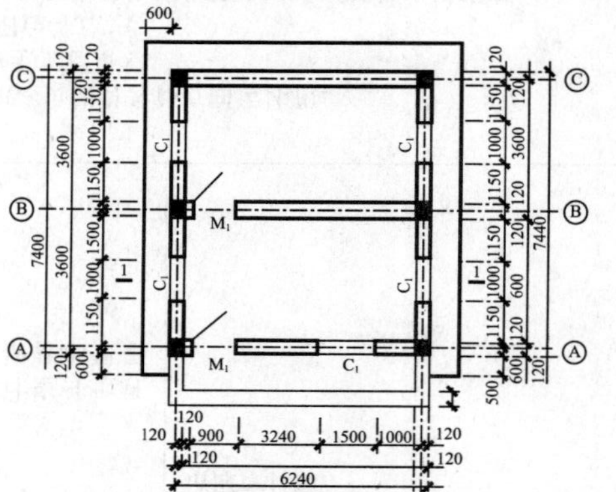

底层平面图

名称	图形解释	文字解释
平整场地	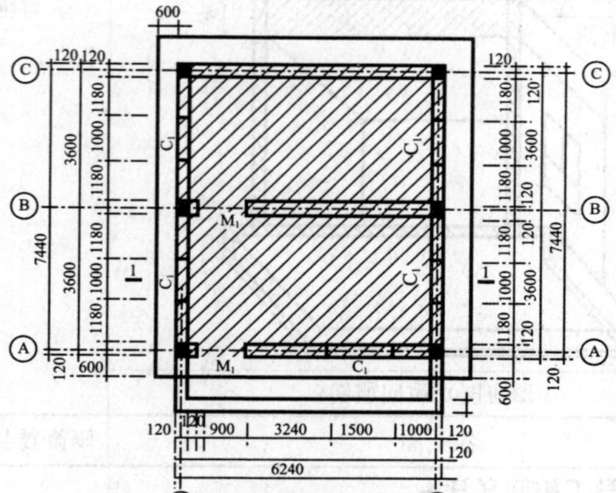 底层平面图1:100	按设计图示尺寸以建筑物首层面积计算（图中阴影部分）： 平整场地面积＝7.44×6.24＝46.23m²

续表

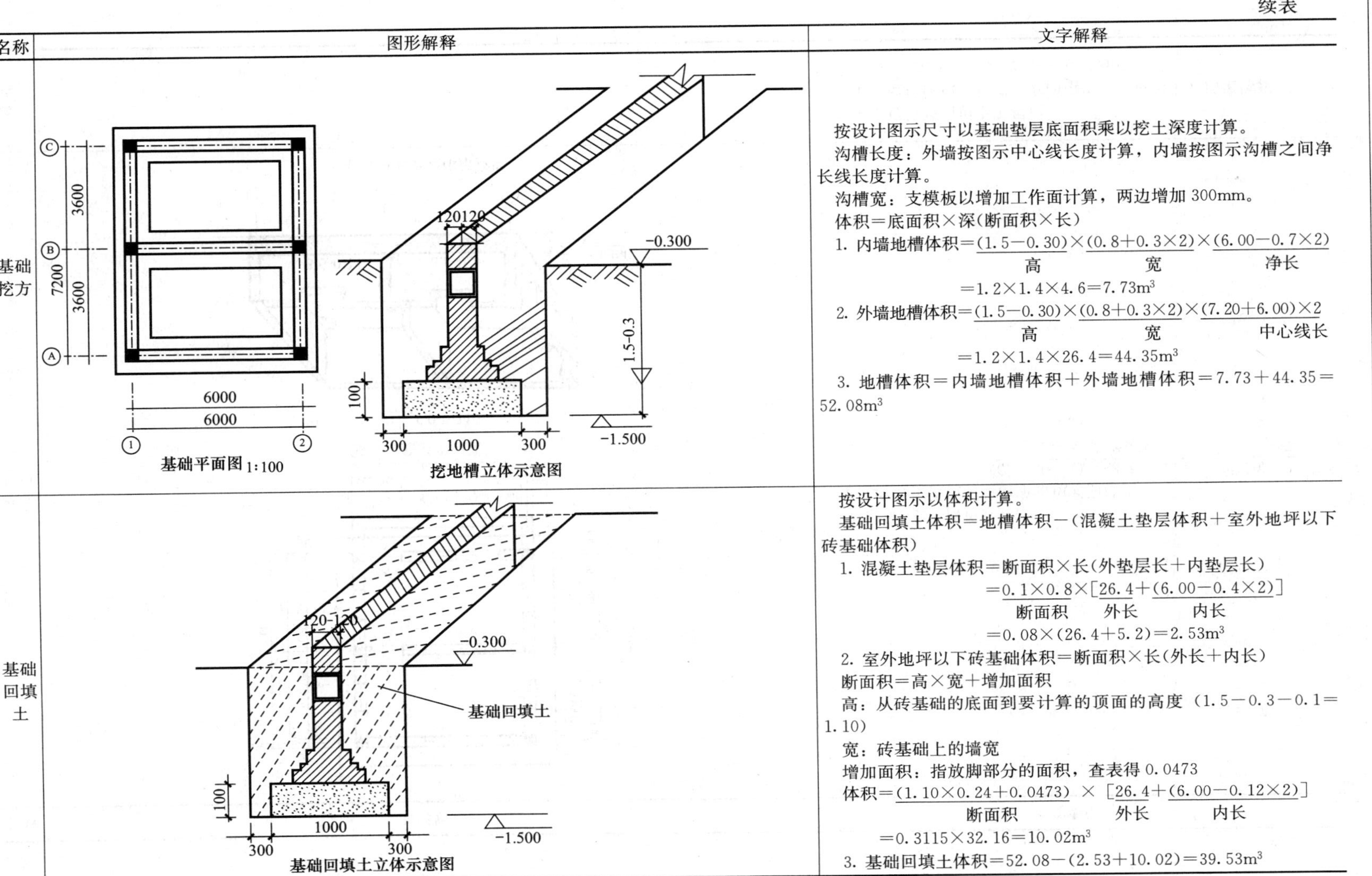

基础平面图 1:100

挖地槽立体示意图

基础回填土立体示意图

名称	图形解释	文字解释
基础挖方	基础平面图 1:100；挖地槽立体示意图	按设计图示尺寸以基础垫层底面积乘以挖土深度计算。 沟槽长度：外墙按图示中心线长度计算，内墙按图示沟槽之间净长线长度计算。 沟槽宽：支模板以增加工作面计算，两边增加 300mm。 体积＝底面积×深(断面积×长) 1. 内墙地槽体积＝(1.5－0.30)(高)×(0.8＋0.3×2)(宽)×(6.00－0.7×2)(净长) ＝1.2×1.4×4.6＝7.73m^3 2. 外墙地槽体积＝(1.5－0.30)(高)×(0.8＋0.3×2)(宽)×(7.20＋6.00)×2(中心线长) ＝1.2×1.4×26.4＝44.35m^3 3. 地槽体积＝内墙地槽体积＋外墙地槽体积＝7.73＋44.35＝52.08m^3
基础回填土	基础回填土立体示意图	按设计图示以体积计算。 基础回填土体积＝地槽体积－(混凝土垫层体积＋室外地坪以下砖基础体积) 1. 混凝土垫层体积＝断面积×长(外垫层长＋内垫层长) ＝0.1×0.8(断面积)×[26.4(外长)＋(6.00－0.4×2)(内长)] ＝0.08×(26.4＋5.2)＝2.53m^3 2. 室外地坪以下砖基础体积＝断面积×长(外长＋内长) 断面积＝高×宽＋增加面积 高：从砖基础的底面到要计算的顶面的高度（1.5－0.3－0.1＝1.10） 宽：砖基础上的墙宽 增加面积：指放脚部分的面积，查表得 0.0473 体积＝(1.10×0.24＋0.0473)(断面积) × [26.4(外长)＋(6.00－0.12×2)(内长)] ＝0.3115×32.16＝10.02m^3 3. 基础回填土体积＝52.08－(2.53＋10.02)＝39.53m^3

续表

名称	图形解释	文字解释
室内回填土	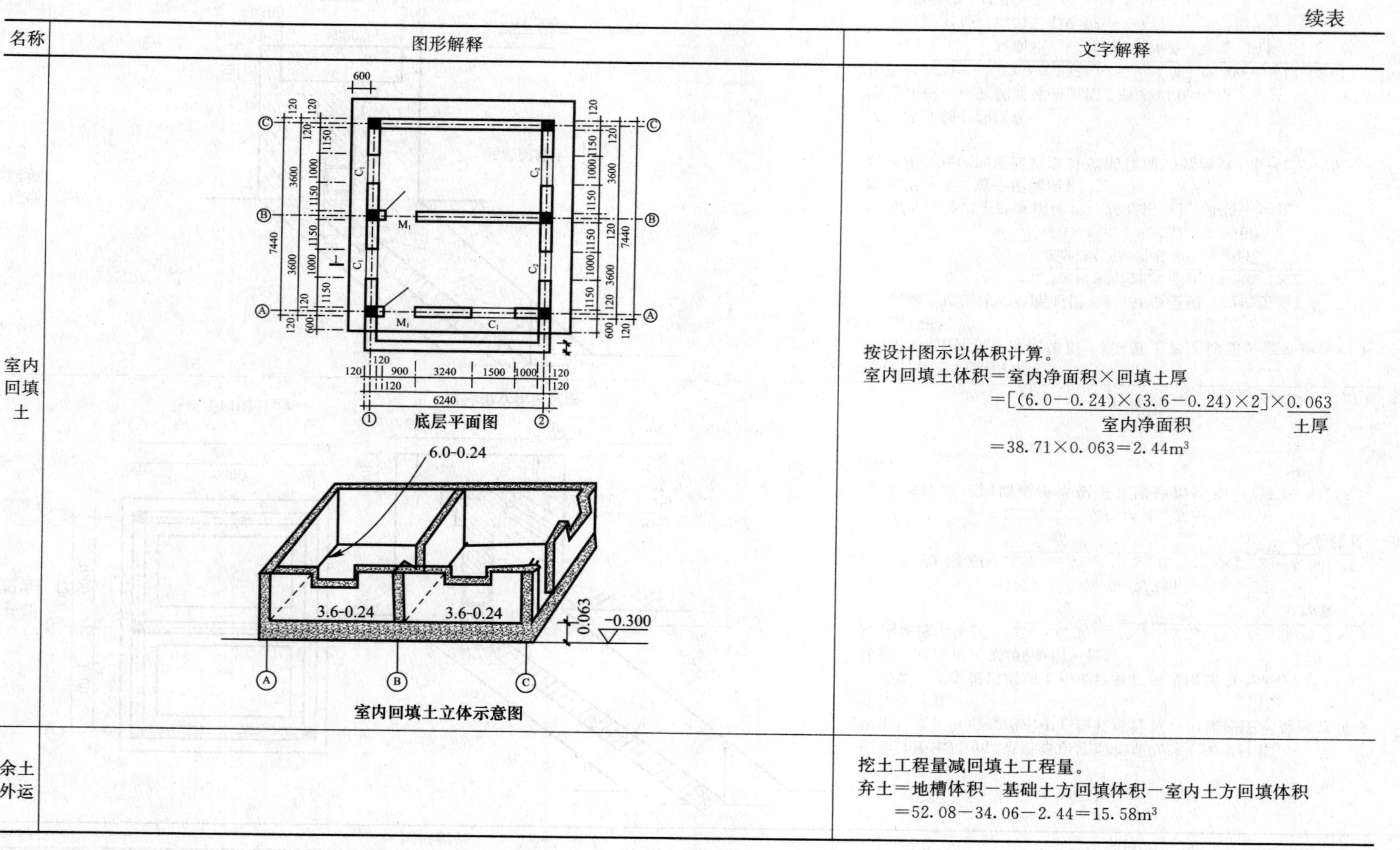 底层平面图 室内回填土立体示意图	按设计图示以体积计算。 室内回填土体积＝室内净面积×回填土厚 $=\underbrace{[(6.0-0.24)\times(3.6-0.24)\times2]}_{\text{室内净面积}}\times\underbrace{0.063}_{\text{土厚}}$ $=38.71\times0.063=2.44\text{m}^3$
余土外运		挖土工程量减回填土工程量。 弃土＝地槽体积－基础土方回填体积－室内土方回填体积 $=52.08-34.06-2.44=15.58\text{m}^3$

9.2　砌筑工程

9.2.1　砖基础

砖基础工程量计算规则公式与解释表　　　　**表 9-4**

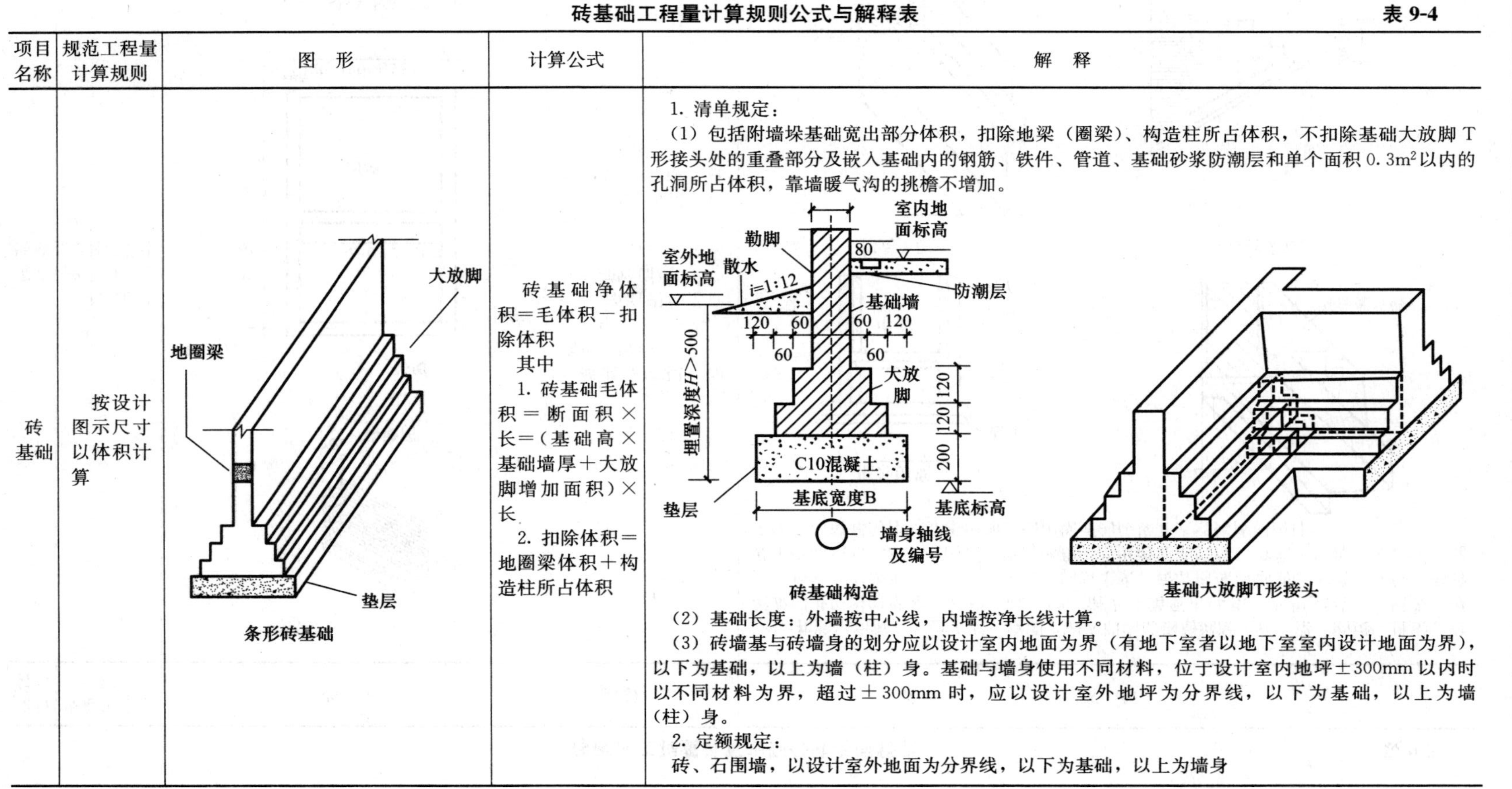

项目名称	规范工程量计算规则	图形	计算公式	解释
砖基础	按设计图示尺寸以体积计算	条形砖基础	砖基础净体积＝毛体积－扣除体积 其中 1. 砖基础毛体积＝断面积×长＝(基础高×基础墙厚＋大放脚增加面积)×长 2. 扣除体积＝地圈梁体积＋构造柱所占体积	1. 清单规定： （1）包括附墙垛基础宽出部分体积，扣除地梁（圈梁）、构造柱所占体积，不扣除基础大放脚T形接头处的重叠部分及嵌入基础内的钢筋、铁件、管道、基础砂浆防潮层和单个面积0.3m²以内的孔洞所占体积，靠墙暖气沟的挑檐不增加。 砖基础构造　　基础大放脚T形接头 （2）基础长度：外墙按中心线，内墙按净长线计算。 （3）砖墙基与砖墙身的划分应以设计室内地面为界（有地下室者以地下室室内设计地面为界），以下为基础，以上为墙（柱）身。基础与墙身使用不同材料，位于设计室内地坪±300mm以内时以不同材料为界，超过±300mm时，应以设计室外地坪为分界线，以下为基础，以上为墙（柱）身。 2. 定额规定： 砖、石围墙，以设计室外地面为分界线，以下为基础，以上为墙身

9.2.2　砖砌体

砖砌体工程量计算规则公式与解释表　　　　表 9-5

项目名称	规范工程量计算规则	图　形	计算公式	解　释
实心砖墙	按设计图示尺寸以体积计算	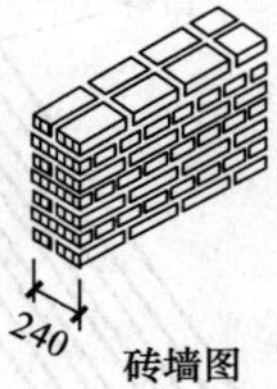 240 砖墙图 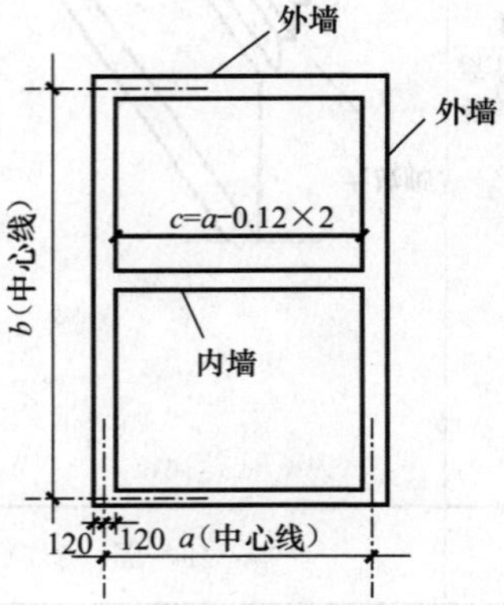 外墙　外墙　内墙 $c=a-0.12\times2$ b(中心线)　120　120　a(中心线) a,b——外墙计算长度(中心线)； c——内墙计算长度(净长) 内、外墙平面长度计算示意图	砖墙净体积＝净面积×墙厚 其中 1. 净面积＝毛面积－扣除面积 2. 毛面积＝长×高 3. 扣除面积＝门窗洞口＋混凝土柱＋梁（圈梁）＋…	1. 扣除门窗洞口、过人洞、空圈、嵌入墙内的钢筋混凝土柱、梁、圈梁、挑梁、过梁及凹进墙内的壁龛、管槽、暖气槽、消火栓箱所占体积。不扣除梁头、板头、擦头、垫木、木楞头、沿缘木、木砖、门窗走头、砖墙内加固钢筋、木筋、铁件、钢管及单个面积 $0.3m^2$ 以内的孔洞所占体积。凸出墙面的腰线、挑檐、压顶、窗台线、虎头砖、门窗套的体积亦不增加。凸出墙面的砖垛并入墙体体积内计算。 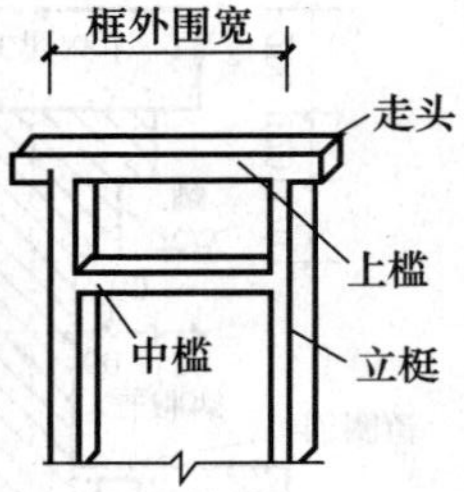 框外围宽　走头　上槛　中槛　立梃 门走头图 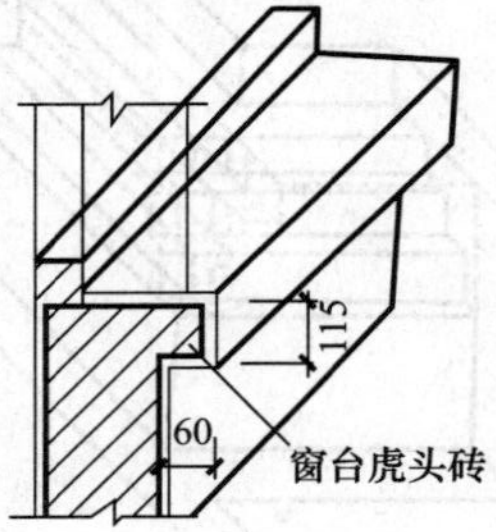 115　60　窗台虎头砖 窗台虎头砖图 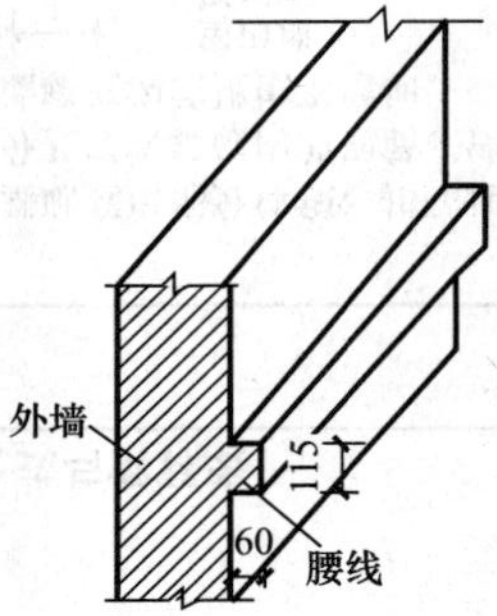 外墙　115　60　腰线 墙腰线图 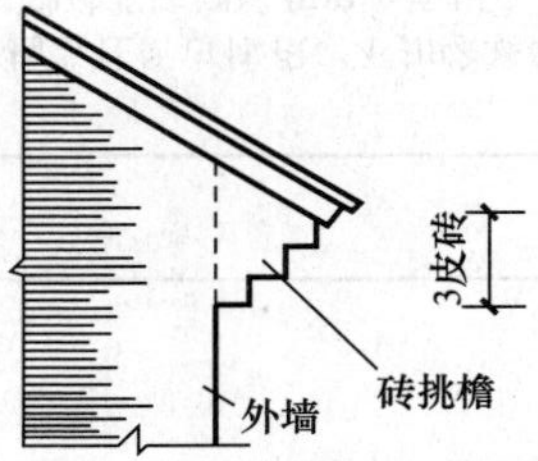 3皮砖　砖挑檐　外墙 砖挑檐图 2. 墙长度：外墙按中心线，内墙按净长计算。

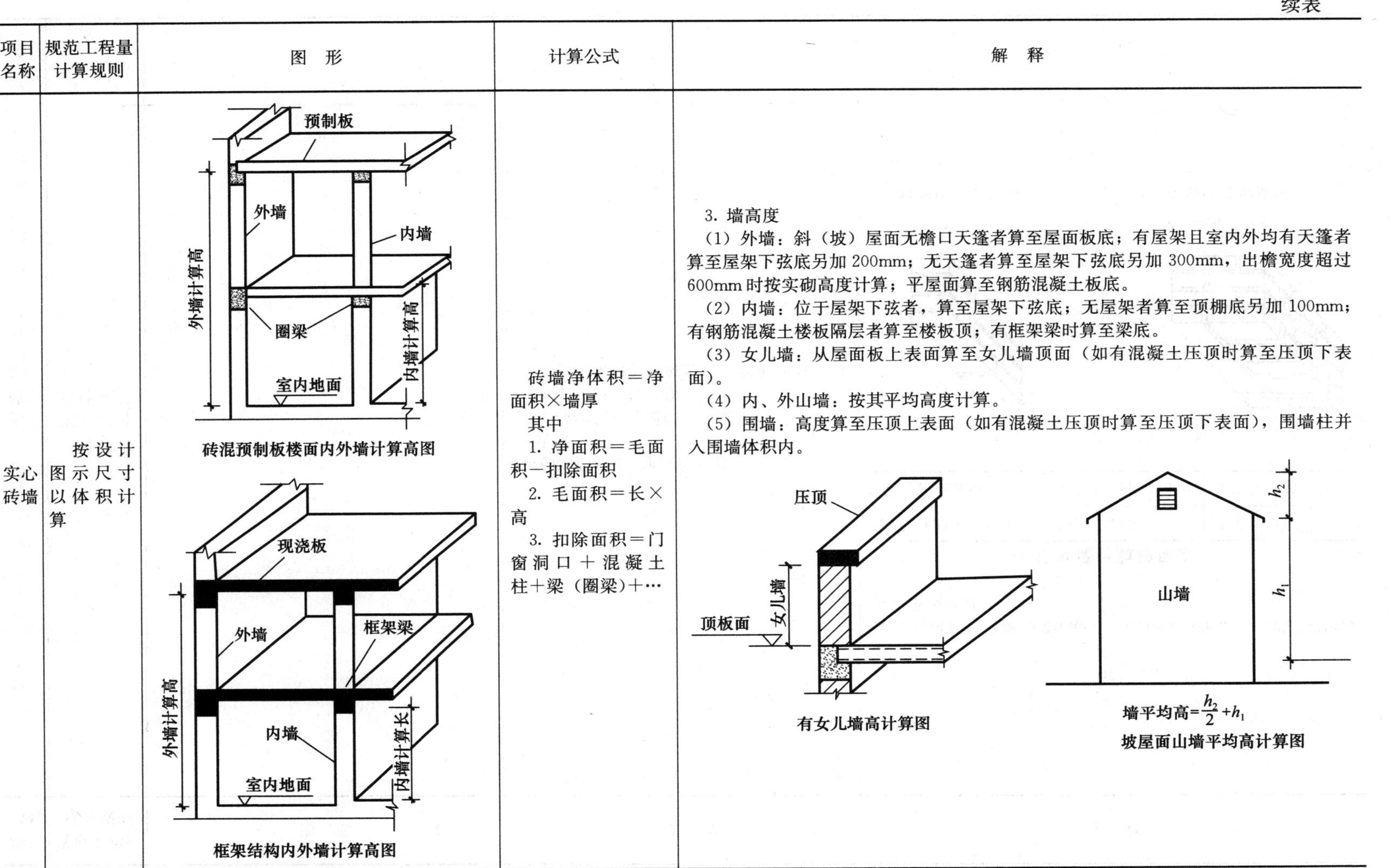

续表

项目名称	规范工程量计算规则	图　形	计算公式	解　释
实心砖墙	按设计图示尺寸以体积计算	砖混预制板楼面内外墙计算高图 框架结构内外墙计算高图	砖墙净体积＝净面积×墙厚 其中 1. 净面积＝毛面积－扣除面积 2. 毛面积＝长×高 3. 扣除面积＝门窗洞口＋混凝土柱＋梁（圈梁）＋…	3. 墙高度 （1）外墙：斜（坡）屋面无檐口天篷者算至屋面板底；有屋架且室内外均有天篷者算至屋架下弦底另加 200mm；无天篷者算至屋架下弦底另加 300mm，出檐宽度超过 600mm 时按实砌高度计算；平屋面算至钢筋混凝土板底。 （2）内墙：位于屋架下弦者，算至屋架下弦底；无屋架者算至顶棚底另加 100mm；有钢筋混凝土楼板隔层者算至楼板顶；有框架梁时算至梁底。 （3）女儿墙：从屋面板上表面算至女儿墙顶面（如有混凝土压顶时算至压顶下表面）。 （4）内、外山墙：按其平均高度计算。 （5）围墙：高度算至压顶上表面（如有混凝土压顶时算至压顶下表面），围墙柱并入围墙体积内。 有女儿墙高计算图 坡屋面山墙平均高计算图

续表

<table>
<tr><th>项目名称</th><th>规范工程量计算规则</th><th>图　形</th><th>计算公式</th><th>解　释</th></tr>
<tr><td>实心砖墙</td><td>按设计图示尺寸以体积计算</td><td></td><td>砖墙净体积＝净面积×墙厚
其中
1. 净面积＝毛面积－扣除面积
2. 毛面积＝长×高
3. 扣除面积＝门窗洞口＋混凝土柱＋梁(圈梁)＋…</td><td>4. 标准砖尺寸应为 240mm×115mm×53mm。标准砖墙厚度应按下表计算。

标准墙计算厚度表
<table><tr><td>砖数（厚度）</td><td>1/4</td><td>1/2</td><td>3/4</td><td>1</td><td>1.5</td><td>2</td><td>2.5</td></tr><tr><td>计算厚度（mm）</td><td>53</td><td>115</td><td>180</td><td>240</td><td>365</td><td>490</td><td>615</td></tr></table>
115
$\frac{1}{2}$砖墙计算示意图

365
$1\frac{1}{2}$砖墙计算示意图</td></tr>
</table>

续表

项目名称	规范工程量计算规则	图　形	计算公式	解　释
零星砌体	按设计图示尺寸以体积计算。扣除混凝土及钢筋混凝土梁垫、梁头、板头所占体积	梯带（亦称翼墙） 台阶 ±0.000 砖砌台阶 台阶挡墙 台阶挡墙	木地板 木地楞 砖墩 地垄墙 支承地楞的地垄墙、砖墩 扶手 阳台栏杆 阳台底板 封梁 挑梁 砖砌阳台栏杆	1. 框架外表面的镶贴砖部分，应单独按零星项目例项。 2. 附墙烟囱、通风道、垃圾道应按设计图示尺寸以体积计算（扣除孔洞体积），并入所依附的墙体积内。孔洞内的抹灰应按相关项目编码例项。 3. 空斗墙的窗间墙、窗台下、楼板下等的实砌部分，应按零星项目例项。 4. 台阶、台阶挡墙、梯带、锅台、池槽、池槽腿、花台、楼梯栏板、阳台拦板、地垄墙、屋面隔热板下的砖墩、0.3m² 以内的孔洞，应按零星项目例项。砖砌台阶可按水平投影面积计算，小便槽、地垄墙可按长度计算

续表

项目名称	规范工程量计算规则	图形	计算公式	解释
砖散水、砖地坪	按设计图示尺寸以面积计算	 砖散水	1. 散水面积： 散水面积＝(外墙外边线长－台阶长＋4×散水宽)×散水宽 2. 散水下垫层体积： 体积＝散水垫层截面积×(外墙外边线长－台阶长＋4×垫层宽) 其中散水垫层截面积＝散水垫层宽×散水垫层厚度	1. 散水是外墙勒脚倾斜的室外地面部分，用以排除雨水，保护墙基免受雨水侵蚀。散水的宽度一般为 600～1000mm。当屋面采用无组织排水时，散水宽度应大于檐口挑出长度 200～300mm。为保证排水顺畅，一般散水的坡度为 3%～5%左右，散水外缘高出室外地坪 30～50mm。散水常用材料为混凝土、块石等。 2. 散水下垫层当施工图未注明垫层宽度时，可按宽出散水 0.3m 计算
砖地沟、明沟	按设计图示以中心线长度计算	 砖明沟		明沟是将雨水导入城市地下排水管网的排水设施。一般在年降雨量为 900mm 以上的地区采用明沟排除建筑物周边的雨水。明沟宽一般为 200mm 左右，材料为混凝土、砖等

9.2.3　砌筑工程计算举例

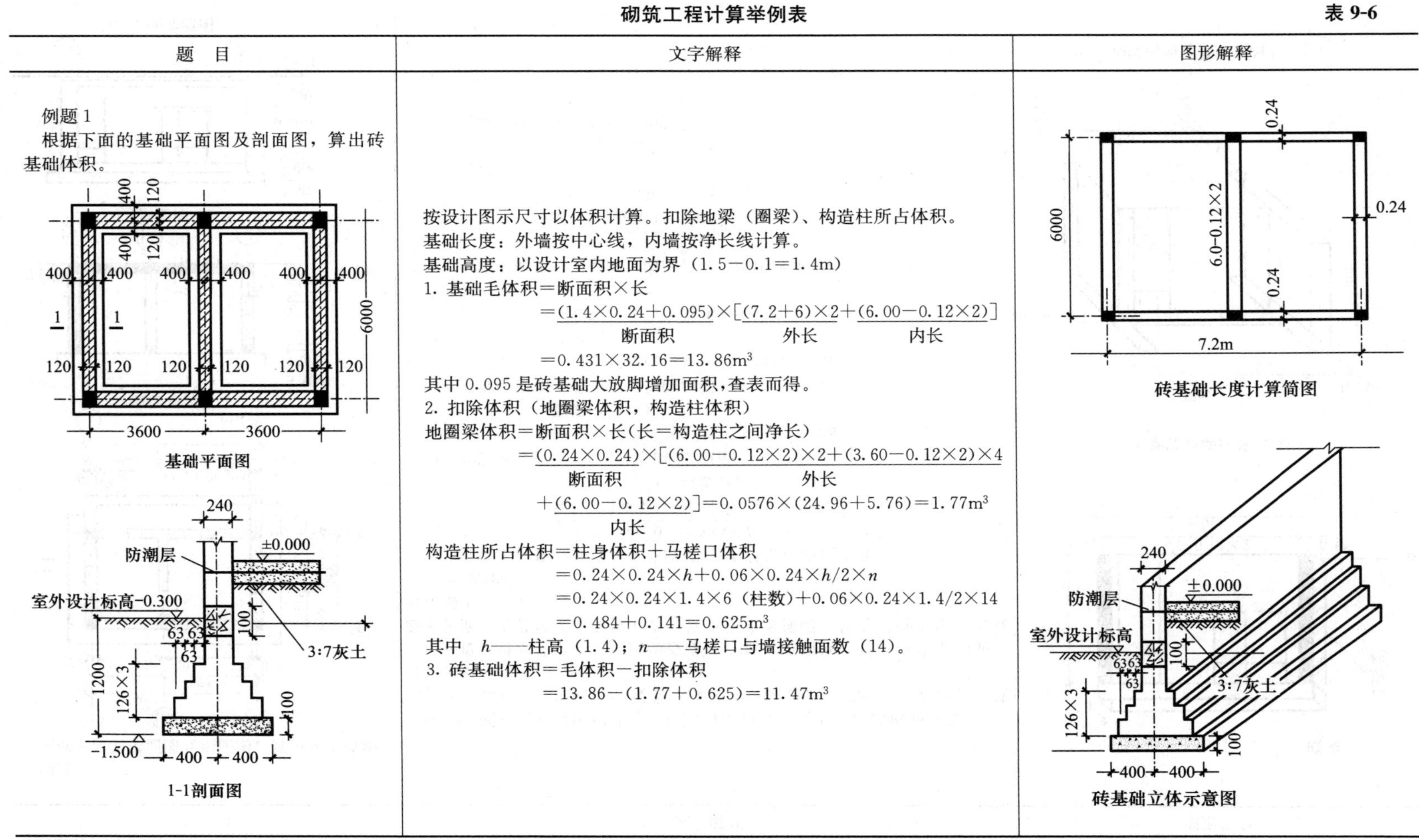

砌筑工程计算举例表　　　　表 9-6

题　目	文字解释	图形解释
例题 1 根据下面的基础平面图及剖面图，算出砖基础体积。 基础平面图 1-1剖面图	按设计图示尺寸以体积计算。扣除地梁（圈梁）、构造柱所占体积。 基础长度：外墙按中心线，内墙按净长线计算。 基础高度：以设计室内地面为界（1.5－0.1＝1.4m） 1. 基础毛体积＝断面积×长 $=\underbrace{(1.4\times0.24+0.095)}_{断面积}\times[\underbrace{(7.2+6)\times2}_{外长}+\underbrace{(6.00-0.12\times2)}_{内长}]$ $=0.431\times32.16=13.86m^3$ 其中 0.095 是砖基础大放脚增加面积，查表而得。 2. 扣除体积（地圈梁体积，构造柱体积） 地圈梁体积＝断面积×长（长＝构造柱之间净长） $=\underbrace{(0.24\times0.24)}_{断面积}\times[\underbrace{(6.00-0.12\times2)\times2+(3.60-0.12\times2)\times4}_{外长}$ $+\underbrace{(6.00-0.12\times2)}_{内长}]=0.0576\times(24.96+5.76)=1.77m^3$ 构造柱所占体积＝柱身体积＋马槎口体积 $=0.24\times0.24\times h+0.06\times0.24\times h/2\times n$ $=0.24\times0.24\times1.4\times6$（柱数）$+0.06\times0.24\times1.4/2\times14$ $=0.484+0.141=0.625m^3$ 其中　h——柱高（1.4）；n——马槎口与墙接触面数（14）。 3. 砖基础体积＝毛体积－扣除体积 $=13.86-(1.77+0.625)=11.47m^3$	砖基础长度计算简图 砖基础立体示意图

续表

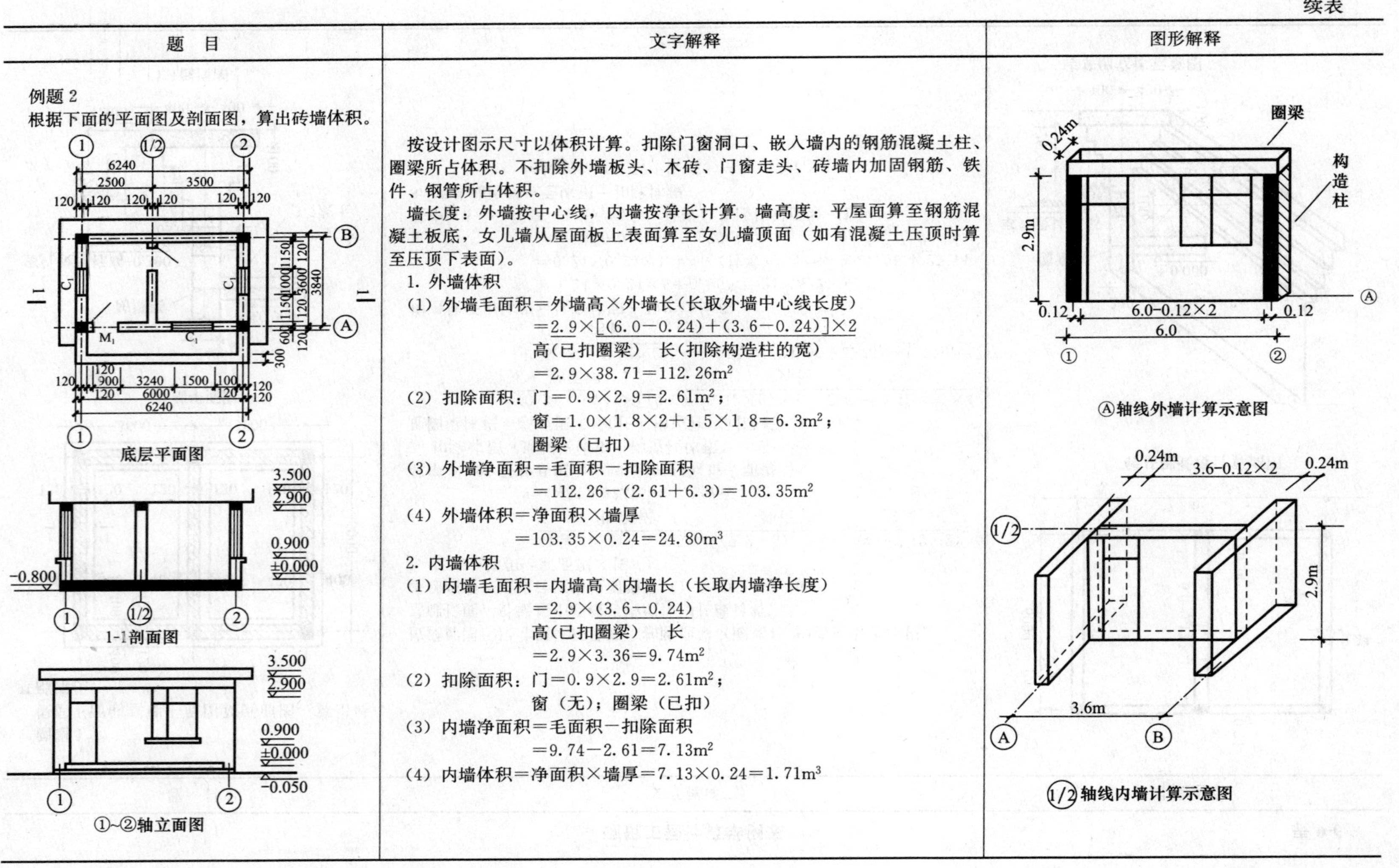

题　目	文字解释	图形解释
例题 2 根据下面的平面图及剖面图，算出砖墙体积。 底层平面图 1-1剖面图 ①~②轴立面图	按设计图示尺寸以体积计算。扣除门窗洞口、嵌入墙内的钢筋混凝土柱、圈梁所占体积。不扣除外墙板头、木砖、门窗走头、砖墙内加固钢筋、铁件、钢管所占体积。 墙长度：外墙按中心线，内墙按净长计算。墙高度：平屋面算至钢筋混凝土板底，女儿墙从屋面板上表面算至女儿墙顶面（如有混凝土压顶时算至压顶下表面）。 1. 外墙体积 （1）外墙毛面积＝外墙高×外墙长（长取外墙中心线长度） ＝2.9×[(6.0−0.24)+(3.6−0.24)]×2 高（已扣圈梁）　长（扣除构造柱的宽） ＝2.9×38.71＝112.26m² （2）扣除面积：门＝0.9×2.9＝2.61m²； 窗＝1.0×1.8×2+1.5×1.8＝6.3m²； 圈梁（已扣） （3）外墙净面积＝毛面积−扣除面积 ＝112.26−(2.61+6.3)＝103.35m² （4）外墙体积＝净面积×墙厚 ＝103.35×0.24＝24.80m³ 2. 内墙体积 （1）内墙毛面积＝内墙高×内墙长（长取内墙净长度） ＝2.9×(3.6−0.24) 高（已扣圈梁）　长 ＝2.9×3.36＝9.74m² （2）扣除面积：门＝0.9×2.9＝2.61m²； 窗（无）；圈梁（已扣） （3）内墙净面积＝毛面积−扣除面积 ＝9.74−2.61＝7.13m² （4）内墙体积＝净面积×墙厚＝7.13×0.24＝1.71m³	Ⓐ轴线外墙计算示意图 1/2轴线内墙计算示意图

9.3 混凝土与钢筋混凝土工程

9.3.1 现浇混凝土基础

现浇混凝土基础工程量计算规则公式与解释表 **表 9-7**

规范项目名称	规范工程量计算规则	图形	计算公式	解释
带形基础	按设计图示尺寸以体积计算	有肋带形基础	体积＝断面积×长	1. 清单规定 (1) 带形基础分有肋带形基础与无肋带形基础，应分别编码（例项）。 (2) 不扣除构件内钢筋、预埋铁件和伸入承台基础的桩头所占体积。 2. 定额规定 肋高大于5倍肋厚时，肋应按墙计算。 3. 相关知识 (1) 混凝土带形基础与垫层区别：预算中的带形基础，是指需要支立模板的混凝土条形基础，才按带形基础项目套用。对于未使用模板而就槽形浇筑的条形混凝土基础，则按混凝土垫层执行。 (2) 条形基础与带形基础区别：条形基础是砖砌的，而带形基础是钢筋混凝土现浇的。在清单计价规则里，条形基础就是砖基础（项目编码：010301001），带形基础在清单计价规则里项目编码是010401001
		无肋带形基础	体积＝断面积×长	

续表

规范项目名称	规范工程量计算规则	图　形	计算公式	解　释
独立基础	按设计图示尺寸以体积计算	现浇柱 现浇基础 垫层 h_1 h_2 b_1 b_2 a_1 a_2 踏步形独立基础 基础顶面 h_1 h a_1 a b 四棱锥形独立基础 预制柱 a_1 h_1 h_2 h_3 杯形独立基础	把基础分成类似形体，按类似形体体积公式计算（见下表）	1. 清单规定 不扣除构件内钢筋、预埋铁件和伸入承台基础的桩头所占体积。 2. 定额规定 杯形独立基础预留装配柱的孔洞，计算体积时应扣除。 3. 相关知识 独立基础定义：建筑物上部结构采用柱承重时，基础常采用方行、圆柱形和多边形等形式的独立式基础，这类基础称为独立式基础，也称单独基础

名称	图形	符号	体积计算公式
截头直角锥	F_2 F_1 h	F_1、F_2——两平行底面的面积	$V=\frac{1}{3}h(F_1+F_2+\sqrt{F_1F_2})$
长方体	a b h	a—长 b—宽 h—高	$V=abh$
截头直圆锥	r R h	r—上底直径 R—下底直径 h—高	$V=\frac{\pi h}{3}(R^2+r^2+Rr)$
直圆柱	r h	r—半径 h—高	$V=\pi r^2 h$

续表

规范项目名称	规范工程量计算规则	图　形	计算公式	解　释
满堂基础	按设计图示尺寸以体积计算	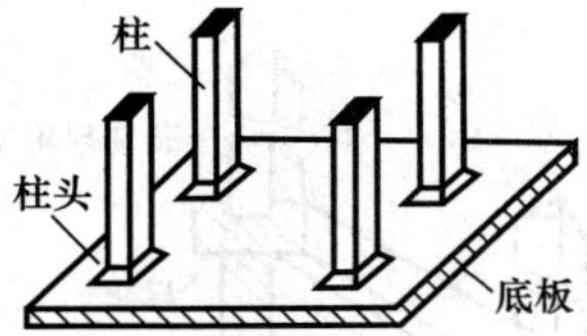 无梁式满堂基础	体积＝板面积×板厚＋柱扩大部分体积	1. 清单规定 不扣除构件内钢筋、预埋铁件和伸入承台基础的桩头所占体积。 2. 定额规定 （1）箱式满堂基础其柱、梁、墙、板应分别编码例项。箱形基础的底板套用满堂基础项目，隔板和顶板则套用相应的墙、板项目。 （2）板式满堂基础的底板，梁板式满堂基础的梁和底板等套用满堂基础，而其上的墙、柱则套用相应的墙柱项目。 （3）无梁式满堂基础工程量为基础底板的实际体积，当柱有扩大部分时，扩大部分并入基础工程量中计算。 3. 相关知识 满堂基础用板梁墙柱组合浇筑而成的基础，称为满堂基础。满堂基础有板式（也叫无梁式）满堂基础、梁板式（也叫片筏式）满堂基础和箱形基础三种形式
		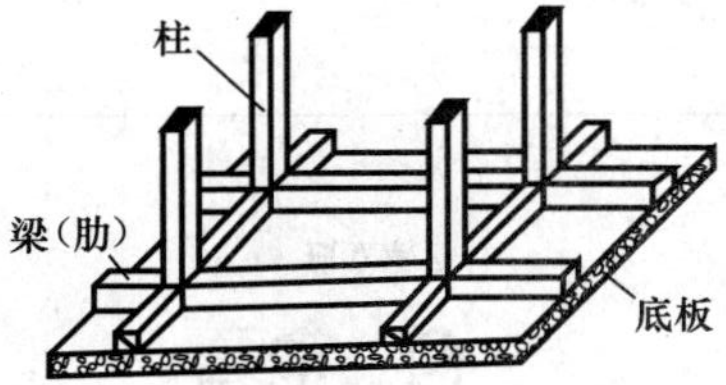 有梁式满堂基础	板体积＝板面积×板厚 梁体积＝断面积×长	
		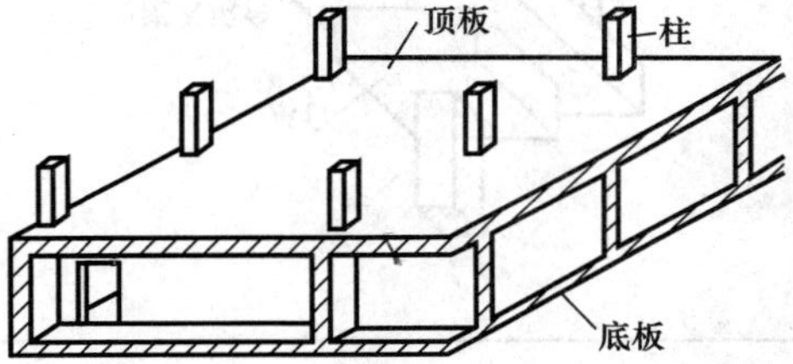 箱式满堂基础	柱体积＝柱断面积×高 墙体积＝墙板面积×墙板厚 梁体积＝梁断面积×长 板体积＝板面积×板厚	

续表

规范项目名称	规范工程量计算规则	图　形	计算公式	解　释
桩承台基础	按设计图示尺寸以体积计算	柱 承台 浇入承台的桩头 桩 独立承台	将承台分成数个长方体，计算各个长方体体积	1. 清单规定 不扣除构件内钢筋、预埋铁件和伸入承台基础的桩头所占体积。 2. 桩承台定义 建筑物采用桩基础时，将桩顶用钢筋混凝土平台或者平板连成整体基础，以承受其上荷载的结构物（体）。也就是下面是桩，上面是柱或墙，当中的那个就是承台了。是连接桩与柱之间的结构物（体）。 桩承台基础是由桩和连接桩顶的桩承台（简称承台）组成的深基础，简称桩基。桩基有承载力高、沉降量小而较均匀的特点。 3. 桩承台的分类 （1）高桩承台 高桩承台的承台底位于地面或冲刷线以上。部分桩身裸露在地面以上可节约桥墩的圬工数量，减少水下作业，施工较为方便。但是因为桩身外露部位没有土的弹性抗力作用，桩身内力和位移较大，稳定性相对低桩承台较差。高桩承台一般用于港口、码头、海洋工程及桥梁工程。 （2）低桩承台 低桩承台的承台位于地面或冲刷线以下。其特点恰好与高桩承台相反。桩头一般伸入承台 0.1 米，并有钢筋锚入承台。承台上再建柱或墩，形成完整的传力体系。低桩承台一般用于工业与民用房屋建筑物
		墙 承台 浇入承台的桩头 桩 带形承台	计算长方体体积	

9.3.2　现浇混凝土柱

现浇混凝土柱工程量计算规则公式与解释表　　**表 9-8**

<table>
<tr><th>规范项目名称</th><th>规范工程量计算规则</th><th>图　形</th><th>计算公式</th><th>解　释</th></tr>
<tr><td rowspan="2">矩形柱</td><td rowspan="2">按设计图示尺寸以体积计算</td><td>次梁
主梁
h
有梁板的柱高计算示意图</td><td>柱体积＝柱断面积×高</td><td rowspan="2">1. 清单规定
（1）不扣除构件内钢筋、预埋铁件所占体积。
（2）柱高：
1）有梁板的柱高，应自柱基上表面（或楼板上表面）至上一层楼板上表面之间的高度计算。
2）无梁板的柱高，应自柱基上表面（或楼板上表面）至柱帽下表面之间的高度计算。
3）依附柱上的牛腿，并入柱身体积计算。
2. 定额规定
混凝土墙中的暗柱、暗梁，并入相应墙体积内，不单独计算</td></tr>
<tr><td>柱帽
h
无梁板的柱高计算示意图</td><td>柱体积＝柱断面积×高柱帽体积并入板内</td></tr>
<tr><td>框架柱</td><td>按设计图示尺寸以体积计算</td><td>框架梁
h_3
h_2
h_1
框架柱
框架柱的柱高计算示意图</td><td>柱体积＝柱断面积×高</td><td>清单规定
（1）不扣除构件内钢筋、预埋铁件所占体积。
（2）柱高：
1）框架柱的柱高，应自柱基上表面至柱顶高度计算。
2）构造柱按全高计算，嵌接墙体部分并入柱身体积。
3）依附柱上的牛腿，并入柱身体积计算。</td></tr>
</table>

续表

规范项目名称	规范工程量计算规则	图形	计算公式	解释
构造柱	按设计图示尺寸以体积计算	构造柱 柱与墙的接触面数是2 柱与墙的接触面数是2 柱与墙的接触面数是4 柱与墙的接触面数是3	柱体积＝柱身体积＋嵌接墙体部分体积＝柱断面积×高＋柱与墙的接触面数×马牙槎宽×柱宽×柱高/2	相关知识 （1）构造柱的定义：为提高多层建筑砌体结构的抗震性能，规范要求应在房屋的砌体内适宜部位设置钢筋混凝土柱并与圈梁连接，共同加强建筑物的稳定性。这种钢筋混凝土柱称为构造柱。 马牙槎：与构造柱连接处的墙应砌成马牙槎，每一个马牙槎沿高度方向的尺寸不应超过300mm或5皮砖高，马牙槎从每层柱脚开始，应先退后进，进退相差1/4砖。 （2）框架柱和构造柱区别： 1）两者所属的结构不同，框架柱用于框架结构中，而构造柱用于砌体结构中。 2）两者在各自结构中的作用不同，框架柱在框架结构中是承受梁上荷载的；而构造柱在砌体结构中起到增强墙体整体性，提高砖砌体抗震性能作用。 3）两者建造时间不同，框架柱是和框架一起建筑的，框架墙是后填的；而构造柱一般是在砌体施工完后才建造

续表

规范项目名称	规范工程量计算规则	图形	计算公式	解释
异形柱	按设计图示尺寸以体积计算	L形异形柱 T形异形柱 十字形异形柱	将柱分成若干长方形体，按矩形柱计算	1. 异形柱工程量计算与矩形柱一致。 2. 异形柱的定义：异形柱是指在满足结构刚度和承载力等要求的前提下，根据建筑使用功能，设计布置的要求而采取不同几何形状截面的柱，诸如：T、L、十字形等形状截面的柱，且截面各肢的肢高肢厚比不大于4的柱。异形柱各肢肢长，可能相等，或不相等，但提倡采用等肢异形柱。抗震设计时宜采用等肢异形柱，当不得不采用不等肢异形柱时，柱两肢的肢高比不宜超过1.6，且肢厚相差不大于50mm。 3. 异形柱的肢高：肢高是异形柱截面的长度，肢厚表示异形柱截面的宽度。 4. 异形柱和短肢剪力墙的区别：肢长与肢宽比小于4的是异形柱，大于4而小于8的是短肢剪力墙

9.3.3　现浇混凝土梁

现浇混凝土梁工程量计算规则公式与解释表　　表 9-9

规范项目名称	规范工程量计算规则	图　形	计算公式	解　释
基础梁	按设计图示尺寸以体积计算	基础梁　柱　垫层 基础梁图	梁体积＝梁断面积×长	1. 清单规定 （1）不扣除构件内钢筋、预埋铁件所占体积，伸入墙内的梁头、梁垫并入梁体积内。 （2）梁长： 1）梁与柱连接时，梁长算至柱侧面。 2）主梁与次梁连接时，次梁长算至主梁侧面。 2. 定额规定 （1）梁高： 1）矩形梁高为梁底至梁顶的距离。 2）梁与板连接时，内墙梁高算至板底面，外墙梁高算至板顶面。 （2）伸入墙内的梁头和现浇垫块，其体积并入梁的体积。 3. 相关知识 （1）基础梁定义：基础梁是基础上的梁。基础梁一般用于框架结构、框架剪力墙结构，框架柱落于基础梁上或基础梁交叉点上，其作用是作为上部建筑的基础，将上部荷载传递到地基上。 （2）基础与基础梁如何进行划分：从预算定额角度说，两者的差别只在模板支护综合量上。钢筋混凝土没有大区别。所以到底应该套哪个定额，就看现场模板与支护的形式，更接近于哪种定额。 （3）基础连梁：指连接独立基础、条形基础或桩基承台的梁，不承担由柱传来的荷载。 （4）基础梁和地圈梁区别：基础梁作为基础，起到承重和抗弯功能，一般基础梁的截面较大。地圈梁一般用于砖混、砌体结构中，不起承重作用，对砌体有约束作用，有利于抗震。是设在正负零以下承重墙中，按构造要求设置连续闭合的梁，一般用在条形砖基础中。 （5）基础梁、基础连梁与地框梁区别：基础梁是位于筏板或垫层上的梁、基础连梁是位于独立基础与独立基础之间的梁，地框梁是位于基础里框架柱与柱之间的框架梁
基础连梁		基础连梁　现浇柱　现浇基础　垫层 基础连梁图		
地圈梁		砖基础　地圈梁　60 60 60　60 60 60　混凝土垫层　500 500 1000 地圈梁图		

续表

规范项目名称	规范工程量计算规则	图　形	计算公式	解　释
矩形梁	按设计图示尺寸以体积计算	矩形梁 框架柱 8600 B　C 矩形梁	梁体积＝梁断面积×长	1. 清单规定 （1）不扣除构件内钢筋、预埋铁件所占体积，伸入墙内的梁头、梁垫并入梁体积内。 （2）梁长： 1）梁与柱连接时，梁长算至柱侧面。 2）主梁与次梁连接时，次梁长算至主梁侧面。 2. 定额规定 （1）梁高： 1）矩形梁高为梁底至梁顶的距离。 2）梁与板连接时，内墙梁高算至板底面，外墙梁高算至板顶面。 （2）伸入墙内的梁头和现浇垫块，其体积并入梁的体积。 3. 相关知识 （1）框架梁应该按矩形梁计算，板按平板计算。 （2）过梁，圈梁和矩形梁他们之间的区别：过梁，主要布置在门、窗等墙体上洞口的上方，用于承担洞口上方墙体的重量；圈梁，主要布置在每层墙体的顶部（上一层楼板的下部），用于抗震（类似于以前木桶的桶箍）；矩形梁，只要梁截面是矩形的都可以称为矩形梁。 （3）异形梁定义：梁按截面分为矩形和异形，一般来说，非矩形的都可归到异形梁，包括花篮梁、十字形梁、T 形梁、L 形梁
异形梁	按设计图示尺寸以体积计算	(*a*)　(*b*) 异形梁 (*a*) 十形异形梁；(*b*) T形异形梁	梁体积＝梁断面积×长	

续表

规范项目名称	规范工程量计算规则	图形	计算公式	解释
圈梁	按设计图示尺寸以体积计算	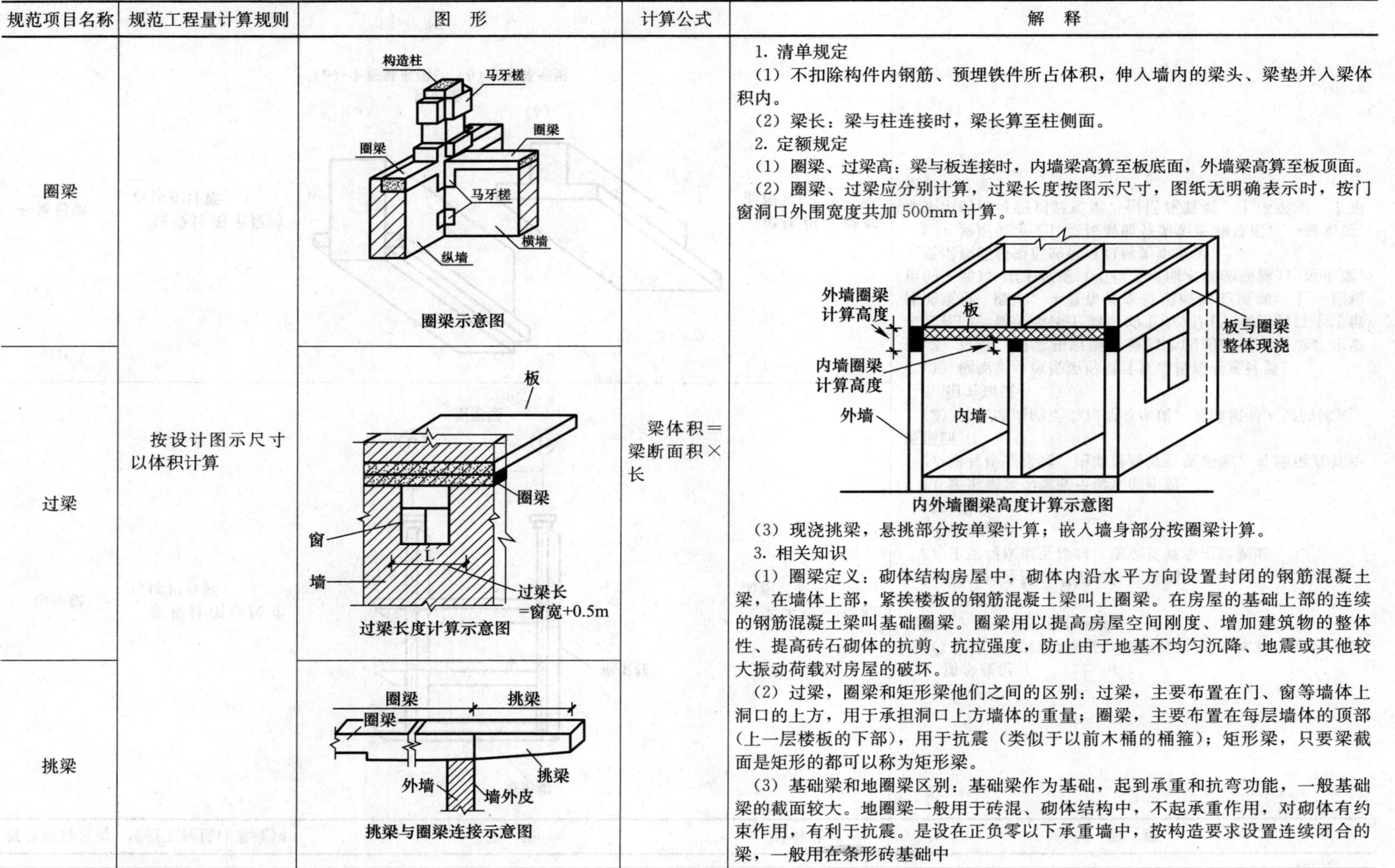圈梁示意图	梁体积＝梁断面积×长	1. 清单规定 （1）不扣除构件内钢筋、预埋铁件所占体积，伸入墙内的梁头、梁垫并入梁体积内。 （2）梁长：梁与柱连接时，梁长算至柱侧面。 2. 定额规定 （1）圈梁、过梁高：梁与板连接时，内墙梁高算至板底面，外墙梁高算至板顶面。 （2）圈梁、过梁应分别计算，过梁长度按图示尺寸，图纸无明确表示时，按门窗洞口外围宽度共加500mm计算。 内外墙圈梁高度计算示意图 （3）现浇挑梁，悬挑部分按单梁计算；嵌入墙身部分按圈梁计算。 3. 相关知识 （1）圈梁定义：砌体结构房屋中，砌体内沿水平方向设置封闭的钢筋混凝土梁，在墙体上部，紧挨楼板的钢筋混凝土梁叫上圈梁。在房屋的基础上部的连续的钢筋混凝土梁叫基础圈梁。圈梁用以提高房屋空间刚度、增加建筑物的整体性、提高砖石砌体的抗剪、抗拉强度，防止由于地基不均匀沉降、地震或其他较大振动荷载对房屋的破坏。 （2）过梁，圈梁和矩形梁他们之间的区别：过梁，主要布置在门、窗等墙体上洞口的上方，用于承担洞口上方墙体的重量；圈梁，主要布置在每层墙体的顶部（上一层楼板的下部），用于抗震（类似于以前木桶的桶箍）；矩形梁，只要梁截面是矩形的都可以称为矩形梁。 （3）基础梁和地圈梁区别：基础梁作为基础，起到承重和抗弯功能，一般基础梁的截面较大。地圈梁一般用于砖混、砌体结构中，不起承重作用，对砌体有约束作用，有利于抗震。是设在正负零以下承重墙中，按构造要求设置连续闭合的梁，一般用在条形砖基础中
过梁		过梁长度计算示意图		
挑梁		挑梁与圈梁连接示意图		

9.3.4 现浇混凝土板

现浇混凝土板工程量计算规则公式与解释表 **表 9-10**

规范项目名称	规范工程量计算规则	图　形	计算公式	解　释
有梁板	按设计图示尺寸以体积计算	板、主梁、次梁、柱、主梁长度算至柱侧面 有梁板主梁长度计算图	有梁板＝板体积＋梁体积板体积＝板面积×板厚梁体积＝梁断面积×长	1. 清单规定 （1）不扣除构件内钢筋、预埋铁件及单个面积 $0.3m^2$ 以内的孔洞所占体积。有梁板（包括主、次梁与板）按梁、板体积之和计算，无梁板按板和柱帽体积之和计算。 （2）各类板伸入墙内的板头并入板体积内计算。 （3）薄壳板的肋、基梁并入薄壳体积内计算。 2. 定额规定 梁长： （1）梁与柱连接时，梁长算至柱侧面。 （2）主梁与次梁连接时，次梁长算至主梁侧面。 3. 相关知识 （1）有梁板定义：砖混结构中梁和板连成一体的钢筋混凝土板。如梁板式肋形楼盖、密肋楼盖、井式楼盖等。 梁板式肋形楼板由主梁及梁（肋）、板组成。它具有传力线路明确、受力合理的特点。当房间的开间、进深较大，常采用这种楼板。 井字形肋楼板没有主梁，都是次梁（肋），且肋与肋间的跨离较小。 （2）有梁板、无梁板、平板、框架梁的区别： 有梁板的特征是，砖混结构中的板，梁下无墙，一般都按有梁板算。施工时梁下模板支撑体系与板是一体的。拆模的时候，一齐拆除。 框架梁应该按矩形梁计算，板按平板计算。 无梁板的特征是，板下无梁，板是直接将荷载传给柱的。 平板的特征是，如果是砖墙上平板，直接浇注在墙上或与圈梁浇筑一起。 （3）预制板补缝宽度在 60mm 以上时，按现浇平板计算。 （4）叠合板，是预制钢筋混凝土板上再浇一层钢筋混凝土板，形成二层板
平板		平板示意图	板体积＝板面积×板厚	
叠合板		迭合板、板缝、40mm、预制板 叠合板示意图	叠合板（现浇部分）＝板体积＋板缝体积板体积＝板面积×板厚板缝体积＝板缝断面积×板缝长	

续表

规范项目名称	规范工程量计算规则	图 形	计算公式	解 释
拦板	按设计图示尺寸以墙外部分体积计算	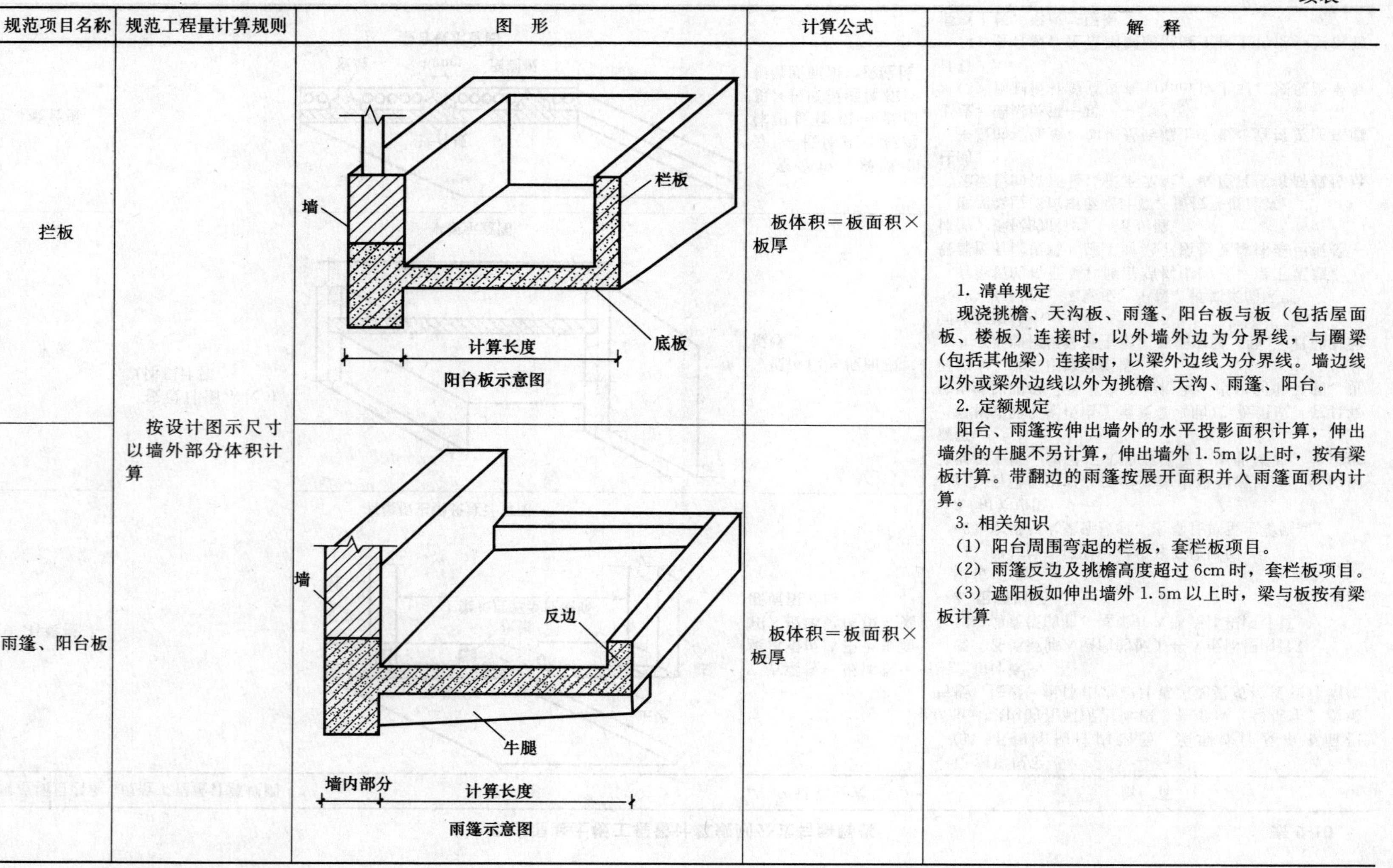阳台板示意图 雨篷示意图	板体积＝板面积×板厚	1. 清单规定 现浇挑檐、天沟板、雨篷、阳台板与板（包括屋面板、楼板）连接时，以外墙外边为分界线，与圈梁（包括其他梁）连接时，以梁外边线为分界线。墙边线以外或梁外边线以外为挑檐、天沟、雨篷、阳台。 2. 定额规定 阳台、雨篷按伸出墙外的水平投影面积计算，伸出墙外的牛腿不另计算，伸出墙外 1.5m 以上时，按有梁板计算。带翻边的雨篷按展开面积并入雨篷面积内计算。 3. 相关知识 （1）阳台周围弯起的栏板，套栏板项目。 （2）雨篷反边及挑檐高度超过 6cm 时，套栏板项目。 （3）遮阳板如伸出墙外 1.5m 以上时，梁与板按有梁板计算
雨篷、阳台板			板体积＝板面积×板厚	

续表

规范项目名称	规范工程量计算规则	图　形	计算公式	解　释
天沟、挑檐板	按设计图示尺寸以体积计算	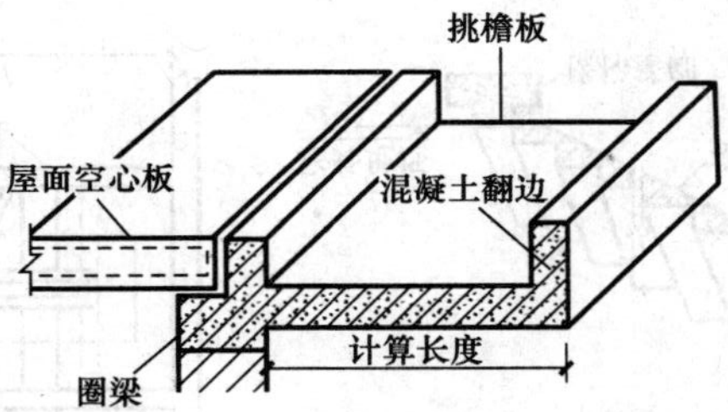 与圈梁连结的挑檐图	挑檐体积＝挑檐板体积＋翻边体积	1. 清单规定 现浇挑檐、天沟板与板（包括屋面板、楼板）连接时，以外墙外边为分界线，与圈梁（包括其他梁）连接时，以梁外边线为分界线。墙边线以外或梁外边线以外为挑檐、天沟。 2. 定额规定 带翻边的雨篷按展开面积并入雨篷面积内计算。 3. 相关知识 （1）遮阳板如伸出墙外 1.5m 以上时，梁与板按有梁板计算。 （2）天沟定义：天沟是用来排水的。天沟分内天沟和外天沟，内天沟是指在外墙以内的天沟，一般有女儿墙；外天沟是挑出外墙的天沟，一般没女儿墙
		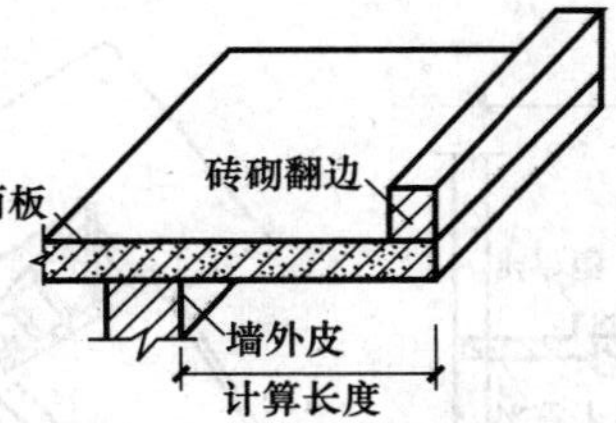 与板连结的挑檐图	挑檐体积＝挑檐板体积	
		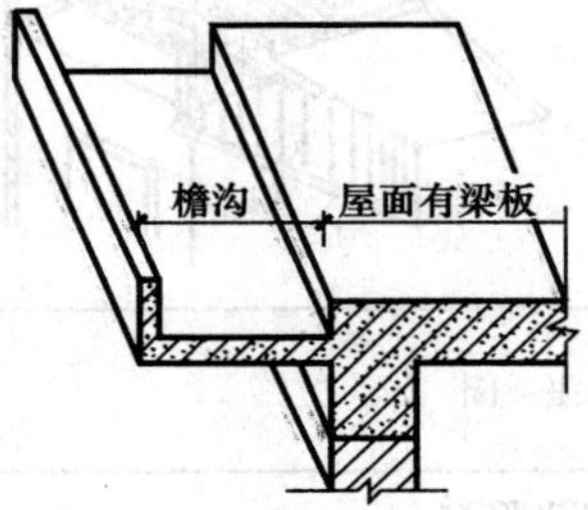 屋面板与梁、天沟整浇图 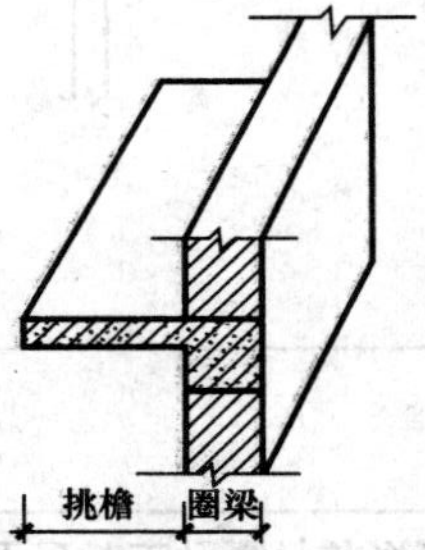　圈梁挑出挑檐图	挑檐体积＝挑檐板体积＋翻边体积	

9.3.5 现浇混凝土楼梯

现浇混凝土楼梯工程量计算规则公式与解释表 表 9-11

规范项目名称	规范工程量计算规则	图形	计算公式	解释
直形楼梯	按设计图示尺寸以水平投影面积计算	 (*a*) (*b*) (*c*) 楼梯示意图 (*d*) 室外楼梯示意图	每层楼梯水平投影面积$=l\times b-$宽度大于 500mm 的楼梯井面积 式中 l——休息平台内墙面至楼梯与楼板相连接梁的外皮尺寸； b——楼梯间净宽	1. 清单规定 (1) 不扣除宽度小于 500mm 的楼梯井，伸入墙内部分不另增加。 (2) 整体楼梯（包括直形楼梯、弧形楼梯）包括休息平台、平台梁、斜梁及楼梯的连接梁，按水平投影面积计算。当整体楼梯与现浇板无梯梁连接时，以楼梯的最后一个踏步边缘加 300mm 为界。 2. 定额规定 (1) 楼梯与楼板连接时，楼梯算至楼梯梁外侧面。 (2) 圆形楼梯按悬挑楼梯段间水平投影面积计算（不包括中心柱）。 3. 相关知识 (1) 一层楼梯只能计算一个休息平台。 (2) 楼梯平台应该计算在板的工程量里面。 (3) 楼梯基础、室外楼梯的柱以及与地坪相连接的混凝土踏步等，应套用相应项目另行计算。整体螺旋楼梯、柱式螺旋楼梯，按每一旋转层的水平投影面积计算，楼梯与走道板分界以楼梯梁外边缘为界，该楼梯梁包括在楼梯水平投影面积内

9.3.6 现浇混凝土其他构件

现浇混凝土其他构件工程量计算规则公式与解释表 **表 9-12**

规范项目名称	规范工程量计算规则	图形	计算公式	解释
其他构件	按设计图示尺寸以体积计算；按水平投影面积计算	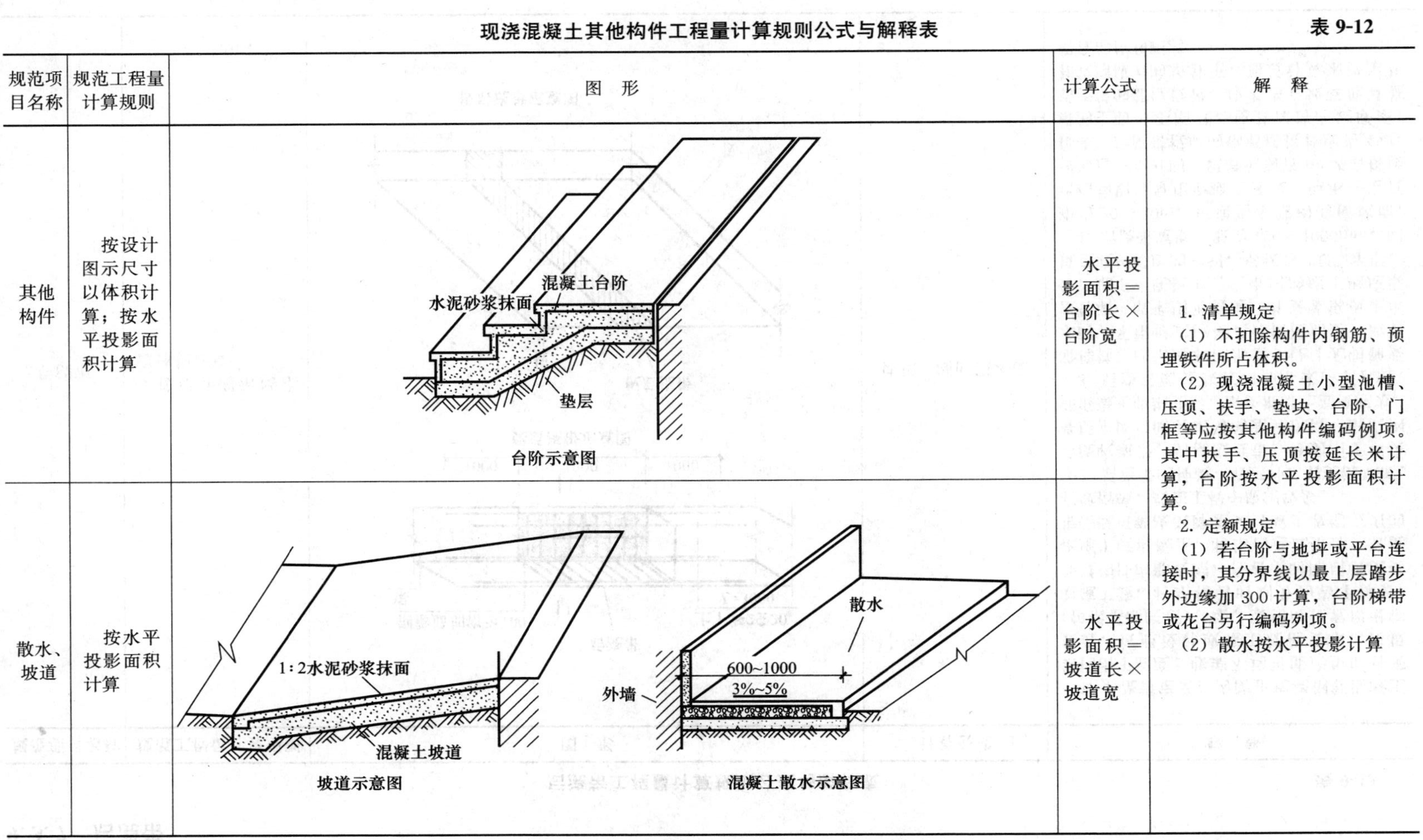台阶示意图	水平投影面积＝台阶长×台阶宽	1. 清单规定 （1）不扣除构件内钢筋、预埋铁件所占体积。 （2）现浇混凝土小型池槽、压顶、扶手、垫块、台阶、门框等应按其他构件编码例项。其中扶手、压顶按延长米计算，台阶按水平投影面积计算。 2. 定额规定 （1）若台阶与地坪或平台连接时，其分界线以最上层踏步外边缘加300计算，台阶梯带或花台另行编码列项。 （2）散水按水平投影计算
散水、坡道	按水平投影面积计算	坡道示意图　混凝土散水示意图	水平投影面积＝坡道长×坡道宽	

9.3.7　后浇带

后浇带工程量计算规则公式与解释表　　　　表 9-13

规范项目名称	规范工程量计算规则	图　形	计算公式	解　释
后浇带	按设计图示尺寸以体积计算	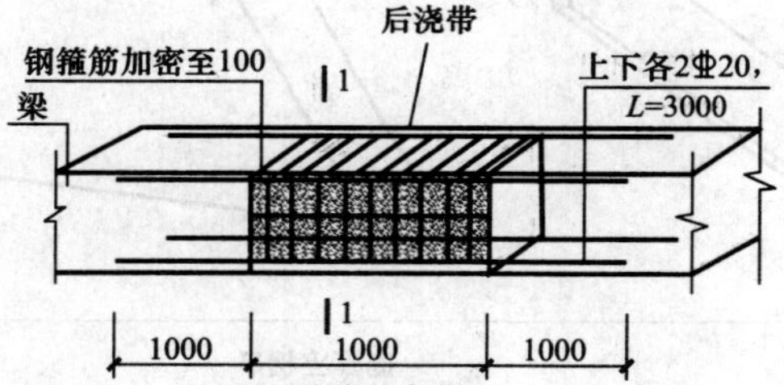 钢箍筋加密至100　梁　后浇带　上下各2⌀20，L=3000　1000　1000　1000 梁后浇带示意图 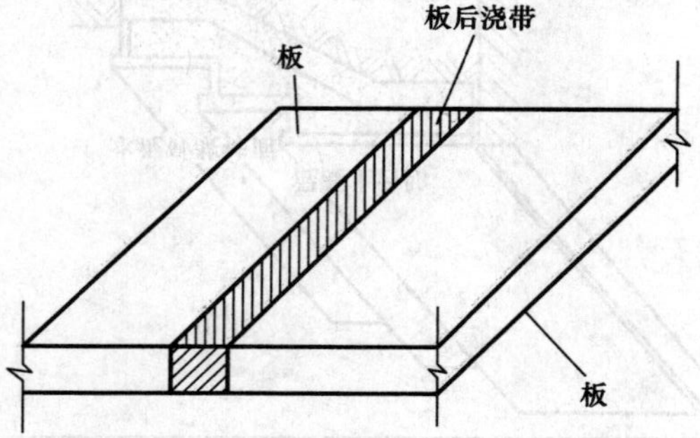 板　板后浇带　板 板后浇带示意图	体积＝断面积×长	1. 后浇带定义：为防止现浇钢筋混凝土结构由于温度、收缩不均可能产生的有害裂缝，按照设计或施工规范要求，在板（包括基础底板）、墙、梁相应位置留设临时施工缝，将结构暂时划分为若干部分，经过构件内部收缩，在若干时间后再浇捣该施工缝混凝土，将结构连成整体。后浇带是既可解决沉降差又可减少收缩应力的有效措施，故在工程中应用较多。 2. 后浇带的种类：有三种，后浇沉降带、后浇收缩带、后浇温度带。分别用于解决高层主体与低层裙房的差异沉降，解决钢筋混凝土收缩变形，解决混凝土温度应力。 3. 后浇带的缝共有四种形式：平直缝、阶梯缝、凸形缝和凹形缝。设计无明确要求时，采用形式应视具体情况而定。地下室外墙一般采用平直缝，并安装钢板止水带。地下室底板中后浇带内的施工缝应设置在底板厚度的中间，形状为“U”字形。 4. 后浇带宽度一般为 700～1000mm，间距为 20～30m，贯通整个结构的横截面，将结构划分为几个独立区段，但不一定直线通过一个开间，以避免钢筋 100%有搭接接头。后浇带板墙的钢筋搭接长度为 45d，梁的主筋可不断开，使其保持一定联系。后浇带的部位设置，应考虑有效降低温差和收缩应力的条件下，通过计算来决定其留置部位和距离

9.3.8　钢筋工程

钢筋工程工程量计算规则公式与解释表　　**表 9-14**

项目名称	规范工程量计算规则	图形			计算公式
钢筋	按设计图示钢筋（网）长度（面积）乘以单位理论质量计算	两端无弯钩直钢筋	两端有弯钩直钢筋	两端有弯钩弯起钢筋	钢筋重量＝长度×单位理论重量
		长度＝构件长度－两端保护层厚度	长度＝构件长度－两端保护层厚度＋两端弯钩增加长度	长度＝构件长度－两端保护层厚度＋两端弯钩增加长度＋弯起钢筋增加值（ΔL）	

1. 钢筋工程，应区别现浇构件、预制构件、预应力构件钢筋，不同钢种和规格，按展开长度乘以单位理论重量，以吨计算。
2. 混凝土保护层厚度，图纸有规定时按图纸计算，图纸无规定时按规范要求计算。参考如下：

纵向受力钢筋的混凝土保护层最小厚度（mm）

环境类别		板、墙			梁			柱			基础梁（有垫层/无垫层）		基础底板（有垫层/无垫层）
		≤C20	C25～C45	≥C50	≤C20	C25～C45	≥C50	≤C20	C25～C45	≥C50	C25～C45		C25～C45
一		20	15	15	30	25	25	30	30	30	25		—
二	a	—	20	20	—	30	30	—	30	30	顶面和侧面：30	底面：≥40 且≥基础底板底筋混凝土保护层最小厚度与底板底筋直径之和	顶筋 20，底筋：40/70
	b	—	25	20	—	35	30	—	35	30	顶面和侧面：35		顶筋 25，底筋：40/70
三		—	30	25	—	40	35	—	40	35	顶面和侧面：40		顶筋 30，底筋：40/70

注：1. 设计使用年限为 100 年的结构：一类环境中，混凝土保护层厚度应按表中规定增加 40%；二、三类环境中，混凝土保护层厚度应采取专门有效措施。
2. 三类环境中的钢筋宜采用环氧树脂涂层带肋钢筋。
3. 墙中分布钢筋的保护层厚度不应小于表中相应数值减去 10mm，且不应小于 10mm，柱中箍筋和构造钢筋的保护层厚度不应小于 15mm。
4. 当桩直径或桩截面边长<800 时，桩顶嵌入承台 50mm，承台底部受力纵向钢筋最小保护层厚度为 50mm；当桩直径或截面边长≥800mm 时，桩顶嵌入承台 100mm，承台底部受力纵筋最小保护层厚度为 100mm。
5. 表中纵向受力钢筋因受力支承相互交叉或钢筋需要双向排列时，应首先保证最外层钢筋的保护层厚度，其余各层钢筋的保护层厚度则相应增加。
6. 混凝土保护层指受力钢筋外边缘至混凝土表面的距离除应符合上表的规定外，不应小于钢筋的公称直径 d。

3. 钢筋弯钩增加长度可按下表计算：

弯钩形状	180°弯钩	135°弯钩	90°弯钩
弯钩图形	3d；2.5d；d	3d；2.5d；d	2.5d；3d；d
弯钩增加长	6.25d	4.9d	3.5d

4. 钢筋弯起增加值（ΔL）可按下表计算：

图形／符号	30°；s；h；L	45°；s；h；L	60°；s；h；L
斜边长度 s	2h	1.414h	1.155h
增加长度 $\Delta L(s-L)$	0.268h	0.414h	0.577h

续表

<table>
<tr><th>项目名称</th><th>规范工程量计算规则</th><th>图形</th><th>计算公式</th><th>备注</th></tr>
<tr><td rowspan="3">矩形箍筋</td><td rowspan="3">按设计图示钢筋（网）长度（面积）乘以单位理论质量计算</td><td>5d
90°/180°
一般结构</td><td rowspan="3">钢筋重量＝长度×单位理论重量
其中
长度＝构件外围周长＋箍筋调整值</td><td rowspan="3">1. 定额规定
（1）砌体内钢筋加固分为需要绑扎和不需要绑扎两种，分别按钢筋重量计算，绑扎铁丝的重量不计。
（2）钢筋、铁件用量应按施工图计算净用量另加施工损耗量，钢筋损耗率为 2.5%，铁件损耗率为 1%。
（3）钢筋混凝土构件预埋铁件、固定预埋螺栓、铁件的支架，固定双层钢筋的铁马凳、垫铁件、预制柱上的钢牛腿工程量，按设计图示尺寸，以吨计算，套用铁件安装项目。混凝土中的钢筋支架及撑筋，并入钢筋中计算。“预埋铁件”的工料消耗量已包括在铁件安装中，不得重复计算。
2. 相关知识
箍筋调整值按下表计算：
（见下表“箍筋长度调整表”）</td></tr>
<tr><td>5d
90°/90°
一般结构</td></tr>
<tr><td>10d
135°/135°
抗震结构</td></tr>
</table>

箍筋长度调整表（mm）

<table>
<tr><th rowspan="3" colspan="2">形状</th><th colspan="6">直径 d</th><th rowspan="3">备注</th></tr>
<tr><th>4</th><th>6</th><th>6.5</th><th>8</th><th>10</th><th>12</th></tr>
<tr><th colspan="6">Δl</th></tr>
<tr><td>抗震结构</td><td></td><td>−88</td><td>−33</td><td>−20</td><td>22</td><td>78</td><td>133</td><td>$\Delta l=200-27.8d$</td></tr>
<tr><td rowspan="2">一般结构</td><td></td><td>−133</td><td>−100</td><td>−90</td><td>−66</td><td>−33</td><td>0</td><td>$\Delta l=200-16.75d$</td></tr>
<tr><td></td><td>−140</td><td>−110</td><td>−103</td><td>−80</td><td>−50</td><td>20</td><td>$\Delta l=200-15d$</td></tr>
</table>

9.3.9 混凝土及钢筋混凝土工程计算举例

混凝土及钢筋混凝土工程计算举例表 **表 9-15**

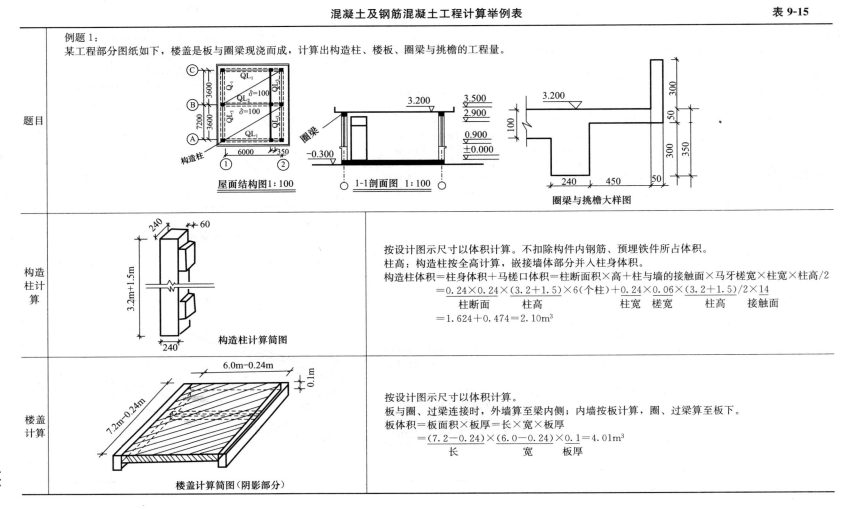

题目	例题 1： 某工程部分图纸如下，楼盖是板与圈梁现浇而成，计算出构造柱、楼板、圈梁与挑檐的工程量。 屋面结构图1:100　1-1剖面图 1:100　圈梁与挑檐大样图	
构造柱计算	构造柱计算简图	按设计图示尺寸以体积计算。不扣除构件内钢筋、预埋铁件所占体积。 柱高：构造柱按全高计算，嵌接墙体部分并入柱身体积。 构造柱体积＝柱身体积＋马槎口体积＝柱断面积×高＋柱与墙的接触面×马牙槎宽×柱宽×柱高/2 $=\underbrace{0.24\times0.24}_{柱断面}\times\underbrace{(3.2+1.5)}_{柱高}\times6(个柱)+\underbrace{0.24}_{柱宽}\times\underbrace{0.06}_{槎宽}\times\underbrace{(3.2+1.5)}_{柱高}/2\times\underbrace{14}_{接触面}$ $=1.624+0.474=2.10m^3$
楼盖计算	楼盖计算简图(阴影部分)	按设计图示尺寸以体积计算。 板与圈、过梁连接时，外墙算至梁内侧；内墙按板计算，圈、过梁算至板下。 板体积＝板面积×板厚＝长×宽×板厚 $=\underbrace{(7.2-0.24)}_{长}\times\underbrace{(6.0-0.24)}_{宽}\times\underbrace{0.1}_{板厚}=4.01m^3$

续表

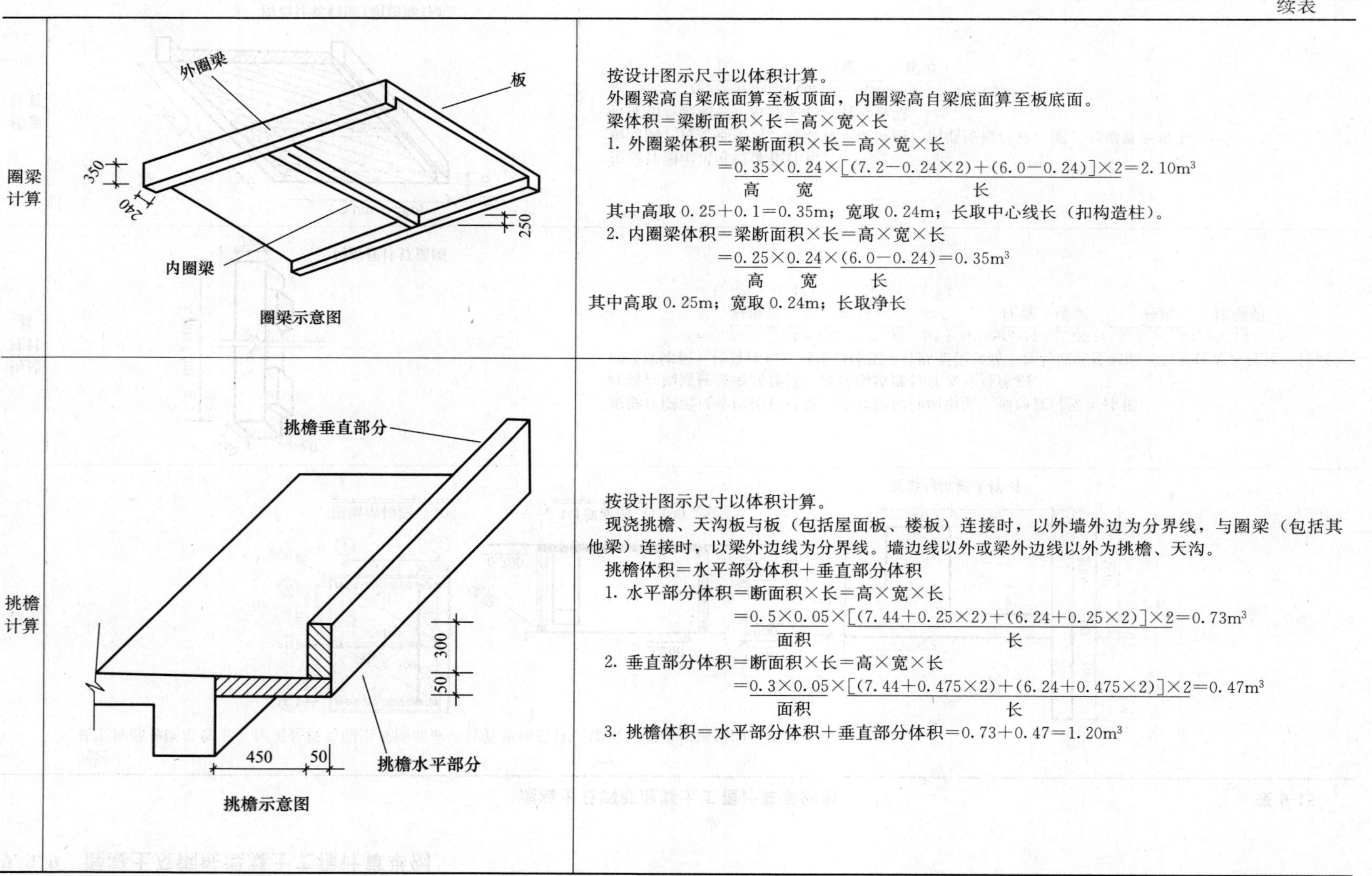

圈梁计算	圈梁示意图	按设计图示尺寸以体积计算。 外圈梁高自梁底面算至板顶面，内圈梁高自梁底面算至板底面。 梁体积＝梁断面积×长＝高×宽×长 1. 外圈梁体积＝梁断面积×长＝高×宽×长 $=\underbrace{0.35}_{高}\times\underbrace{0.24}_{宽}\times\underbrace{[(7.2-0.24\times2)+(6.0-0.24)]}_{长}\times2=2.10m^3$ 其中高取 0.25＋0.1＝0.35m；宽取 0.24m；长取中心线长（扣构造柱）。 2. 内圈梁体积＝梁断面积×长＝高×宽×长 $=\underbrace{0.25}_{高}\times\underbrace{0.24}_{宽}\times\underbrace{(6.0-0.24)}_{长}=0.35m^3$ 其中高取 0.25m；宽取 0.24m；长取净长
挑檐计算	挑檐示意图	按设计图示尺寸以体积计算。 现浇挑檐、天沟板与板（包括屋面板、楼板）连接时，以外墙外边为分界线，与圈梁（包括其他梁）连接时，以梁外边线为分界线。墙边线以外或梁外边线以外为挑檐、天沟。 挑檐体积＝水平部分体积＋垂直部分体积 1. 水平部分体积＝断面积×长＝高×宽×长 $=\underbrace{0.5\times0.05}_{面积}\times\underbrace{[(7.44+0.25\times2)+(6.24+0.25\times2)]\times2}_{长}=0.73m^3$ 2. 垂直部分体积＝断面积×长＝高×宽×长 $=\underbrace{0.3\times0.05}_{面积}\times\underbrace{[(7.44+0.475\times2)+(6.24+0.475\times2)]\times2}_{长}=0.47m^3$ 3. 挑檐体积＝水平部分体积＋垂直部分体积＝0.73＋0.47＝1.20m^3

续表

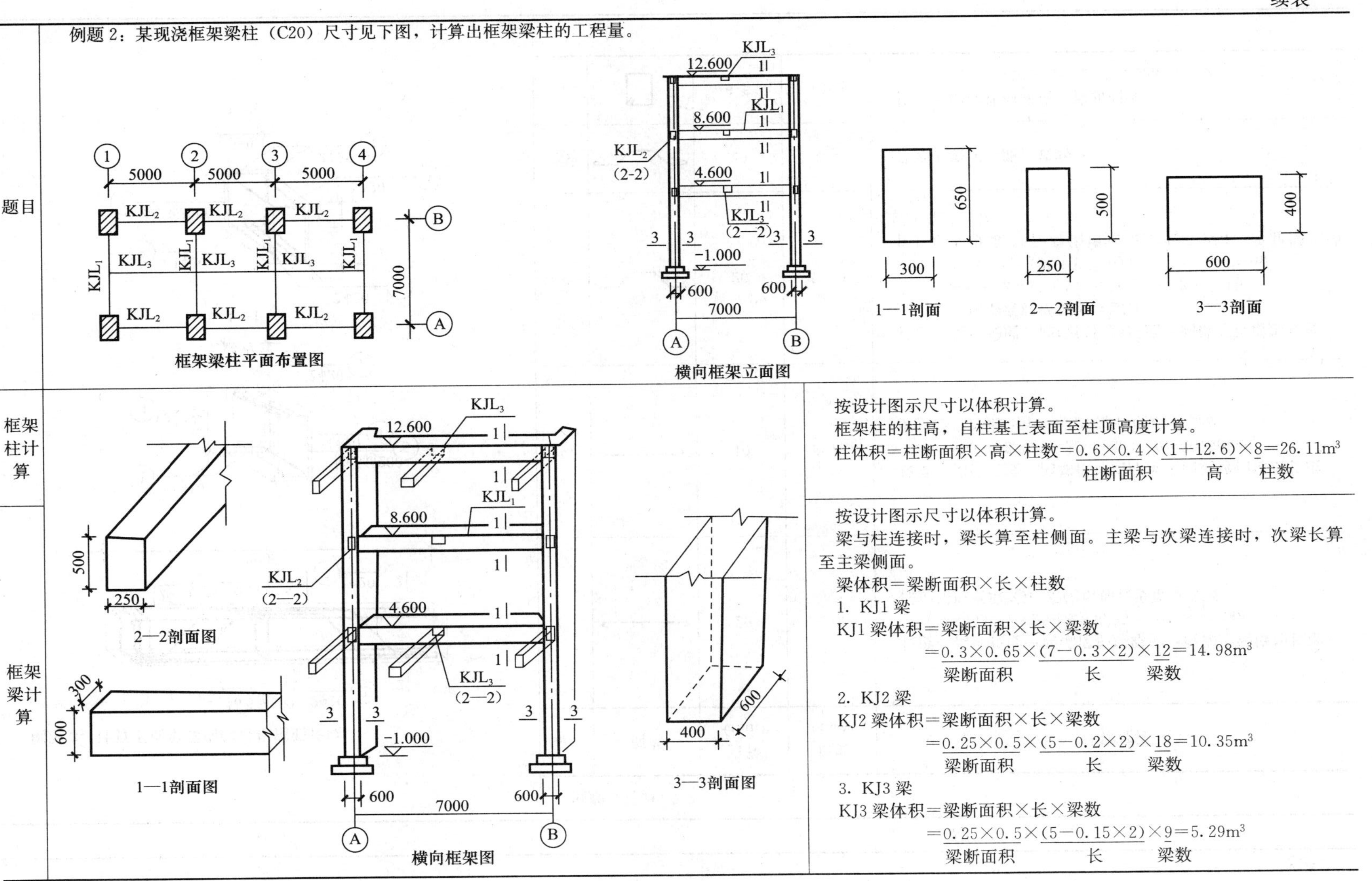

题目	例题 2：某现浇框架梁柱（C20）尺寸见下图，计算出框架梁柱的工程量。
框架柱计算	按设计图示尺寸以体积计算。 框架柱的柱高，自柱基上表面至柱顶高度计算。 柱体积＝柱断面积×高×柱数＝$\underbrace{0.6\times0.4}_{\text{柱断面积}}\times\underbrace{(1+12.6)}_{\text{高}}\times\underbrace{8}_{\text{柱数}}=26.11m^3$
框架梁计算	按设计图示尺寸以体积计算。 梁与柱连接时，梁长算至柱侧面。主梁与次梁连接时，次梁长算至主梁侧面。 梁体积＝梁断面积×长×柱数 1. KJ1 梁 KJ1 梁体积＝梁断面积×长×梁数 $=\underbrace{0.3\times0.65}_{\text{梁断面积}}\times\underbrace{(7-0.3\times2)}_{\text{长}}\times\underbrace{12}_{\text{梁数}}=14.98m^3$ 2. KJ2 梁 KJ2 梁体积＝梁断面积×长×梁数 $=\underbrace{0.25\times0.5}_{\text{梁断面积}}\times\underbrace{(5-0.2\times2)}_{\text{长}}\times\underbrace{18}_{\text{梁数}}=10.35m^3$ 3. KJ3 梁 KJ3 梁体积＝梁断面积×长×梁数 $=\underbrace{0.25\times0.5}_{\text{梁断面积}}\times\underbrace{(5-0.15\times2)}_{\text{长}}\times\underbrace{9}_{\text{梁数}}=5.29m^3$

续表

题目	解题
例题 3：计算下面单梁内的各根钢筋长度。	例题 3 计算：

编号	简图	直径(mm)	长度(mm)	计算过程
①		20	8200	长度＝构件长度－两端保护层厚度＋两端弯钩增加长度 ＝8000－2×25＋2×6.25×20＝8200mm 保护层厚度取 25；弯钩增加长度取 6.25d
②		10	8075	长度＝构件长度－两端保护层厚度＋两端弯钩增加长度 ＝8000－2×25＋2×6.25×10＝8075mm 保护层厚度取 25；弯钩增加长度取 6.25d
③	45°	20	7989	长度＝构件长度－两端保护层厚度＋两端弯钩增加长度＋两端弯起增加值（ΔL） ＝8000－2×25＋2×6.25×20＋2×0.41×[(450－(25＋6＋10))×2]＝7989.24mm 保护层厚度取 25；弯钩增加长度取 6.25d；弯起增加值（ΔL）取 0.41h
④		20		计算方法同③筋，式略
⑤		6.5	1380	长度＝构件外围周长＋箍筋调整值 ＝(250＋450)×2－20＝1380mm

9.4　屋面及防水工程

9.4.1　瓦、型材屋面

瓦、型材屋面工程工程量计算规则公式与解释表　　　　表 9-16

规范项目名称	规范工程量计算规则	图　形	计算公式	解　释
瓦屋面	按设计图示尺寸以斜面积计算	坡屋顶的组成	斜面积＝屋盖水平投影面积×屋面坡度系数	1. 清单规定 不扣除房上烟囱、风帽底座、风道、小气窗、斜沟等所占面积，小气窗的出檐部分不增加面积。 2. 定额规定 平瓦、波瓦屋面、金属压型板（含挑檐部分）均按图示尺寸的水平投影面积乘以屋面坡度系数（见下表）以平方米计算。不扣除房上烟囱、竖风道、风帽底座、屋顶小气窗和斜沟等所占面积，屋面小气窗的出檐部分亦不增加。屋脊已包括在定额内，不得另行计算。

屋面坡度系数表

坡度			坡度系度 C	坡度			坡度系度 C
B/m (A=1)	$\frac{B}{2A}$	角度 θ/(°)		B/m (A=1)	$\frac{B}{2A}$	角度 θ/(°)	
1	1/2	45°	1.4142	0.40	1/5	21°48′	1.0770
0.75		36°52′	1.2500	0.35		19°47′	1.0595
0.70		35°	1.2207	0.333	1/6	18°26′	1.0541
0.666	1/3	33°41′	1.2015	0.25	1/8	14°02′	1.0308
0.65		33°01′	1.1927	0.20	1/10	11°19′	1.0198
0.60		30°58′	1.1662	0.167	1/12	9°27′	1.0138
0.577		30°	1.1545	0.125	1/16	7°28′	1.0078
0.55		28°49′	1.1413	0.10	1/20	5°42′	1.0050
0.50	1/4	26°34′	1.118	0.083	1/24	4°45′	1.0034
0.45		24°14′	1.0968	0.066	1/30	3°49′	1.0022

注：表中 B 为坡屋面的矢高，A 为跨度的一半，$\frac{B}{2A}$为矢跨比，坡度系数 C 即当 A 为 1 时坡屋面的斜长，$C=(\cos\theta)^{-1}$。见图，无论几坡水（两坡水、三坡水、四坡水）屋面的实际面积均为该屋面的水平投影面积乘以坡度系数。

续表

规范项目名称	规范工程量计算规则	图形	计算公式	解释
瓦屋面	按设计图示尺寸以斜面积计算	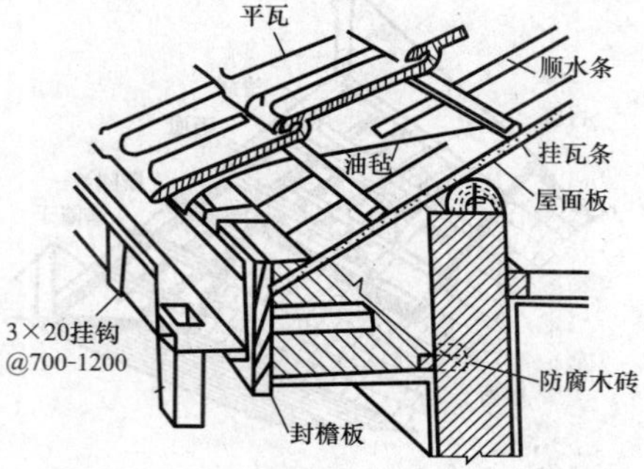 平瓦 顺水条 油毡 挂瓦条 屋面板 3×20挂钩 @700-1200 防腐木砖 封檐板 挑檐顶棚构造 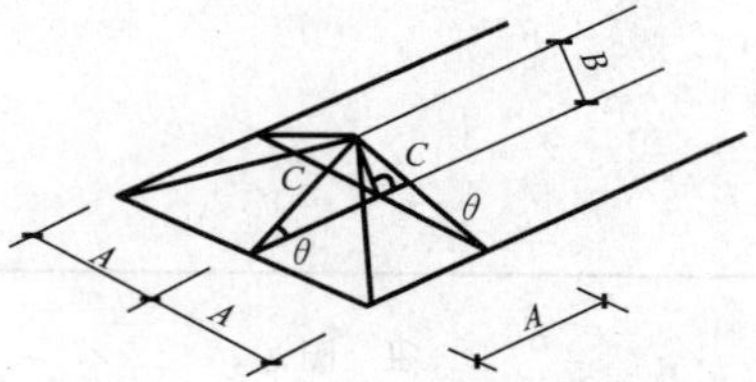 B C C θ θ A A A 坡屋面计算示意图	斜面积＝屋盖水平投影面积×屋面坡度系数	3. 相关知识 （1）檩木应在项目特征中写清，计算出其材积。 1）简支檩，长度无规定时，按屋或山墙中距增加 20cm。 2）出山檩，两头出檩条算至博风板内侧。 3）连续檩，接头总长度按全部连续檩的长度外加 5%。 （2）屋面木基层是指瓦水层以下的层次，其组成由木屋面板、挂瓦条、椽子等内容（见图）。按斜面积计算。不扣除附墙烟囱、通风帽底座、屋顶小气窗和斜沟面积，天窗挑檐与屋面重叠部分按设计规定计算。 （3）封檐板按图示檐口外围长度计算，博风板按斜长度计算，每个大刀头增加长度 500mm

9.4.2　屋面防水

屋面防水工程工程量计算规则公式与解释表　　　　表 9-17

规范项目名称	规范工程量计算规则	图　形	计算公式	解　释
屋面卷材防水	按设计图示尺寸以面积计算	沥青 冷底子油 基层 绿豆砂 油毡 屋面卷材防水图 女儿墙 卷材弯起 水平卷材 砂浆抹斜面 女儿墙卷材弯起图	防水材料面积＝屋顶面积＋弯起面积	1. 清单规定 （1）斜屋顶（不包括平屋顶找坡）按斜面积计算，平屋顶按水平投影面积计算。 （2）不扣除房上烟囱、风帽底座、风道、小气窗、斜沟等所占面积。 （3）屋面女儿墙、伸缩缝和天窗等处的弯起部分，并入屋面工程量内。 2. 定额规定 （1）女儿墙、伸缩缝和天窗等处的弯起高度，按图示尺寸并入屋面工程量计算。如图纸无规定时，伸缩缝、女儿墙的弯起高度按 250mm 计算，天窗弯起高度按 500mm 计算，并入屋面工程量内。 （2）卷材屋面的附加层、接缝、收头、找平层的嵌缝、冷底子油、基底处理剂已计入定额内，不另计算。 （3）涂膜屋面工程量的计算同卷材屋面。涂膜屋面的油膏嵌缝，玻璃布盖缝、屋面分格缝以延长米计算。 坡度小于 3°49′的屋面工程量按图示尺寸水平投影面积计算。 3. 相关知识 （1）卷材屋面的附加层、接缝、收头等不另计算，但应写清。 （2）找平层的嵌缝、冷底子油、基底处理剂均应写清
屋面刚性防水		30~45 双向Φ4@200 钢性屋面防水示意图	防水材料面积＝屋顶面积	1. 清单规定 不扣除房上烟囱、风帽底座、风道等所占面积。 2. 相关知识 （1）刚性防水屋面是指利用刚性防水材料作防水层的屋面。主要有普通细石混凝土防水屋面、补偿收缩混凝土防水屋面、纤维混凝土防水屋面、预应力混凝土防水屋面等。尤以前两者应用最为广泛。 （2）泛水和刚性屋面变形缝弯起部分及分舱缝的加厚部分，不另增加。 （3）刚性防水屋面与柔性防水屋面区别：刚性防水屋面优点，使用年限较长。缺点，自重大，屋面构造形式受限大；柔性防水屋面优点，有韧性，适应一定的变形与胀缩，不易开裂。缺点，使用年限较短

续表

<table>
<tr><th>规范项目名称</th><th>规范工程量计算规则</th><th>图　形</th><th>解　释</th></tr>
<tr><td>屋面排水管</td><td>按设计图示尺寸以长度计算</td><td> 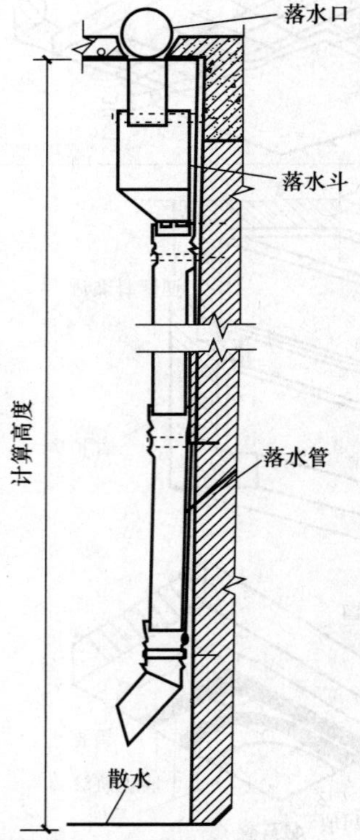屋面排水管计算高度示意图</td><td>1. 清单规定
如设计未标注尺寸，以檐口至设计室外散水上表面垂直距离计算。
2. 定额规定
（1）铁皮排水按图示尺寸以展开面积计算；如图纸未注明尺寸时，按“铁皮排水单体零件面积折算表”规定计算；咬口和搭接已包括在定额内，不另计算。

铁皮排水单体零件面积折算表
<table>
<tr><th colspan="2">名称</th><th>单位</th><th>水落管（m）</th><th>檐沟（m）</th><th>水斗［个（套）］</th><th>漏斗［个（套）］</th><th>下水口［个（套）］</th><th></th><th></th></tr>
<tr><td rowspan="3">铁皮排水</td><td>水落管、檐沟、水斗、漏斗、水口</td><td>m²</td><td>0.32</td><td>0.30</td><td>0.40</td><td>0.16</td><td>0.45</td><td></td><td></td></tr>
<tr><td rowspan="2">天沟、斜沟、天窗窗台泛水、天窗侧面泛水、烟囱泛水、通气管泛水、滴水檐头泛水、滴水</td><td rowspan="2">m²</td><td>天沟（m）</td><td>斜沟、天窗窗台泛水（m）</td><td>天窗侧面泛水（m）</td><td>烟囱泛水（m）</td><td>通气管泛水（m）</td><td>滴水檐头泛水（m）</td><td>滴水（m）</td></tr>
<tr><td>1.30</td><td>0.50</td><td>0.70</td><td>0.80</td><td>0.22</td><td>0.24</td><td>0.11</td></tr>
</table>

（2）铸铁、玻璃钢及塑料水落管，区别不同直径、规格，按图示尺寸以延长米计算；雨水口、水斗、弯头、短管以个（套）计算

雨水口、水斗示意图</td></tr>
</table>

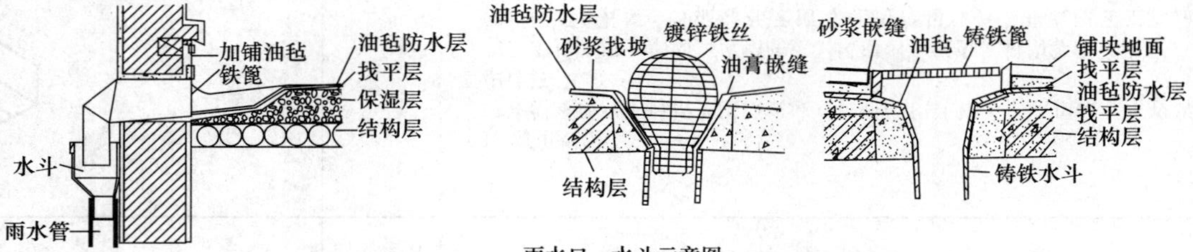

9.5 隔热及保温工程

9.5.1 保温

保温工程工程量计算规则公式与解释表 **表 9-18**

项目名称	规范工程量计算规则	图形	计算公式	解释
保温屋面	按设计图示尺寸以面积计算	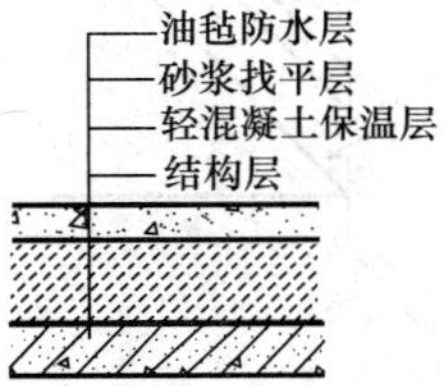 油毡防水层 砂浆找平层 轻混凝土保温层 结构层 轻混凝土保温层 油毡防水层 砂浆找平层 块材保温层 轻混凝土找坡层 结构层 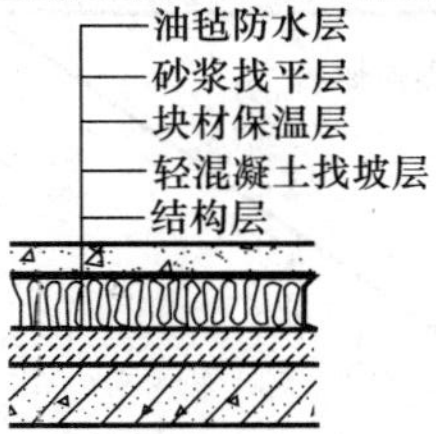 块材保温屋顶	面积＝长×宽 或： 体积＝面积×平均厚度 ＝长×宽×平均厚度	1. 清单规定 不扣除柱、垛所占面积。 2. 定额规定 对于厚度不同的保温层，也可按体积计算。体积为保温层面积乘以平均厚度
例题：根据所给图形，计算出 1：10 水泥蛭石保温层的体积。 屋盖平面图1:100 1-1剖面图 1:100			计算： 1. 最薄处厚度＝0.03m 2. 最厚处厚度＝0.03＋3.0×3%＝0.12m 3. 平均厚度＝(0.03＋0.12)/2＝0.075m 4. 体积＝面积×平均厚度＝长×宽×平均厚度 ＝8.46×6.06×0.075＝3.85m 长＝8.7−0.24＝8.46m 高＝$0.03+\frac{6.06}{2}\times3\%=0.121$m 屋面立体示意图 保温层计算示意图	

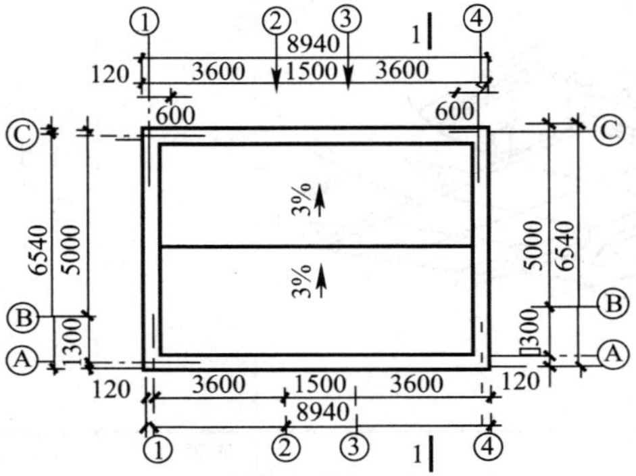

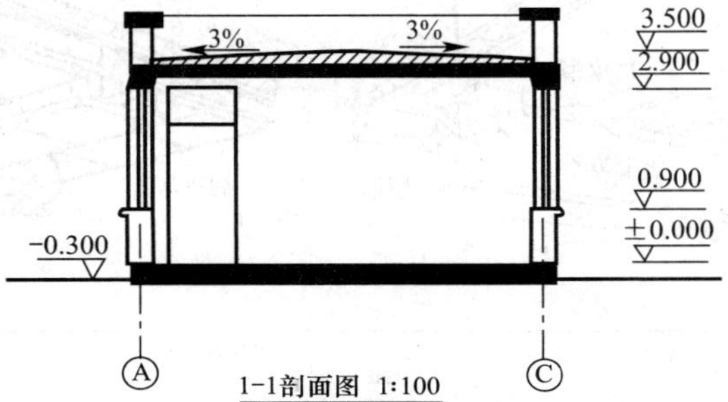

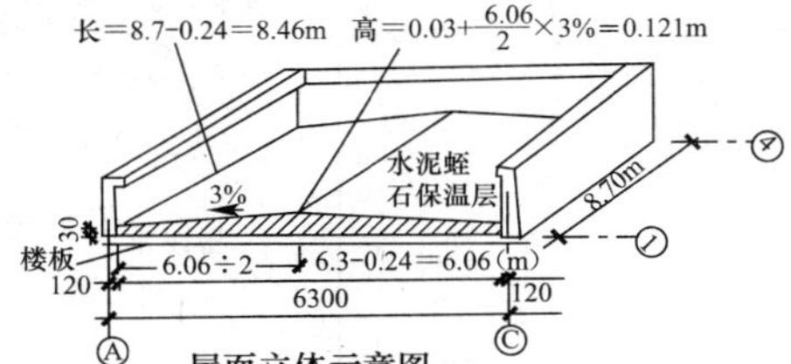

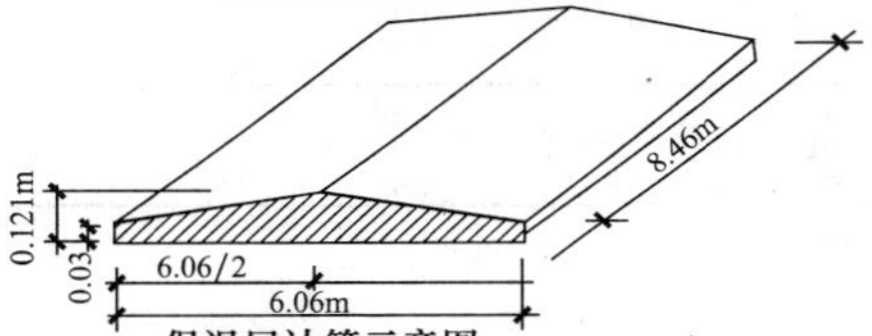

9.5.2 隔热

隔热工程工程量计算规则公式与解释表

表 9-19

项目名称	规范工程量计算规则	图形	计算公式	解释
保温隔热屋面	按设计图示尺寸以面积计算	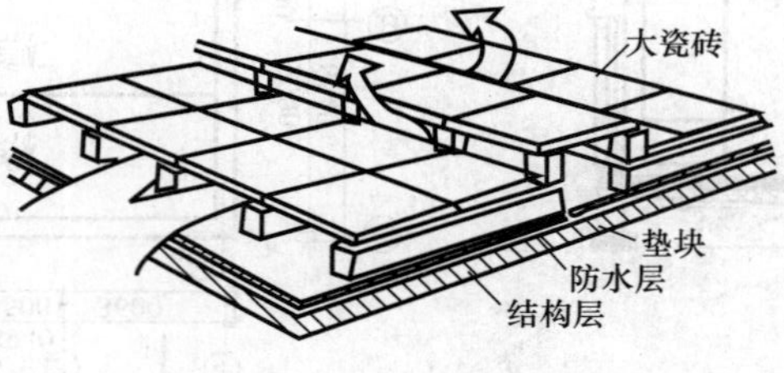 保温隔热屋面图 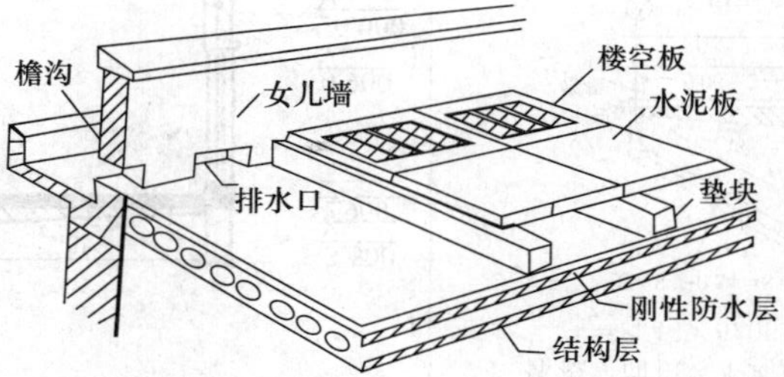 保温隔热屋面图	面积＝长×宽	1. 不扣除柱、垛所占面积。 2. 应写清隔热材料品种、规格，垫块材料品种、规格
保温隔热顶棚		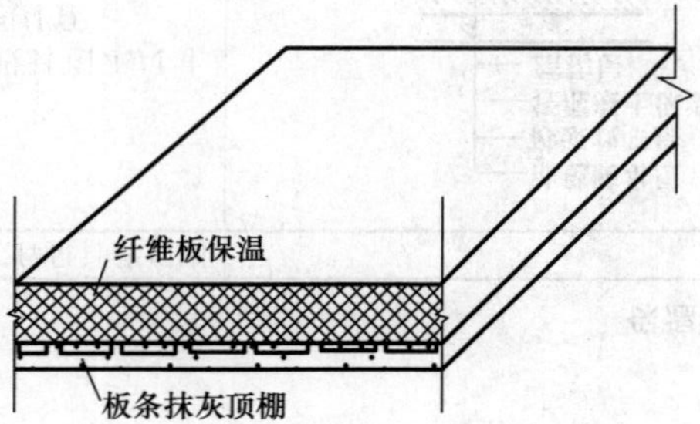 保温隔热顶棚 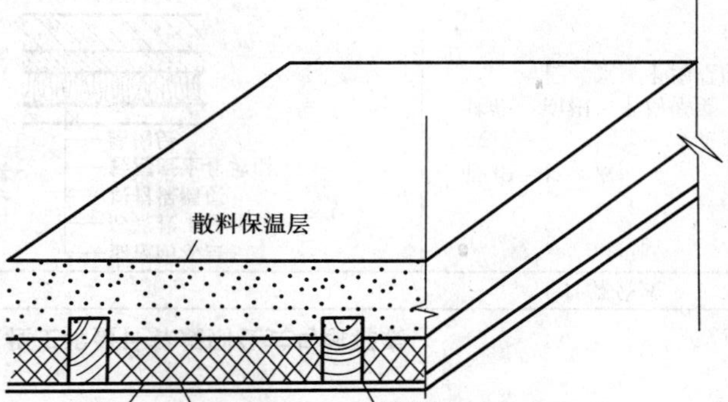 保温隔热顶棚		

9.6　楼地面工程

9.6.1　整体面层

整体面层工程量计算规则公式与解释表　　**表 9-20**

规范项目名称	规范工程量计算规则	图　形	计算公式	解　释
水泥砂浆楼地面	按设计图示尺寸以面积计算	1:2水泥砂浆面层 刷素水泥浆一道 C15混凝土 碎石垫层，M5砂浆灌缝 素土分层夯实 水泥砂浆地面构造示意图	整体面层面积 $=\sum$ 每一间房的净面积一须扣除面积 其中： 房间净面积＝房间净长×房间净宽 房间净长＝墙的中线长一两侧墙的一半厚度	1. 清单规定 扣除凸出地面构筑物、设备基础、室内管道、地沟等所占面积，不扣除间壁墙和 0.3m² 以内的柱、垛、附墙烟囱及孔洞所占面积。门洞、空圈、暖气包槽、壁龛的开口部分不增加面积。 2. 定额规定 整体面层中的楼地面项目，均不包括踢脚板工料。 3. 例题：根据所给图形，计算出底层室内水泥砂浆地面面积 计算： 水泥砂浆地面面积＝房间净长×房间净宽＝(6.00－0.24)×(8.00－0.24)＋(4.00－0.24)×(7.50－0.24)＝72.00m²

9.6.2 踢脚线

踢脚线层工程量计算规则公式与解释表 表 9-21

规范项目名称	规范工程量计算规则	图形	解释
块料踢脚线	按设计图示长度乘高度以面积计算	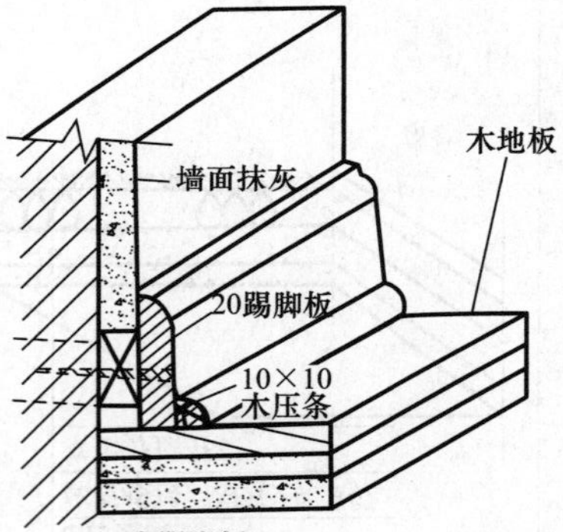 木踢脚板 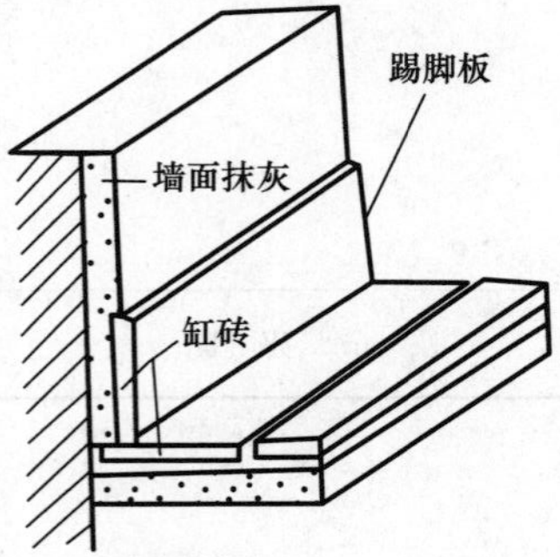 缸砖踢脚板	1. 定额规定 楼梯踢脚线按相应定额乘以 1.15，成品踢脚线按贴“延长米”计算。 2. 例题：根据所给图形，计算出底层块料踢脚线（高 150）工程量。 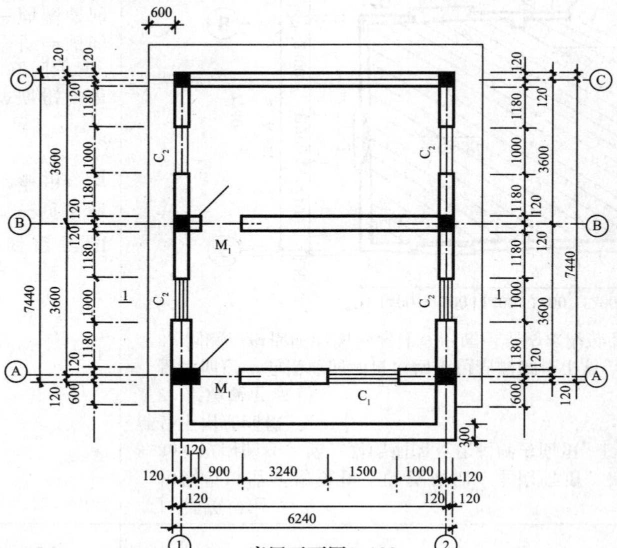 底层平面图1:100 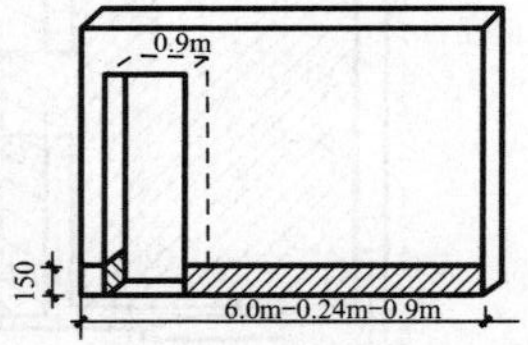 Ⓑ轴线单侧踢脚线示意图 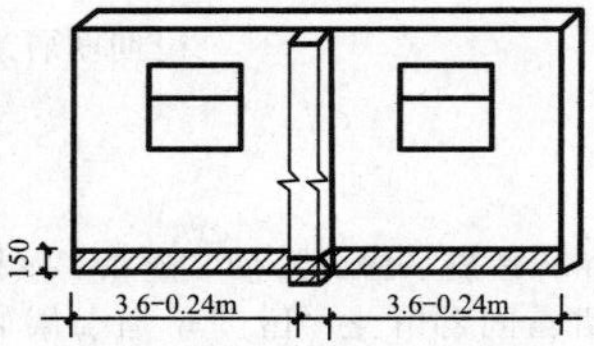 ① 轴线单侧踢脚线示意图 计算： 面积＝长度×高度 $=[\underbrace{(3.60-0.24)\times2}_{①轴}+\underbrace{(3.60-0.24)\times2}_{②轴}+\underbrace{(6.00-0.24-0.9)\times3}_{A、B轴}+\underbrace{(6.00-0.24)}_{C轴}+\underbrace{0.24\times4}_{M}]\times\underbrace{0.15}_{高}=5.21m^2$

9.6.3　台阶装饰

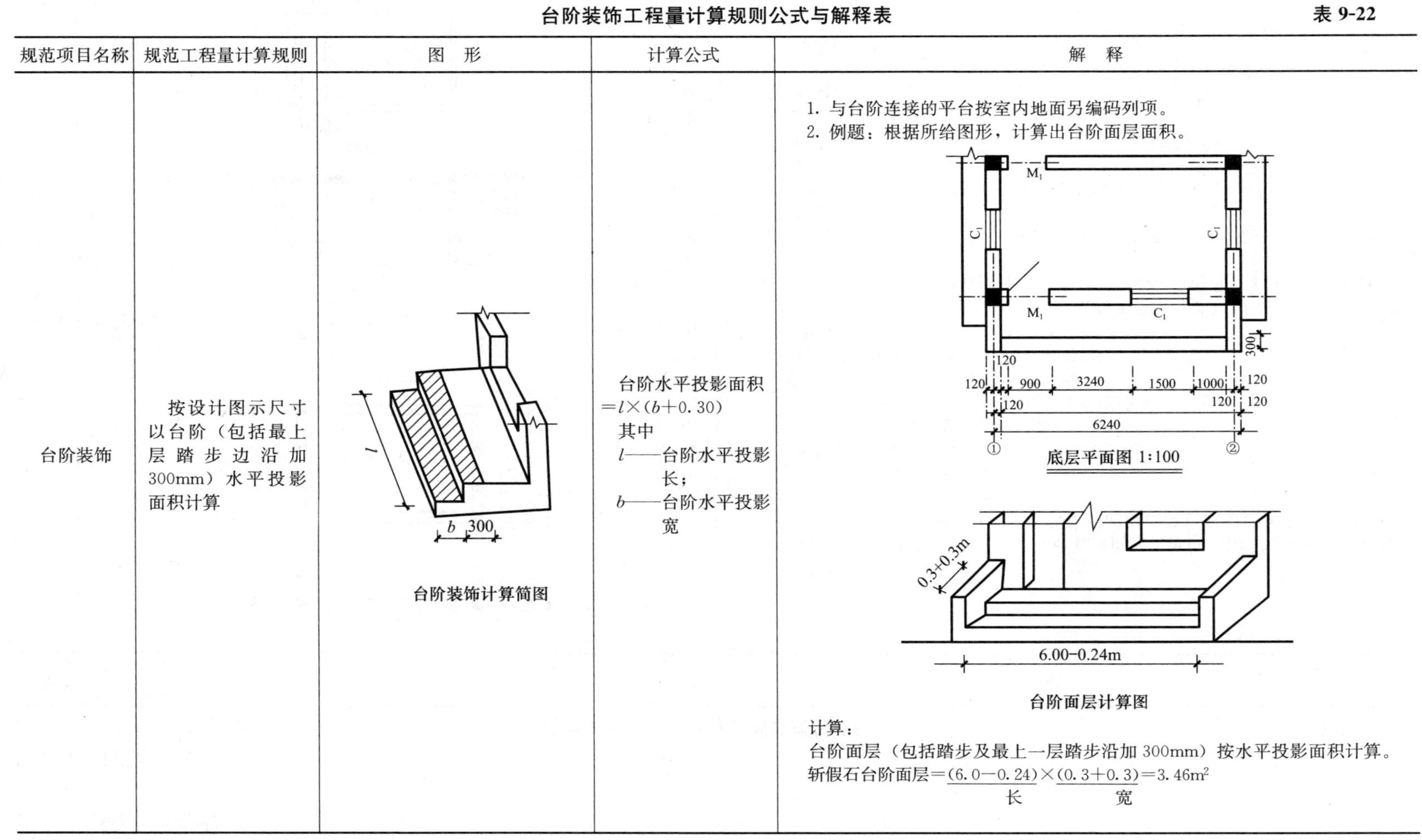

台阶装饰工程量计算规则公式与解释表　　**表 9-22**

规范项目名称	规范工程量计算规则	图　形	计算公式	解　释
台阶装饰	按设计图示尺寸以台阶（包括最上层踏步边沿加300mm）水平投影面积计算	台阶装饰计算简图	台阶水平投影面积$=l\times(b+0.30)$ 其中 l——台阶水平投影长； b——台阶水平投影宽	1. 与台阶连接的平台按室内地面另编码列项。 2. 例题：根据所给图形，计算出台阶面层面积。 底层平面图 1:100 台阶面层计算图 计算： 台阶面层（包括踏步及最上一层踏步沿加 300mm）按水平投影面积计算。 斩假石台阶面层$=\underbrace{(6.0-0.24)}_{长}\times\underbrace{(0.3+0.3)}_{宽}=3.46m^2$

9.7　墙、柱面工程

9.7.1　墙面抹灰

墙面抹灰工程量计算规则公式与解释表　　表 9-23

规范项目名称	规范工程量计算规则	图形	计算公式	解释
墙面抹灰	按设计图示尺寸以面积计算	底层平面图 1∶100 1-1剖面图 1∶100 Ⓑ轴线墙面抹灰计算示意图	1. 外墙抹灰面积＝外墙外边长×高（自室外地坪算起）－门窗洞口面积＋墙柱、梁、垛侧壁面积 2. 外墙裙抹灰面积＝外墙外边长×外墙裙高 3. 内墙抹灰面积＝内墙净长×墙高－门窗洞口面积＋墙柱、梁、垛侧壁面积 4. 内墙裙抹灰面＝内墙净长×墙裙高	1. 清单规定 （1）扣除墙裙、门窗洞口及单个 0.3m² 以外的孔洞面积，不扣除踢脚线、挂镜线和墙与构件交接处的面积，门窗洞口和孔洞的侧壁及顶面不增加面积。附墙柱、梁、垛、烟囱侧壁并入相应的墙面面积内； （2）外墙抹灰面积按外墙垂直投影面积计算； （3）外墙裙抹灰面积按其长度乘以高度计算； （4）内墙抹灰面积按主墙间的净长乘以高度计算： 1）无墙裙的，高度按室内楼地面至天棚底面计算； 2）有墙裙的，高度按墙裙顶至天棚底面计算； （5）内墙裙抹灰面按内墙净长乘以高度计算。 2. 定额规定 （1）窗台线、门窗套、挑檐、腰线、遮阳板等展开宽度在 300mm 以内者，按装饰线以延长米计算，如展开宽度超过 300mm 以上时，按图示尺寸以展开面积计算，套“零星抹灰”定额。 （2）栏板、栏杆（包括立柱、扶手或压顶等）抹灰按立面垂直投影面积乘以系数 2.2 以平方米计算。 3. 例题：某工程图纸如本页图形栏，计算内墙面一般抹底工程量。 计算： （1）内墙面抹灰毛面积＝$\underbrace{[(3.6-0.24)+(6.0-0.24)]}_{长}\times2\times2\times\underbrace{2.9}_{高}=105.79\text{m}^2$ （2）扣除：门窗面积＝$\underbrace{0.9\times2.9\times3}_{门}+\underbrace{1.0\times1.8\times4}_{窗}=15.03\text{m}^2$ （3）净面积＝毛－扣＝105.79－15.03＝90.76m²

9.7.2　墙面镶贴块料

墙面镶贴块料工程量计算规则公式与解释表　　　　**表 9-24**

规范项目名称	规范工程量计算规则	图形	计算公式	解释
块料墙面	按设计图示尺寸以面积计算	ϕ8~12主筋 ϕ8~12横筋 镀锌铁环 ϕ6铁钩 花岗石贴面 主筋 50 10 ϕ6铁钩 花岗石墙面	1. 外墙块料面积＝外墙外边长×高（自室外地坪算起）－门窗洞口面积＋门窗洞口、墙柱、梁、垛侧壁面积 2. 外墙裙块料面积＝外墙外边长×外墙裙高 3. 内墙块料面积＝内墙净长×墙高－门窗洞口面积＋门窗洞口、墙柱、梁、垛侧壁面积 4. 内墙裙块料面积＝内墙净长×墙裙高	定额规定 （1）墙裙以高度在 1500mm 以内为准，超过 1500mm 时按墙面计算，高度低于 300mm 以内时，按踢脚板计算。 （2）挑檐、天沟、腰线、栏杆、栏板、门窗套、窗台线、压顶等均按图示尺寸展开面积以平方米计算，并入相应的外墙面积内

续表

规范项目名称	图形	解释
块料墙面	例题：根据所给图形，计算出外墙块料面积 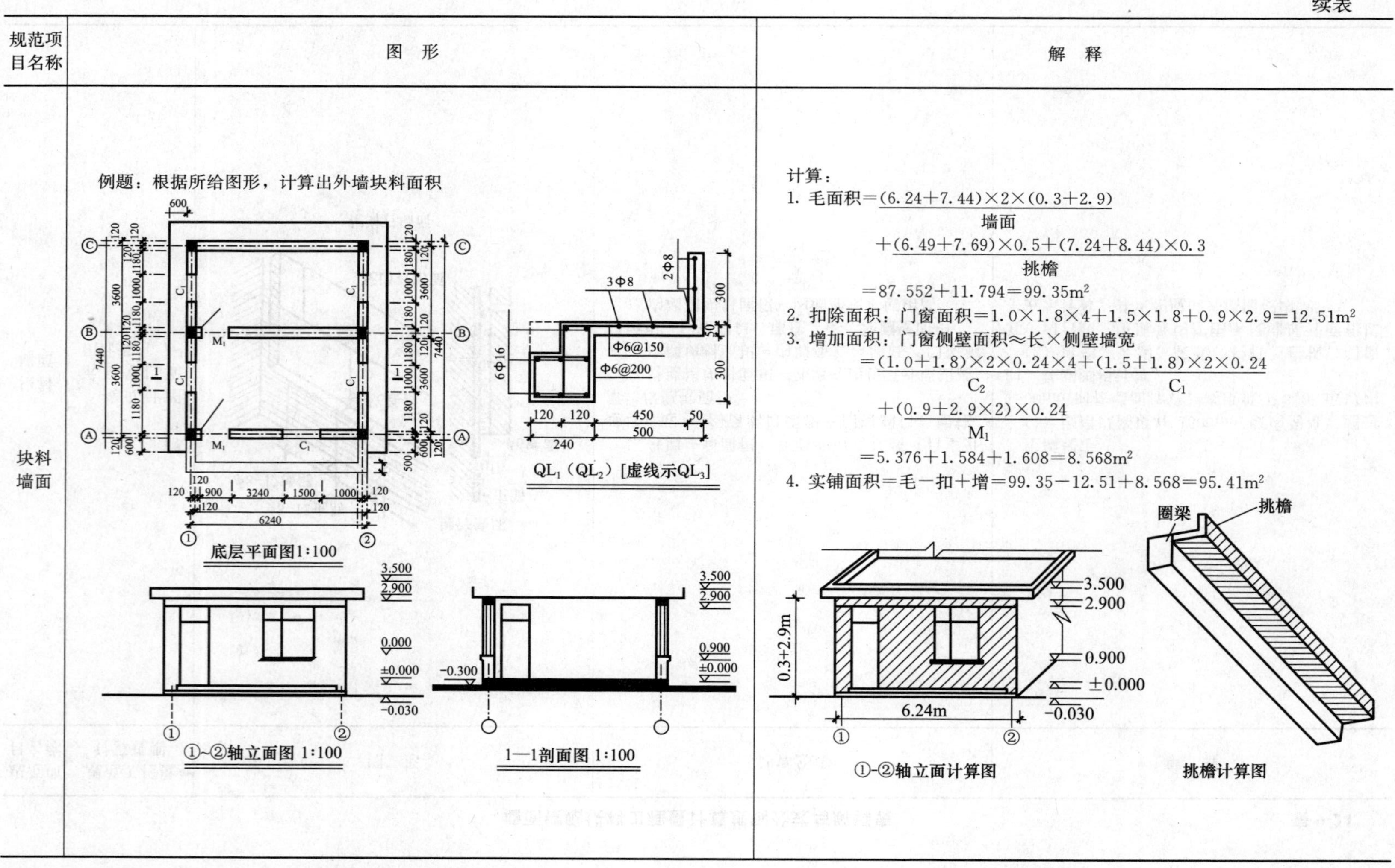 底层平面图1:100 QL_1（QL_2）[虚线示QL_3] ①~②轴立面图 1:100 1—1剖面图 1:100	计算： 1. 毛面积$=\underbrace{(6.24+7.44)\times2\times(0.3+2.9)}_{墙面}$ $+\underbrace{(6.49+7.69)\times0.5+(7.24+8.44)\times0.3}_{挑檐}$ $=87.552+11.794=99.35m^2$ 2. 扣除面积：门窗面积$=1.0\times1.8\times4+1.5\times1.8+0.9\times2.9=12.51m^2$ 3. 增加面积：门窗侧壁面积≈长×侧壁墙宽 $=\underbrace{(1.0+1.8)\times2\times0.24\times4}_{C_2}+\underbrace{(1.5+1.8)\times2\times0.24}_{C_1}$ $+\underbrace{(0.9+2.9\times2)\times0.24}_{M_1}$ $=5.376+1.584+1.608=8.568m^2$ 4. 实铺面积=毛－扣＋增$=99.35-12.51+8.568=95.41m^2$ ①-②轴立面计算图 挑檐计算图

下篇　造价实例编制

第 10 章　某办公楼施工图造价实例编制

10.1　某办公楼施工图工程量清单实例

（封面）

××办公楼工程建筑工程量清单

招　标　人：××公司 （单位盖章）	工程造价　××工程造价咨询企业 咨询人：资质专用章 （单位资质专用章）
法定代表人　××公司 或其授权人：法定代表人 （签字或盖章）	法定代表人　××工程造价咨询企业 或其授权人：法定代表人 （签字或盖章）
编　制　人：××签字 （造价员签字盖专用章）	复　核　人：××签字 （造价工程师签字盖专用章）
编制时间：×年×月×日	复核时间：×年×月×日

工程量清单总说明

工程名称：××办公楼

1　工程概况：本工程建筑面积为 117m^2，地上 2 层，砖混结构，建筑高度 6.20m。

2　招标范围：土建工程、装饰工程、电气工程、给水排水工程。

3　工程质量要求：优良工程。

4　工程量清单编制依据：

4.1　建筑设计院设计的施工图一套；

4.2　单位编制的招标文件及招标答疑；

4.3　工程量清单计量根据《建设工程工程量清单计价规范》GB 50500—2013、《房屋建筑与装饰工程工程量计算规范》GB 50854—2013 及《通用安装工程工程量计算规范》GB 50854—2013 编制。

土建工程

土建工程分部分项工程工程量清单与计价表

工程名称：××办公楼

序号	项目编码	项目名称	项目特征	计量单位	工程数量	金额（元）		
						综合单价	合价	其中：暂估价
1		建筑面积		m^2	116.94			
		土方工程						
2	010101001001	平整场地	三类土，土方挖填找平	m^2	58.47			
3	010101003001	挖条形基础土方	宽 0.8m，深 0.9m，					
		1. 土方开挖		m^3	65.42			
		2. 基底钎探		m^3	62.30			
		3. 运输	弃土 5km	m^3	4.03			
4	010103001001	基础土方回填	就地回填，夯实	m^3	43.11			
5	010103001002	室内土方回填	就地回填，夯实	m^3	12.35			
		小计						
		砌筑工程						
6	010401001001	条形砖基础	实心砖，MU7.5，M5 水泥砂浆	m^3	12.53			
7	010503001001	C10 素混凝土带形基础	碎石粒径 40mm	m^3	11.4			
8	010401002001	一砖外墙	实心砖，MU7.5，240 厚，M5 混合砂浆	m^3	28.26			
9	010401002002	一砖内墙	实心砖，MU7.5，240 厚，M5 混合砂浆	m^3	15.57			
10	010401002003	半砖内墙	MU7.5 实心砖，115mm 厚	m^3	3.17			
11	010404013001	砖砌台阶	M5 水泥砂浆	m^2	3.48			
		台阶挡墙	MU7.5 实心砖，240mm 厚	m^3	1.15			
		小计						
		混凝土及钢筋混凝土工程						
12	010502002001	现浇钢筋混凝土构造柱	C20，碎石粒径 40mm	m^3	5.29			
13	010503005001	现浇钢筋混凝土圈梁	C20，碎石粒径 40mm	m^3	5.20			
14	010403004002	现浇钢筋混凝土过梁	C20，碎石粒径 40mm	m^3	2.07			
15	010505002001	现浇钢筋混凝土板	C20，碎石粒径 20mm	m^3	13.83			
16	010506001001	现浇钢筋混凝土楼梯	C20，碎石粒径 40mm	m^3	6.60			

续表

工程名称：××办公楼

序号	项目编码	项目名称	项目特征	计量单位	工程数量	金额（元）		
						综合单价	合价	其中：暂估价
17	010505007001	现浇钢筋挑檐	C20，碎石粒径 20mm	m^3	1.32			
18	010515001001	现浇混凝土钢筋	Φ10 以上	t	2.47			
19	010515001002	现浇混凝土钢筋	Φ10 以下	t	0.70			
20	010416001002	砖体内钢筋加固		t	0.12			
21	010507001001	混凝土散水坡	60mm 厚碎石垫层，30mm 厚 1∶3 水泥砂浆面	m^2	15.96			
		小计						
		屋面及防水工程						
22	010902001001	三毡四油带砂	冷底油	m^2	81.85			
		屋面找平层	1∶3 水泥砂浆，双层	m^2	146.62			
23	010902004001	弯头落水口	Φ100，UPVC	个	4			
24	010902004002	落水斗	Φ100，UPVC	个	4			
25	010902004003	排水管	Φ100，UPVC	m	25.80			
26	011001000001	1∶10 水泥蛭石保温	最薄处 30mm 厚	m^3	4.11			
		小计						
		楼地面工程						
27	011101002001	白石子水磨石地面	1、1∶3 水泥砂浆结合层	m^2	47.56			
		80mm 厚碎石垫层		m^2	47.56			
		80mm 厚 C15 厚混凝土垫层		m^2	47.56			
28	011101002002	白石子水磨石楼面	1、1∶3 水泥砂浆结合层 2、刷素水泥浆一道	m^2	40.96			
29	011105002001	水磨石踢脚板	高 150mm； 1∶3 水泥砂浆打底； 1∶2 水泥砖浆抹面	m	123.04			
30	01110605001	水磨石楼梯面层		m^2	6.3			
		踏步金刚石防滑条		m	38.4			
31	011107006001	斩假石台阶面层		m^2	5.52			
32	020107004001	不锈钢管扶手		m	12.05			
		小计						
		墙、柱面工程						
33	011201001001	内墙面一般抹底	1∶3 水泥砂浆底；20mm 厚麻刀灰面	m^2	346.69			
		106 涂料		m^2	346.69			
34	011204003001	外墙面面砖	1∶3 水泥砂浆底； 刷素水泥浆一道； 1∶1 水泥砖浆	m^2	193.75			

续表

工程名称：××办公楼

序号	项目编码	项目名称	项目特征	计量单位	工程数量	金额（元）		
						综合单价	合价	其中：暂估价
		小计						
		天棚工程						
35	011301001001	天棚抹灰	素水泥浆一道，麻刀纸筋灰面	m^2	96.10			
		106涂料						
		门窗工程						
36	00204005001	塑钢门	双扇，M1、平板玻璃6mm，五金	m^2	3.9			
37	00204005002	塑钢门	单扇，M2、平板玻璃6mm，五金	m^2	18.72			
38	020105001001	塑钢窗	C1，双扇带亮，平板玻璃6mm，五金	m^2	21.60			
39	020105001002	塑钢窗	C2，三扇带亮，平板玻璃6mm，五金	m^2	12.75			
40	010801006001	门锁		套	8			
		小计						
		油漆工程						
41	020505001002	排水系统油漆	防锈漆一遍，调合漆三遍	m^2	14.43			
		小计						
		合计						

给水排水工程

给水排水工程分部分项工程工程量清单与计价表

工程名称：××办公楼

序号	项目编码	项目名称	项目特征	计量单位	工程数量	金额（元）		
						综合单价	合价	其中：暂估价
1	031001006001	给水管	PP-C，*DN*32，室外	m	32.00			
2	031001006002	给水管	PP-C，*DN*20，室内	m	6.50			
3	031001006003	给水管	PP-C，*DN*15，室内	m	3.00			
4	031001007001	排水管	塑料，*DN*100，室内	m	6.50			
5	031001007002	排水管	塑料，*DN*100，室外	m	6.00			
6	031001007003	排水管	塑料，*DN*50，室内	m	5.00			
7	031003001001	螺纹阀门	*DN*20	个	1			
8	031003001002	自闭阀门	*DN*20	个	1			

续表

工程名称：××办公楼

序号	项目编码	项目名称	项目特征	计量单位	工程数量	金额（元）		
						综合单价	合价	其中：暂估价
9	031004004001	洗涤盆	陶瓷	组	2			
10	031004006001	蹲式大便器		套	2			
11	031004014001	洗脸盆龙头	铜，*DN*15	个	2			
12	010101006001	人工挖土方		m^3	3.02			
		小计						

电气工程

电气工程分部分项工程工程量清单与计价表

工程名称：××办公楼

序号	项目编码	项目名称	项目特征	计量单位	工程数量	金额（元）		
						综合单价	合价	其中：暂估价
1	030404017001	总照明箱（M1）	箱体安装	台	1			
2	030404017002	户照明箱（XADP-P110）	箱体安装	台	4			
3	030404019001	自动开关	E4CB480CE＋E4EL/300MA	个	1			
4	030404019002	自动开关	E4CB220CE	个	4			
5	030404019003	自动开关	E4CB110CE	个	12			
6	030404019004	单板开关		个	8			
7	030404019005	双板开关		个	4			
8	030404035001	二、三极双联暗插座	F901F910ZS	套	16			
9	030410003001	导线架设（BXF-35）	导线进户架设	km	120			
10	030410003002	进户横担安装		组	1			
11	030409002001	接地装置	−40×4 镀锌扁钢；接地母线敷设	m	10			
12	030411011001	接地电阻测试		系统	1			
13	030412001001	G25 塑管	刨沟槽；电线管路敷设；接线盒，接座盒等安装；防腐油漆	m	9.02			
14	030412001002	SGM16 塑管	刨沟槽；电线管路敷设；接线盒，接座盒等安装；防腐油漆	m	160.00			
15	030412004001	BV-10 铜线	配线；管内穿线	m	27.02			
16	030412004002	BV-2.5 铜线	配线；管内穿线	m	48.02			
17	030413005001	单管日光灯安装		套	12.00			
18	030413002002	吸顶灯装		套	6.00			
		小计						

措施项目清单与计价表（一）

工程名称：××办公楼

序号	定额编号	项目名称	计量单位	工程数量或计算基数	金额（元）	
					综合单价或费率（%）	合价
1	ZA8-1	外墙砌筑脚手	$100m^2$	1.99		
2	ZA8-20	内墙砌筑脚手	$100m^2$	1.41		
3	ZB7-1	垂直运输机械	$100m^2$	1.16		
		小计				
4	A1-1	环境保护费	元			
5	A1-2.2	文明施工费	元			
6	A1-3	安全施工费	元			
7	A1-4	临时设施费	元			
8	A1-10	工程定位复测、工程交点、场地清理费	元			
9	A1-11	生产工具用具使用费	元			
		小计				
		合计				

措施项目清单与计价表（二）

工程名称：××办公楼

序号	项目编码	项目名称	项目特征描述	计量单位	工程数量	金额（元）		
						综合单价	合价	其中：暂估价
1	011703002001	带形基础模板	支模高度小于 3.6m	m^2	12.19			
2	011703008001	构造柱模板	支模高度小于 3.6m	m^2	50.26			
3	011703013001	圈梁模板	支模高度小于 3.6m	m^2	47.38			
4	011703020001	无梁板模板	支模高度小于 3.6m	m^2	67.08			
5	011703028001	楼梯模板	支模高度小于 3.6m	m^2	85.8			
6	011703029001	挑檐模板	支模高度小于 3.6m	m^2	18.68			

其他项目清单与计价表

工程名称：××办公楼

序号	项目名称		计量单位	金额（元）	备注
1	暂列金额		项	9000	明细详见表
2	暂估价	2.1 材料暂估价	项	3000	明细详见表
		2.2 专业工程暂估价	项	3000	明细详见表
3	计日工				明细详见表
4	总承包服务费				明细详见表
	合计				

暂列金额明细表

工程名称：××办公楼

序号	项目名称	计量单位	金额（元）	备注
1	工程量清单中工程量偏差和设计变更	项	3000	明细详见表
2	政策性调整和材料价格风险	项	3000	明细详见表
3	其他	项	3000	明细详见表
	合计		9000	

材料暂估价表

工程名称：××办公楼

序号	项目名称	计量单位	金额（元）	备注
1				
2				

专业工程暂估价表

工程名称：××办公楼

序号	项目名称	计量单位	金额（元）	备注
1	防盗门安装	樘	3000	
2				

计日工表

工程名称：××办公楼

编号	项目名称	单位	暂定数量	综合单价	合价
一	人工				
1	普土	工日	60		
2	技工	工日	150		
	人工小计				
二	材料				
1	钢筋	t	1		
2	水泥 42.5 级	t	2		
3	中砂	m^3	10		
	…	…	…		
	材料小计				

续表

工程名称：××办公楼

编号	项目名称	单位	暂定数量	综合单价	合价
三	施工机械				
1	起重机	台班	6		
2	灰浆搅拌机	台班	4		
	施工机械小计				
	总计				

总承包服务费计价表

工程名称：××办公楼

序号	项目名称	项目价值（元）	服务内容	费率（%）	金额（元）
1	发包人发包专业工程	1500	1. 按专业工程承包人的要求提供施工工作面并对施工现场进行统一管理，对竣工资料进行统一整理汇总。 2. 为专业工程承包人提供垂直运输机械和焊接电源接点，并承担垂直运输费和电费。 3. 为塑钢门窗安装后进行补缝和找平并承担相应费用		
2	发包人供应材料	1500	对发包人供应的材料进行验收及保管和使用发放		
	合计	3000			

规费、税金项目清单与计价表

工程名称：××办公楼

<table>
<tr><th rowspan="2">序号</th><th colspan="3" rowspan="2">项目名称</th><th rowspan="2">计算基数</th><th colspan="2">金额（元）</th></tr>
<tr><th>费率（%）</th><th>合价</th></tr>
<tr><td rowspan="7">1</td><td rowspan="6">规费 1</td><td colspan="2">1.1 工程排污费</td><td>按工程所在地环保规定计算</td><td></td><td></td></tr>
<tr><td rowspan="3">1.2 社会保障费</td><td>养老保险费</td><td>人工费</td><td>20</td><td></td></tr>
<tr><td>失业保险费</td><td>人工费</td><td>2</td><td></td></tr>
<tr><td>医疗保险费</td><td>人工费</td><td>8</td><td></td></tr>
<tr><td colspan="2">1.3 住房公积金</td><td>人工费</td><td>10</td><td></td></tr>
<tr><td colspan="2">1.4 危险作业意外保险费</td><td>人工费</td><td>0.5</td><td></td></tr>
<tr><td>规费 2</td><td colspan="2">工程定额测定费</td><td>税前工程造价</td><td>0.124</td><td></td></tr>
<tr><td>2</td><td>税金</td><td colspan="2"></td><td>分部分项工程费＋措施项目费＋其他项目费＋规费</td><td>3.475</td><td></td></tr>
<tr><td></td><td colspan="3">合计</td><td></td><td></td><td></td></tr>
</table>

10.2　某办公楼施工图工程量计算过程实例详解

土建工程分部分项工程工程量计算表

工程名称：××办公楼（图纸见本章 10.4 节）

序号	分项工程名称		单位	结果	计算式	图形
1	建筑面积		m^2	116.94	$8.94\times6.54\times2=116.94m^2$	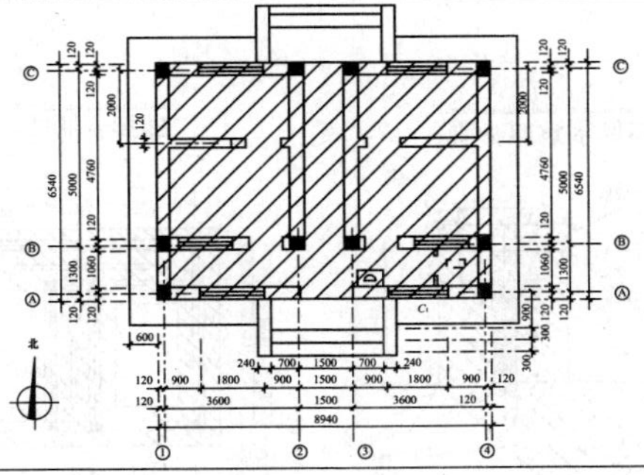
2	平整场地		m^2	58.47	按设计图示尺寸以建筑物首层面积计算。 平整场地面积（图中阴影部分）$=8.94\times6.54=58.47m^2$	
3	挖条形基础土方	土方开挖	m^3	65.42	按设计图示尺寸以基础垫层底面积乘以挖土深度计算。 体积＝底面积×深(断面积×长) 内墙地槽体积＝断面积×长(净长) $=\underbrace{(1.5-0.45)}_{高}\times\underbrace{(0.8+0.3\times2)}_{宽}\times\underbrace{[(8.7-0.7\times2)+(5.0-0.7\times2)\times2]}_{长}$ $=1.05\times1.4\times14.5=21.32m^3$ 外墙地槽体积＝断面积×长(中心线长) $=\underbrace{1.47}_{断面积}\times\underbrace{(8.7+6.3+8.7+6.3)}_{长}=1.47\times30$ $=44.1m^3$ 地槽体积$=21.32+44.1=65.42m^3$	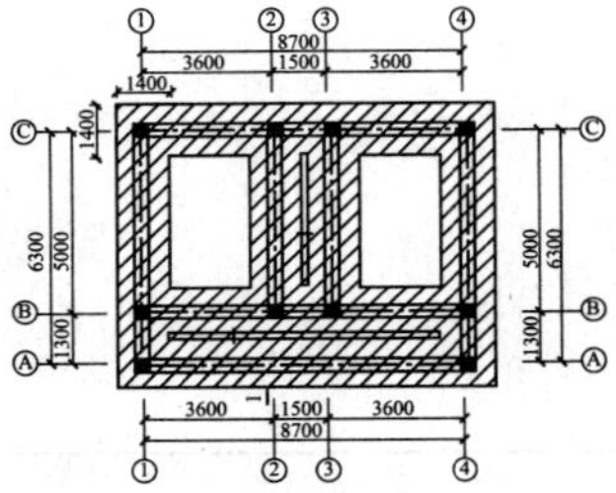 基础平面图 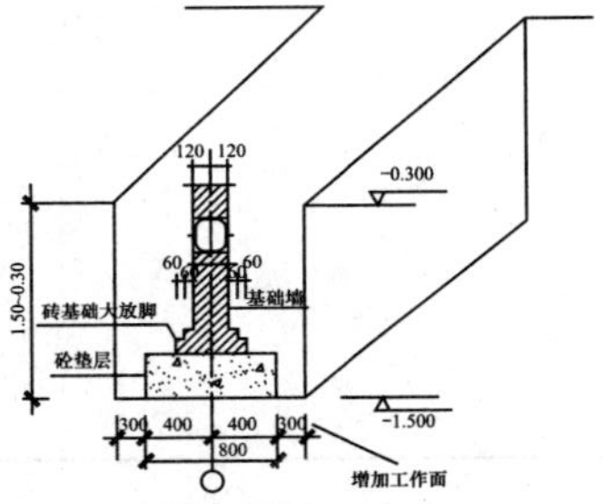 地槽剖面图
		基底钎探	m^2	62.30	基底钎探＝外墙地槽底面积＋内墙地槽底面积 $=宽\times长=1.4\times(14.5+30)=62.30m^2$	
		运土5m	m^3	4.03	弃土＝地槽体积－基础土方回填体积－室内土方回填体积 $=65.42-12.35-49.04=4.03m^3$	

续表

工程名称：××办公楼（图纸见本章 10.4 节）

序号	分项工程名称	单位	结果	计算式	图形
4	基础土方回填	m^3	43.11	挖方体积减去设计室外地坪以下埋设的基础体积（包括基础垫层及其他构筑物）。 基础回填土体积＝地槽体积－(混凝土垫层体积＋室外地坪以下砖基础体积) 1. 混凝土垫层体积 ＝断面积×长(外垫层长＋内垫层长) ＝0.3×0.8(断面积)×[30(外长)＋(8.7－0.4×2)＋(5.0－0.4×2)×2(内长)] ＝11.4m^3 2. 室外地坪以下砖基础体积 ＝断面积×长(外长＋内长) ＝(0.75×0.24＋0.0473)(断面积) ×[30(外长)＋(8.7－0.12×2)(横内长)＋(5－0.12×2)×2(纵内长)] ＝0.2273×47.98＝10.91m^3 其中断面积＝高×宽＋增加面积 增加面积指放脚部分的面积，查表得 0.0473m^2，高从砖基础的底面到要计算的顶面的高度＝1.5－0.3－0.45＝0.75m，宽是砖基础上的墙宽 0.24m。 3. 基础回填土体积＝地槽体积－(混凝土垫层体积＋室外地坪以下砖基础体积) ＝65.42－(11.4＋10.91)＝43.11m^3	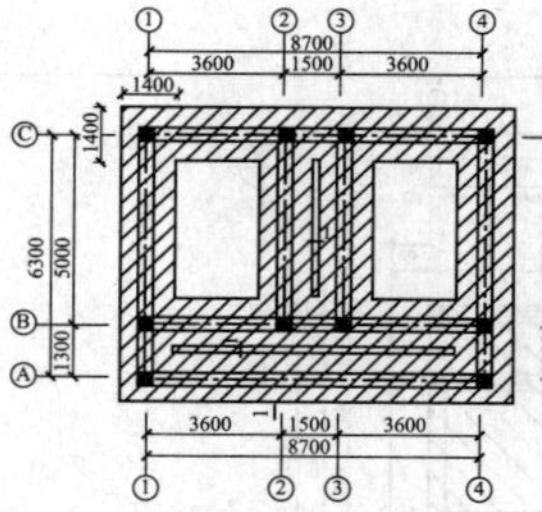 基础平面图 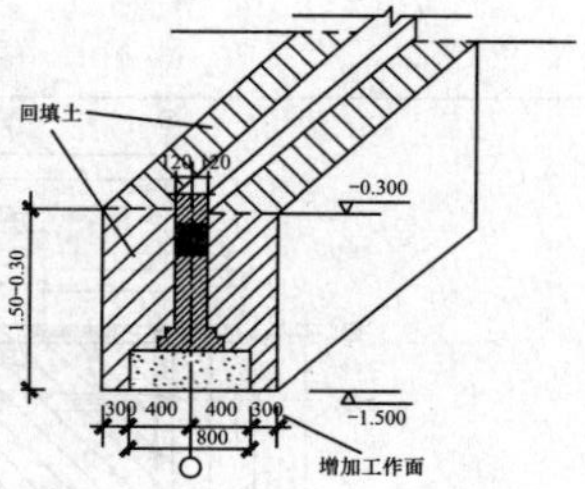 地槽回填土剖面图

工程名称：××办公楼（图纸见本章 10.4 节）　　　　续表

序号	分项工程名称	单位	结果	计算式	图形
5	室内土方回填	m^3	12.35	主墙间净面积乘以回填土厚度。 回填土体积＝室内净面积×回填土厚度 $=[\underbrace{(5-0.24)\times(3.6-0.24)\times2}_{\text{室}}+\underbrace{1.26\times4.76}_{\text{楼梯}}+\underbrace{(1.3-0.24)\times(8.7-0.24)}_{\text{走道}}]\times\underbrace{0.263}_{\text{土厚度}}$ $=46.95\times0.263=12.35m^3$	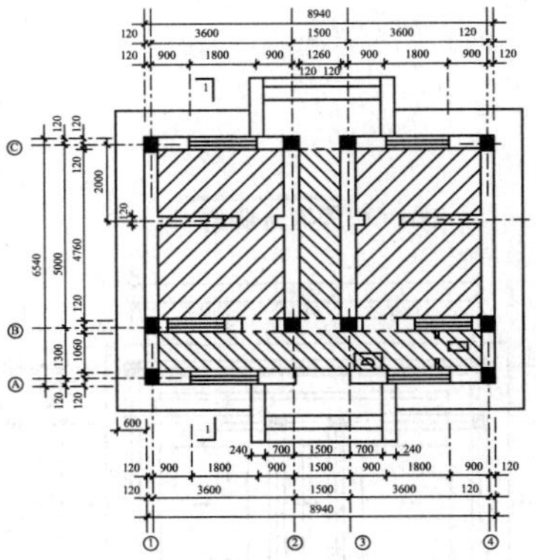 室内回填土平面图 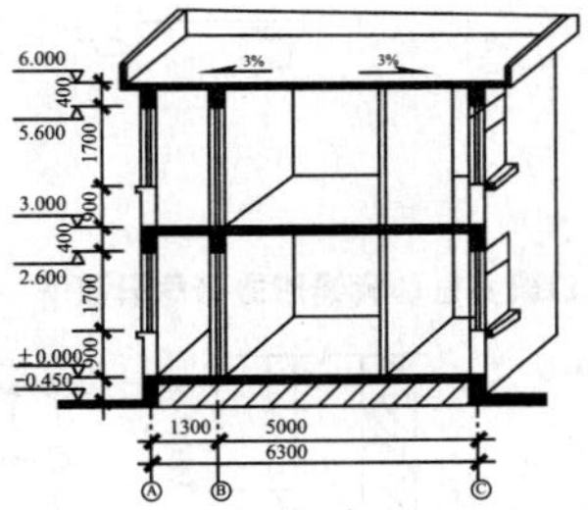 室内回填土剖面图

续表

工程名称：××办公楼（图纸见本章10.4节）

序号	分项工程名称	单位	结果	计算式	图形
6	条形砖基础	m^3	12.52	按设计图示尺寸以体积计算，扣除地梁（圈梁）、构造柱所占体积。 1. 基础毛体积＝断面积×长 ＝(基础高×基础墙厚＋大放脚增加面积)×长 ＝(1.2×0.24＋0.197×0.24)（断面积）×[(8.7＋6.3)×2（外长）＋(8.7－0.24)＋(5－0.24)×2（内长）] ＝0.335×47.98＝16.07m^3 其中高＝1.5－0.3＝1.2m，大放脚增加面积查表0.197×0.24。 2. 扣除体积（地圈梁体积，构造柱体积）。 地圈梁体积＝断面积×长(长＝柱之间净长) ＝(0.24×0.24)（断面积）×{(8.7－0.24×3)＋(8.7－0.24)＋(6.3－0.24)×2（外长）＋[(8.7－0.24×3)＋(5－0.24)×2]（内长）} ＝0.0576×45.58＝2.63m^3 构造柱所占体积＝柱身体积＋马牙槎口体积 ＝0.24×0.24×柱高×柱数＋0.06×0.24×柱高/2×n ＝0.24×0.24×1.2×10＋0.06×0.24×1.2/2×26＝0.92m^3 其中构造柱高与基础高相同；n：马牙槎口与墙接触面数，n＝26。 3. 砖基础体积＝毛体积－扣除体积 ＝16.07－(2.63＋0.92)＝12.52m^3	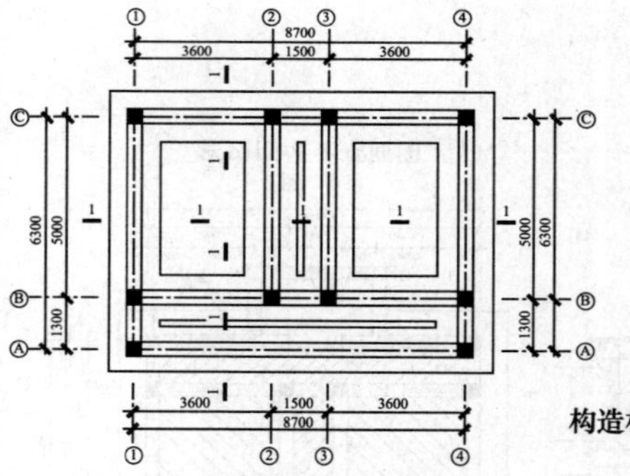 基础平面图 1:100 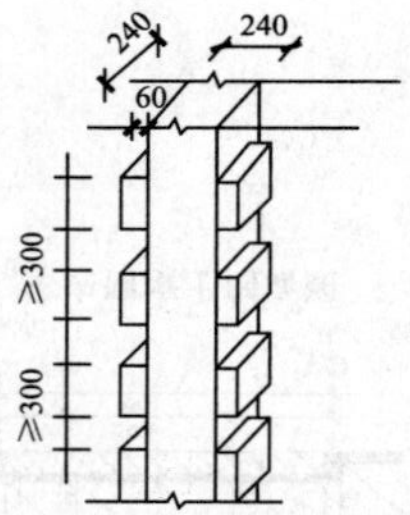 构造柱与砖基础接触的马牙槎口 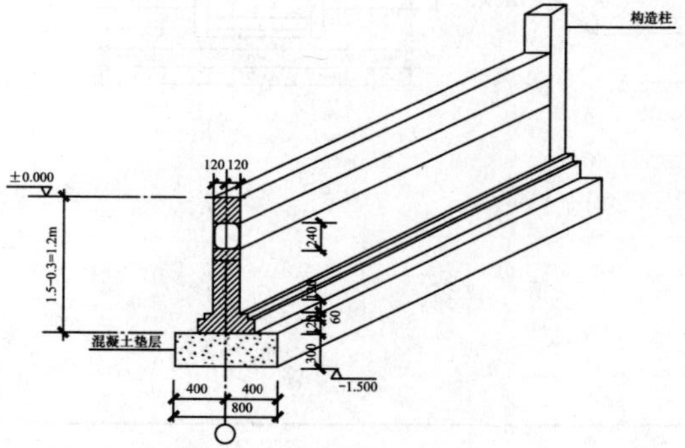 砖基础立体图
7	基础混凝土垫层体积	m^3	11.4	混凝土垫层体积＝断面积×长（外垫层） ＝0.3×0.8（断面积）×[(8.7＋6.3) ×2（外长）＋(8.7－0.4)＋(5－0.4)×2（内长）]＝11.4m^3	

续表

工程名称：××办公楼（图纸见本章 10.4 节）

序号	分项工程名称	单位	结果	计算式	图形
8	1 砖外墙	m^3	28.26	按设计图示尺寸以体积计算。扣除门窗洞口、嵌入墙内的钢筋混凝土柱、梁、圈梁、过梁所占体积。不扣除板头、门窗走头、砖墙内加固钢筋、铁件、钢管及单个面积 0.3m^2 以内的孔洞所占体积。 墙长度：外墙按中心线，内墙按净长计算； 墙高度：平屋面算至钢筋混凝土板底。 1. 外墙毛面积＝外墙高×外墙长（长取外墙中心线长度） ＝6.00（高）×[(8.7－0.24×3)＋(8.7－0.24)＋(6.3－0.24×2)×2]（长(扣除构造柱的宽0.24)） ＝6.00×28.08＝168.48m^2 2. 扣除面积：门＝1.5×2.6＝3.9m^2 窗＝1.8×1.7×8＋1.5×1.7×2＝29.58m^2 楼梯门洞＝1.26×2.6＝3.28m^2 圈过梁＝梁高×外墙长＝0.25×28.08×2＝14.04m^2 3. 外墙净面积＝毛面积－扣除面积（门、窗、楼梯门洞、圈过梁） ＝168.48－（3.9＋29.52＋3.28＋14.04）＝117.74m^2 4. 外墙体积＝外墙净面积×墙厚＝117.74×0.24＝28.26m^3	底层平面图 1∶100
9	1 砖内墙	m^3	15.57	墙长度：外墙按中心线，内墙按净长计算。 墙高度：有钢筋混凝土楼板隔层者算至楼板顶。 1. 内墙毛面积＝长×高 ＝[(3.6－0.12×2)×2＋(5.0－0.12×2)×2]（长）×6（高）＝16.24×6＝97.44m^2 2. 扣除面积：门＝0.9×2.6×4＝9.36m^2 窗＝1.5×1.7×4＝10.2m^2 板头＝0.15×16.24×2＝4.87m^2 圈过梁面积＝梁高×长×2 层（梁长取其下的墙长） ＝0.25×16.24×2＝8.12m^2 3. 内墙净面积＝毛面积－扣除面积＝97.44－（9.36＋10.2＋4.87＋8.12）＝64.89m^2 4. 内墙体积＝净面积×墙厚＝64.89×0.24＝15.57m^3	1砖内外墙立体图

续表

工程名称：××办公楼（图纸见本章 10.4 节）

序号	分项工程名称	单位	结果	计算式	图形
10	半砖内墙	m^3	3.17	墙长度：外墙按中心线，内墙按净长计算。 墙高度：平屋面算至钢筋混凝土板底。 1. 内墙毛面积＝内墙高×内墙长 $=\underset{高}{\underline{6.00}}\times\underset{长}{\underline{(3.6-0.12\times2)\times2}}$ ＝6.00×6.72 ＝40.32m^2 2. 扣除面积：门＝0.9×2.6×4＝9.36m^2 圈过梁＝梁高×内墙长＝0.25×6.72×2＝3.36m^2 3. 内墙净面积＝毛面积－扣除面积（门、圈过梁） ＝40.32－(9.36＋3.36)＝27.6m^2 4. 内墙体积＝内墙净面积×墙厚＝27.6×0.115＝3.17m^3	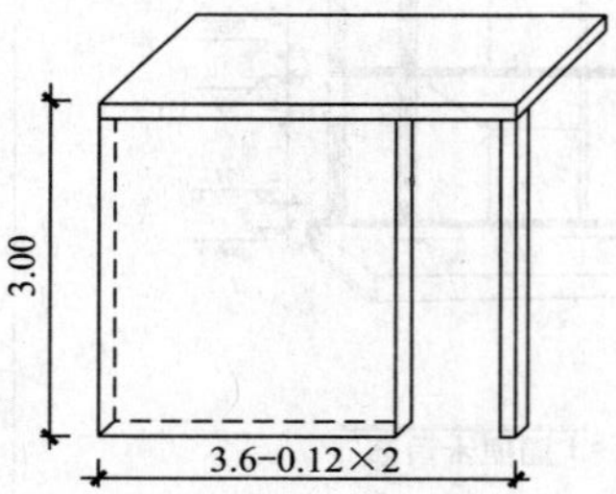 3.00 3.6−0.12×2 内墙立体图
11	砖砌台阶	m^2	3.48	砖砌台阶按水平投影面积以平方米计算。 $面积=\underset{长}{\underline{2.9}}\times\underset{宽}{\underline{0.6}}\times\underset{个}{\underline{2}}$ ＝3.48m^2	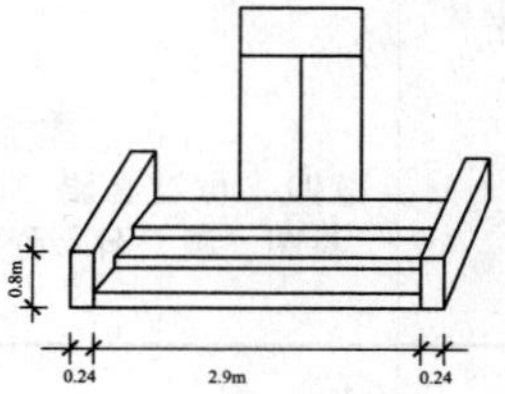 台阶与挡墙立体图 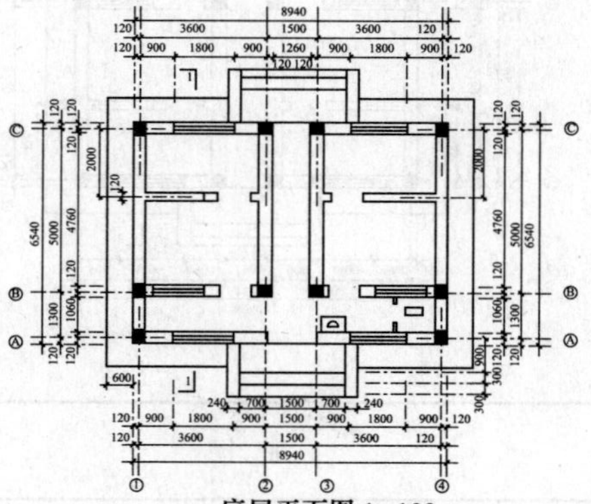 底层平面图 1∶100
	台阶挡墙	m^3	1.15	按体积以立方米计算。 $体积=\underset{长}{\underline{1.5}}\times\underset{高}{\underline{0.8}}\times\underset{厚}{\underline{0.24}}\times\underset{个}{\underline{4}}$ ＝1.15m^3	

工程名称：××办公楼（图纸见本章 10.4 节）　　　　续表

序号	分项工程名称	单位	结果	计算式	图形
12	构造柱	m^3	5.29	按设计图示尺寸以体积计算。 柱高：构造柱按全高计算，嵌接墙体部分并入柱身体积。 1. 外墙构造柱体积＝柱身体积＋马牙搓口口体积＝柱断面积×高＋嵌接墙体部分体积 $=\underbrace{0.24\times0.24}_{柱断面积}\times(6.0+1.2)\times\underbrace{8}_{数}+0.24\times0.06\times\underbrace{(6.0+1.2)}_{高}/2\times18$ $=4.25m^3$ 其中 18 是柱与墙接触面。 2. 内墙构造柱体积 $=0.24\times0.24\times(6.0+1.2)\times2(柱)+0.24\times0.06\times(6.0+1.2)/2\times4(面)=1.04m^3$ 3. 构造柱体积＝外墙构造柱体积＋内墙构造柱体积＝4.25＋1.04＝5.29m^3	二层结构图 1:100 外墙构造柱 内墙构造柱 构造柱示意图
13	圈梁	m^3	5.20	按设计图示尺寸以体积计算。不扣除构件内钢筋、预埋铁件所占体积。 梁长：梁与柱连接时，梁长算至柱侧面，圈梁、过梁分别计算，过梁长度按门窗洞口外围宽度共加 500mm 计算。 1. 基础圈梁体积＝断面积×长 $=\underbrace{0.24\times0.24}_{断面积}\times[\underbrace{(8.7-0.24\times3)+(6.3-0.24\times2)\times2+(8.7-0.24)}_{外长}$ $+\underbrace{(8.7-0.24\times3)+(5-0.24)\times2}_{内长}]=0.24\times0.24\times(28.12+17.5)$ $=2.63m^3$ 2. 圈梁体积＝断面积×长（长＝圈过梁长－过梁长） 外圈梁体积$=\underbrace{0.24\times0.25}_{断面积}\times[\underbrace{28.12-(1.8-0.5)\times4-(1.5+0.5)-1.26}_{外长=圈过梁长-过梁长}]\times\underbrace{2}_{层}=1.88m^3$ 内圈梁体积$=\underbrace{0.24\times0.15}_{断面积}\times\underbrace{(5-0.24)}_{内长}\times2\times\underbrace{2}_{层}=0.69m^3$ 圈梁体积＝外圈梁体积＋内圈梁体积＝1.88＋0.69＝2.57m^3 3. 基础圈梁、圈梁体积＝2.63＋2.57＝5.20m^3	
14	过梁	m^3	2.07	过梁长度按门窗洞口外围宽度共加 500mm 计算。 过梁体积＝断面积×长 $=\underbrace{0.24\times0.25}_{外断面积}\times[\underbrace{(1.8+0.5)\times4+1.26+(1.5+0.5)}_{外长}]\times2$ $+\underbrace{0.24\times0.15}_{内断面积}\times[\underbrace{(3.6-0.24)\times2+1.26}_{内长}]\times2=2.07m^3$	外墙圈梁计算高度 内墙圈梁计算高度 外墙 内外墙圈梁高度计算示意图

续表

工程名称：××办公楼（图纸见本章 10.4 节）

序号	分项工程名称	单位	结果	计算式	图形
15	现浇板	m^3	13.83	按设计图示尺寸以体积计算。不扣除构件内钢筋、预埋铁件所占体积，扣除空心板空洞体积。 体积＝板面积×板厚 $=\underbrace{(3.6-0.24)\times(5.0-0.14)\times0.1\times4}_{4室}$ $+\underbrace{(8.7-0.24)\times(1.3-0.12)\times0.1\times2}_{2层走道}$ $+\underbrace{(5-0.12)\times1.5\times0.1}_{顶楼梯}=13.83m^3$	二层顶结构图 注：板厚均为100。 现浇板计算图
16	楼梯	m^2	6.60	按水平投影面积以平方米计算。整体楼梯（包括直形楼梯、弧形楼梯）包括休息平台、平台梁、斜梁及楼梯的连接梁，按水平投影面积计算。当整体楼梯与现浇板无梯梁连接时，以楼梯的最后一个踏步边缘加 300mm 为界。 面积＝$\underbrace{5.24}_{长}\times\underbrace{1.26}_{宽}=6.60m^2$	
17	现浇钢筋挑檐	m^3	1.32	按设计图示尺寸以体积计算。不扣除构件内钢筋、预埋铁件所占体积，从圈梁外侧算起。 体积＝断面积×长 $=\underbrace{(0.5\times0.05+0.3\times0.05)}_{断面积}$ $\times\underbrace{[(6.54+0.50)+(8.94+0.50)]\times2}_{长}$ $=0.04\times32.96=1.32m^3$	挑檐平面图（图中阴影部分） 挑檐立体示意图

续表

工程名称：××办公楼（图纸见本章 10.4 节）

序号	分项工程名称	单位	结果	计算式	图形
18	基础圈梁钢筋	t		按设计图示钢筋长乘以单位理论质量。 基础圈梁施工图钢筋：主筋 4ϕ12，箍筋 ϕ6@200。 主筋长≈ 4（根数）×（外圈中心线长＋内圈中心线长＋搭接长度）（单根主筋长） ＝ 4（根数）×[(8.7＋6.3)×2（外长）＋8.7＋(5×2)（内长）＋32×0.012×10（搭接长度）] ＝210.08m 其中一个搭接点长度＝32d，共 10 个搭接点。 每根箍筋长≈外圈周长＝0.24×4＝0.96m 每道梁箍筋根数＝每道梁长/0.2＋1 箍筋总根数(7 道梁)＝总净长/0.2＋7 ＝{[(8.7－0.24)＋(6.3－0.24)]×2 ＋(8.7－0.24)＋(5.0－0.24)×2}/0.2＋7 ＝242 根 箍筋总长＝每根箍筋长×箍筋总根数＝0.96×242＝232m 基础圈梁钢筋重： ϕ12 ＝长×单位理论质量×钢筋损耗率＝210.08×0.888×1.025 ＝191kg＝0.191t ϕ6 ＝长×单位理论质量×钢筋损耗率＝232×0.222×1.025 ＝52.79kg＝0.053t	基础平面图 基础圈梁钢筋立体图
	圈梁钢筋	t		按设计图示钢筋长乘以单位理论质量。 圈梁施工图钢筋：主筋 6ϕ18，箍筋 ϕ6@200 主筋长＝ 6（根数）×[(8.7＋6.3)×2（外长）＋8.7＋(5×2)（内长）＋ 32d×10（搭接长度）]× 2（层） ＝653.52m 箍筋总长＝(0.24＋0.25)×2（每根长）×242（根）× 2（层）＝474.32m 圈钢筋重： ϕ10 以上＝653.52×1.998＝13054kg＝1.3054t ϕ10 以内＝474.32×0.222＝105.29kg＝0.105t	QL 1:20 圈梁钢筋示意图

续表

工程名称：××办公楼（图纸见本章 10.4 节）

序号	分项工程名称	单位	结果	计算式	图形
	构造柱钢筋	t		按设计图示钢筋长乘以单位理论质量。 构造柱主筋(4ϕ14)总长＝4(根数)×(柱高＋锚固长度)×柱数 ＝4(根数)×(6.0＋1.2(柱高)＋35×0.014(锚固长度))×10(柱数)＝307.6m 构造箍筋(ϕ6@200)总长＝0.24×4(单根长)×(7.2/0.2＋1)(单根根数)×10(柱数) ＝355.2m 构造柱钢筋重： ϕ10 以上＝长×单位理论质量×钢筋损耗率 ＝307.6×1.208×1.025＝381kg＝0.38t ϕ10 以内＝长×单位理论质量×钢筋损耗率 ＝355.2×0.222×1.025＝80.83kg＝0.08t	6.000　5.850　±0.000　-0.450　-1.200　内墙构造柱　1300　5000　6300　A　B　C 构造柱示意图 6.000　构造柱　6.00＋1.2＝7.2m　垫层　300　-1.500 构造柱钢筋示意图
18	板等钢筋	t		按设计图示钢筋长乘以单位理论质量。 室板施工图钢筋： 纵主筋（ϕ8@200）长＝［(5＋6.25d)(单根长)×(3.6/0.2－1)(根数)］×4(块) ＝343.4m 横主筋（ϕ8@120）长＝［(3.6＋6.25d)(单根长)×(5.0/0.2－1)(根数)］×4(块) ＝350.4m 负筋（ϕ12@120）长 ＝(1.12＋0.1×2)(单根长) ×［(5.0/0.2－1)×2＋(3.6/0.2－1)×2(根数)］×4(块)＝432.96m 板钢筋重： ϕ12＝432.96×0.888×1.025＝394kg＝0.39t ϕ8＝(343.4＋350.4)×0.395×1.025＝281kg＝0.28t	C　G10　ϕ12@120　①　②　ϕ8@120　ϕ8@200　ϕ12@120　ϕ8@120 板部分配筋立体图
				用同样方法算得走道、走道顶、楼梯、楼梯顶板钢筋重： ϕ10 以上＝0.20t；　ϕ10 以下＝0.16t	

续表

工程名称：××办公楼（图纸见本章 10.4 节）

序号	分项工程名称	单位	结果	计算式	图形
18	ϕ10 以上现浇混凝土钢筋	t	2.47	ϕ10 以上＝0.19＋1.31＋0.38＋0.39＋0.20＝2.47t	4Φ12 2Φ6 Φ6@200 500 1000 2个交结面加固钢筋立体示意图
19	ϕ10 以下现浇混凝土钢筋	t	0.70	ϕ10 以下＝0.05＋0.11＋0.08＋0.28＋0.16＝0.70t	
20	砖体内钢筋加固	t	0.12	按设计图示钢筋长乘以单位理论质量。 砖砌体内钢筋是指纵横墙交结处拉结筋，2 根 Φ6@500，伸入墙内 1000。 单面（纵横墙交接面）钢筋每道长≈1.12×2 单面（纵横墙交接面）钢筋总长≈ $\underbrace{1.12\times2}_{\text{单面钢筋每道长}}\times\underbrace{11}_{\text{道数}}$ 其中每隔 0.5m 一道二根，一层 6 道，二层 5 道，共 11 道 钢筋总长＝单面钢筋总长×纵横墙交接面数＝ $\underbrace{1.12\times2\times11}_{\text{单面钢筋总长}}\times\underbrace{22}_{\text{面数}}$ 钢筋重＝$\underbrace{1.12\times11\times2\times22}_{\text{钢筋总长}}\times\underbrace{0.222\ (kg/m)}_{\text{理论质量}}\times\underbrace{1.025}_{\text{损耗率}}$＝123kg＝0.12t	
21	混凝土散水坡	m^2	15.96	按设计图示尺寸以面积计算。 面积＝长×宽 ＝$\underbrace{[(8.94+0.6)+(6.54+0.6)-3.38]}_{\text{长}}\times2\times\underbrace{0.6}_{\text{宽}}=15.96m^2$	8.94＋0.3×2－0.38 300　8.94m　300 6.54＋0.3×2 北 散水坡计算示意图

续表

工程名称：××办公楼（图纸见本章 10.4 节）

序号	分项工程名称	单位	结果	计算式	图形
22	三毡四油带砂	m^2	81.85	按设计图示尺寸以面积计算。挑檐弯起面积并入屋面积。 三毡四油带砂面积＝屋面积＋挑檐弯起面积 ＝9.84×7.44（屋面积）＋0.25×（9.84＋7.44）×2（挑檐弯起面积） ＝73.21＋8.64 ＝81.85m^2（0.25 是三毡四油弯起高）	屋盖三毡四油平面图 屋盖三毡四油立面图
	屋面 1∶3 泥砂浆找平层，双层	m^2	146.42	屋面 1∶3 泥砂浆找平层，双层。 面积＝9.84×7.44×2＝146.42m^2	
23	弯头落水口	个	4	4 个	
24	落水斗	个	4	4 个	
25	排水管	m	25.8	按设计图示尺寸以长度计算。 长＝（6.0＋0.45）×4＝25.8m	落水管计算图
26	1∶10 水泥蛭石保温，最薄处 30 厚	m^3	4.11	最厚处＝0.03＋3.0×3%＝0.12m 平均厚＝（0.03＋0.12）/2＝0.075m 体积＝面积×厚＝8.70×6.30×0.075＝4.11m^3	保温层立体图

续表

工程名称：××办公楼（图纸见本章 10.4 节）

序号	分项工程名称	单位	结果	计算式	图　形
27	白石子水磨石地面	m^2	47.56	按设计图示尺寸以面积计算。不扣除柱、垛、间壁墙、附墙烟囱及面积在 0.3m^2 以内孔洞所占体积。但门洞、空圈子、散热器槽、壁龛的开口部分也不增加。 面积 $=\underbrace{(5-0.24)\times(3.6-0.24)\times2}_{二室}+\underbrace{1.06\times(8.7-0.24)}_{走道}+\underbrace{1.26\times5.24}_{楼梯下}$ $=31.99+8.97+6.60=47.56m^2$	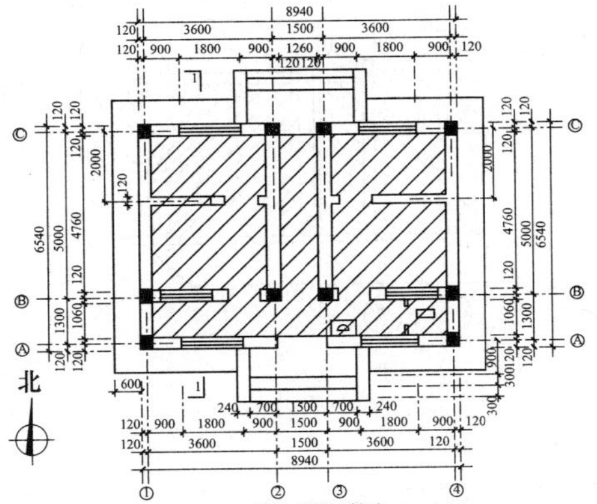 底层平面图　1∶100
	80mm 厚碎石垫层	m^2	47.56	同上	
	80mm 厚 C15 厚混凝土垫层	m^2	47.56	同上	
28	白石子水磨石楼面	m^2	40.96	按设计图示尺寸以面积计算。不扣除柱、垛、间壁墙、附墙烟囱及面积在 0.3m^2 以内孔洞所占体积。但门洞、空圈子、散热器槽、壁龛的开口部分亦不增加。 面积 $=\underbrace{(5-0.24)\times(3.6-0.24)\times2}_{二室}+\underbrace{1.06\times(8.7-0.24)}_{走道}$ $=31.99+8.97=40.96m^2$	
29	水磨石踢脚板	m	123.04	按设计图示尺寸以长度计算。 长 $=[\underbrace{(3.36+4.76)\times2\times2}_{室}+\underbrace{5\times2}_{梯}+\underbrace{(8.46+1.06)\times2}_{走}]\times\underbrace{2}_{层数}$ $=123.04m$	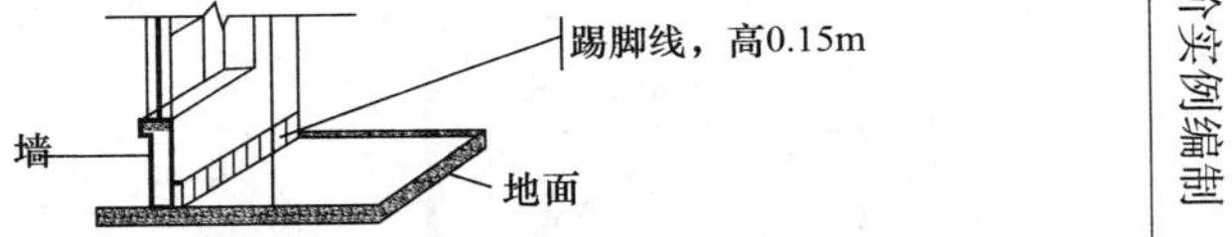 踢脚线，高0.15m 墙 地面 踢脚线示意图
30	水磨石楼梯面层	m^2	6.3	按楼梯间水平投影面积计算。 投影面积 $=5.00\times1.26=6.3m^2$	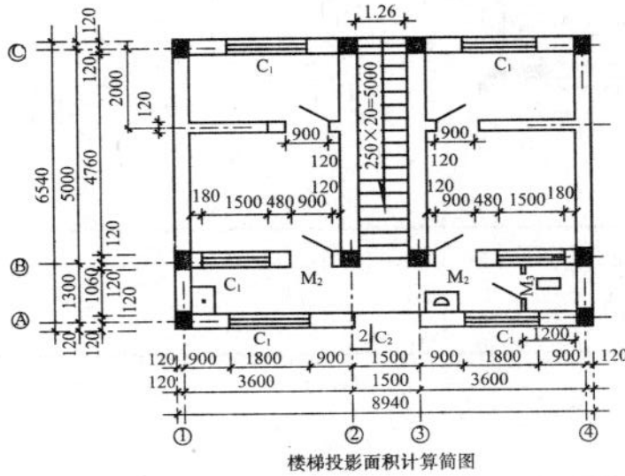 楼梯投影面积计算简图 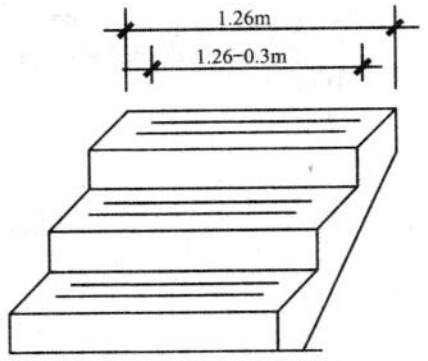 防滑条长度计算图
	踏步金刚石防滑条	m	38.40	踏步金刚石防滑条： 长 $=\underbrace{(1.26-0.3)\times2}_{单根长}\times\underbrace{20}_{块数}=38.40m$	

续表

工程名称：××办公楼（图纸见本章10.4节）

序号	分项工程名称	单位	结果	计算式	图形
31	斩假石台阶面层	m^2	5.22	台阶面层（包括踏步及最上一层踏步沿加300mm）按水平投影面积计算。 斩假石台阶面层 $=\underset{长}{\underline{2.9}}\times\underset{宽}{\underline{0.9}}\times\underset{数量}{\underline{2}}=5.22m^2$	台阶与挡墙立体图 扶手长计算图
32	不锈钢管扶手	m	12.05	按设计图示尺寸以扶手中心线长度计算。 斜长＝水平投影×1.15＝5.24×1.15×2＝12.05m	
33	内墙面一般抹灰	m^2	346.69	按设计图示尺寸以面积计算。应扣除门窗洞口的面积，不扣除踢脚板的面积，洞口侧壁和顶面亦不增加。内墙面抹灰的长度，以主墙间的图示净长尺寸计算。其高度确定如下：无墙裙的，其高度按室内地面或楼面至天棚底面之间距离计算。 （1）内墙面抹灰毛面积 $=\underset{4室}{\underline{(4.76+3.36\times2)\times2\times(3-0.15)\times4}}$ $+\underset{楼梯}{\underline{5.24\times2\times(3-0.15)\times2}}$ $+\underset{走道}{\underline{(1.06+8.46)\times2\times(3-0.15)\times2}}=403.01m^2$ （2）扣除：门窗面积＝$53.04m^2$ 楼梯洞口＝$3.28m^2$ （3）净面积＝毛－扣＝403.01－(53.04＋3.28)＝$346.69m^2$	内墙抹灰示意图
	106涂料	m^2	346.69	同上	

续表

工程名称：××办公楼（图纸见本章 10.4 节）

序号	分项工程名称	单位	结果	计算式	图形
34	外墙面面砖	m²	193.75	按设计图示尺寸以面积计算（实铺面积计算）。 （1）毛面积＝(8.94＋6.54)×2×(0.45＋6.0－0.15)（外墙） ＋(9.44＋7.04)×2×0.5＋(9.94＋7.54)×2×0.35（挑檐） ＝223.77m² （2）扣除面积： 门窗面积＝33.43m²；楼梯洞口面积＝3.28m² 台阶与挡墙面积＝2.9×0.45×2（台阶）＋0.24×0.8×4（挡墙）＝3.38m² （3）增加面积：门窗侧壁面积 ≈侧壁墙宽×长 ＝0.24×(1.8＋1.7)×2×8（8×C_1） ＋0.24×(1.5＋1.7)×2（2×C_2）＋0.24×(1.5＋2.6×2)（M_1） ＝10.06m² （4）实铺面积＝毛－扣＋增＝223.77－(33.42＋3.28)＋10.06 ＝197.13m²	北立面图 1∶100 M_1门侧面计算示意图 C_1窗侧面计算立体示意图
35	天棚抹灰	m²	96.10	按设计图示尺寸以水平投影面积计算，楼梯底板面积按斜面积计算。 4 室顶棚净面积＝(5.0－0.24)×(3.6－0.24)×4＝63.97m² 2 层走道净面积＝(1.30－0.24)×(8.94－0.48)×2＝17.94m² 楼梯底板面积≈垂直投影面积×1.15 ＝5.24×1.26×1.15＝7.59m² 二层楼梯间顶棚面积＝5.24×1.26＝6.60m² 合计面积＝63.97＋17.94＋7.59＋6.60＝96.10m²	天棚抹灰示意图
	106 涂料	m²	96.10	同上	

续表

工程名称：××办公楼（图纸见本章 10.4 节）

序号	分项工程名称	单位	结果	计算式	图形
36	M1 塑钢门	m^2	3.9	按设计图示尺寸以面积计算。 面积＝1.5×2.6＝3.9m^2	2600 1500 M_1门；2600 900 M_2门
37	M2 塑钢门	m^2	18.72	按设计图示尺寸以面积计算。 面积＝8×0.9×2.6＝18.72m^2	
38	C1 塑钢窗	m^2	21.60	按设计图示尺寸以面积计算。 面积＝1.5×1.8×8＝21.60m^2	1500 1800 C_1窗
39	C2 塑钢窗	m^2	12.75	按设计图示尺寸以面积计算。 面积＝1.5×1.7×5＝12.75m^2	
40	门锁	把	8	8 把	
41	排水系统油漆	m^2	14.34	按设计图示尺寸以面积计算。 水斗及水口每个展开面积 1.56m^2。 水斗及水口面积＝1.56×4＝6.24m^2 水落管展开面积＝总长×圆周长 ＝(6＋0.45)×4×0.1×3.14＝8.10m^2 合计面积＝6.24＋8.10＝14.34m^2	6.0＋0.45m 雨水管计算图

土建工程措施项目清单工程量计算表

工程名称：××办公楼（图纸见本章 10.4 节）

序号	分项工程名称	单位	结果	计算式	图　形
1	外墙砌筑脚手	百 m^2	1.99	面积＝长×高(定:长为外墙边线,高为室外地坪至图示墙高) ＝(8.94＋6.54)×2×(6.0＋0.45)＝30.96×6.45 ＝199.69m^2	略
2	内墙砌筑脚手	百 m^2	1.41	面积＝长×高(定:长为净长,高为净高) ＝(8.46＋3.36×2＋4.76×2)×2.85×2＝140.79m^2	略
3	垂直运输机械	百 m^2	1.16	按建筑面积计算。 8.94×6.54×2＝116.94m^2	略

10.3　某办公楼施工图工程量清单报价（投标标底）实例

（投标标底封面）

××办公楼工程投标总价
（投标标底）

招　标　人：　××厅

工 程 名 称：　××办公楼土建水电安装工程

投标总价（小写）：　190374元

（大写）：　拾玖万零叁仟柒拾肆元整

投　标　人　××建筑公司　（单位盖章）

法定代表人

或其授权人：　张××　（签字盖章）

编　制　人：　王××　（盖专用章）

编 制 时 间：　×年×月×日

工程名称：××办公楼

总说明

1. 工程概况：本工程建筑面积为 116.94m^2，其主要使用功能为办公。地上 2 层，砖混结构，建筑高度 3.50m，基础是砖条形基础，计划工期 100d。

2. 投标范围：土建工程、装饰工程、电气工程、给水排水工程。

3. 投标报价编制依据：

3.1 招标方提供的××传达室土建、招标邀请书、招标答疑等招标文件。

3.2××传达室施工图及投标施工组织计划。

3.3 有关技术标准、规范和安全管理等。

3.4 省建设主管部门颁发的计价定额和相关计价文件。

3.5 材料价格根据本公司掌握的价格情况并参照当地造价管理机构当月工程造价信息发布的价格。

单项工程投标报价汇总表

工程名称：××办公楼

序号	单位工程名称	金额（元）	其中		
			暂估价（元）	安全文明费（元）	规费（元）
1	××办公楼	190374		1369	6757

单位工程投标报价汇总表

工程名称：××办公楼

序号	项目名称			金额（元）	备　注
1	分部分项工程工程量清单报价合计			142343	土＋水＋电＝133110＋2777＋6454＝142343
2	措施项目清单报价合计			4776	
3	其他项目报价合计			30105	
4	规费	4.1	规费一	6529	
		4.2	规费二 （工程定额测定费）	228	(序号 1＋序号 2＋序号 3＋序号 4.1)×0.124%＝183753×0.124%＝228
5	税金			6393	(序号 1＋序号 2＋序号 3＋序号 4.1＋序号 4.2)×3.475%＝(183753＋228)×3.475%＝6393
	合计			190374	序号 1＋序号 2＋序号 3＋序号 4.1＋序号 4.2＋序号 5＝183753＋228＋6393＝190374

注：序号 1＋序号 2＋序号 3＋序号 4.1＝142343＋4776＋30105＋6529＝183753 元。

土建工程分部分项工程工程量清单与计价表

工程名称：××办公楼

序号	项目编码	项目名称	项目特征	计量单位	工程数量	金额（元）		
						综合单价	合价	其中：暂估价
1		建筑面积		m^2	116.94			
		土方工程						
2	010101001001	平整场地	三类土，土方挖填找平	m^2	58.47	1.76	102.91	

工程名称：××办公楼　　　　续表

序号	项目编码	项目名称	项目特征	计量单位	工程数量	金额（元）		
						综合单价	合价	其中：暂估价
3	010101003001	挖条形基础土方	宽 0.8m，深 0.9m					
		1. 土方开挖		m^3	65.42	29.15	1906.99	
		2. 基底钎探		m^3	62.30	0.28	17.44	
		3. 运输	弃土 5km	m^3	4.03	32.08	129.28	
4	010103001001	基础土方回填	就地回填，夯实	m^3	43.11	17.03	734.16	
5	010103001002	室内土方回填	就地回填，夯实	m^3	12.35	17.03	210.32	
		小计					3101	
		砌筑工程						
6	010401001001	条形砖基础	实心砖，MU7.5，M5 水泥砂浆	m^3	12.53	290.58	3640.97	
7	010503001001	C10 素混凝土带形基础	碎石粒径 40mm	m^3	11.4	261.75	2983.95	
8	010401002001	一砖外墙	实心砖，MU7.5，240mm 厚，M5 混合砂浆	m^3	28.26	330.83	9349.26	
9	010401002002	一砖内墙	实心砖，MU7.5，240mm 厚，M5 混合砂浆	m^3	15.57	330.86	5151.02	
10	010401002003	半砖内墙	MU7.5 实心砖，115mm 厚	m^3	3.17	352.18	1116.41	
11	010404013001	砖砌台阶	M5 水泥砂浆	m^2	3.48	71.03	247.18	
		台阶挡墙	MU7.5 实心砖，240mm 厚	m^3	1.15	354.99	408.24	
		小计					22897	
		混凝土及钢筋混凝土工程						
12	010502002001	现浇钢筋混凝土构造柱	C20，碎石粒径 40mm	m^3	5.29	667.64	3531.82	
13	010503005001	现浇钢筋混凝土圈梁	C20，碎石粒径 40mm	m^3	5.20	510.14	2652.73	
14	010403004002	现浇钢筋混凝土过梁	C20，碎石粒径 40mm	m^3	2.07	680.85	1409.36	
15	010505002001	现浇钢筋混凝土板	C20，碎石粒径 20mm	m^3	13.83	474.42	6561.23	
16	010506001001	现浇钢筋混凝土楼梯	C20，碎石粒径 40mm	m^3	6.60	148.64	981.02	
17	010505007001	现浇钢筋挑檐	C20，碎石粒径 20mm	m^3	1.32	1104.54	1457.99	
18	010515001001	现浇混凝土钢筋	ϕ10 以上	t	2.47	5740.07	14177.97	
19	010515001002	现浇混凝土钢筋	ϕ10 以下	t	0.70	4657.34	3260.14	
20	010416001002	砖体内钢筋加固		t	0.12	846.55	101.59	

工程名称：××办公楼　　　　续表

序号	项目编码	项目名称	项目特征	计量单位	工程数量	金额（元）		
						综合单价	合价	其中：暂估价
21	010507001001	混凝土散水坡	60mm 厚碎石垫层，30mm 厚 1∶3 水泥砂浆面	m^2	15.96	29.76	474.97	
		小计					34609	
		屋面及防水工程						
22	010902001001	三毡四油带砂	冷底油	m^2	81.85	60.62	4961.75	
		屋面找平层	1∶3 水泥砂浆，双层	m^2	146.62	5.43	796.15	
23	010902004001	弯头落水口	ϕ100，UPVC	个	4	57.59	230.36	
24	010902004002	落水斗	ϕ100，UPVC	个	4	32.02	128.08	
25	010902004003	排水管	ϕ100，UPVC	m	25.80	40.17	1036.39	
26	011001000001	1∶10 水泥蛭石保温	最薄处 30mm 厚	m^3	4.11	113.46	466.32	
		小计					7619	
		楼地面工程						
27	011101002001	白石子水磨石地面	1∶3 水泥砂浆结合层	m^2	47.56	53.94	2565.39	
		80mm 厚碎石垫层		m^2	47.56	0.90	42.80	
		80mm 厚 C15 厚混凝土垫层		m^2	47.56	1.49	70.86	
28	011101002002	白石子水磨石楼面	1. 1∶3 水泥砂浆结合层 2. 刷素水泥浆一道	m^2	40.96	53.94	2209.38	
29	011105002001	水磨石踢脚板	高 150mm； 1∶3 水泥砂浆打底； 1∶2 水泥砖浆抹面	m	123.04	114.98	14147.14	
30	01110605001	水磨石楼梯面层		m^2	6.3	79.50	500.85	
		踏步金刚石防滑条		m	38.4	1.25	48.00	
31	011107006001	斩假石台阶面层		m^2	5.52	162.24	895.57	
32	020107004001	不锈钢管扶手		m	12.05	160.20	1930.41	
		小计					22410	
		墙、柱面工程						
33	011201001001	内墙面一般抹底	1∶3 水泥砂浆底；20mm 厚麻刀灰面	m^2	346.69	14.48	5020.07	
		106 涂料		m^2	346.69	2.40	832.06	
34	011204003001	外墙面面砖	1∶3 水泥砂浆底； 刷素水泥浆一道； 1∶1 水泥砖浆	m^2	193.75	73.84	14306.50	
		小计					20159	
		天棚工程						

工程名称：××办公楼　　　　续表

序号	项目编码	项目名称	项目特征	计量单位	工程数量	金额（元）		
						综合单价	合价	其中：暂估价
35	011301001001	天棚抹灰	素水泥浆一道，麻刀纸筋灰面	m^2	96.10	13.34	1280.97	
		106 涂料		m^2	96.10	2.40	230.64	
		小计					1513	
		门窗工程						
36	00204005001	塑钢门	双扇，M1、平板玻璃6mm，五金	m^2	3.9	249.45	972.86	
37	00204005002	塑钢门	单扇，M2、平板玻璃6mm，五金	m^2	18.72	249.45	4669.70	
38	020105001001	塑钢窗	C1，双扇带亮，平板玻璃 6mm，五金	m^2	21.60	259.68	5609.09	
39	020105001002	塑钢窗	C2，三扇带亮，平板玻璃 6mm，五金	m^2	12.75	259.68	3310.92	
40	010801006001	门锁		套	8	35.00	280.00	
		小计					14843	
		油漆工程						
41	020505001002	排水系统油漆	防锈漆一遍，调合漆三遍	m^2	14.43	412.85	5957.43	
		小计					5957	
		合计					133110	

注：现浇混凝土构件均包含模板费。

给水排水工程分部分项工程工程量清单与计价表

工程名称：××办公楼

序号	项目编码	项目名称	项目特征	计量单位	工程数量	金额（元）		
						综合单价	合价	其中：暂估价
1	031001006001	给水管	PP-C，*DN*32，室外	m	32.00	28.03	896.96	
2	031001006002	给水管	PP-C，*DN*20，室内	m	6.50	24.50	159.25	
3	031001006003	给水管	PP-C，*DN*15，室内	m	3.00	20.20	60.60	
4	031001007001	排水管	塑料，*DN*100，室内	m	6.50	60.82	395.33	
5	031001007002	排水管	塑料，*DN*100，室外	m	6.00	60.82	364.92	
6	031001007003	排水管	塑料，*DN*50，室内	m	5.00	38.90	194.50	
7	031003001001	螺纹阀门	*DN*20	个	1	29.40	29.40	
8	031003001002	自闭阀门	*DN*20	个	1	32.60	32.60	
9	031004004001	洗涤盆	陶瓷	组	2	176.20	352.40	

工程名称：××办公楼　　　　续表

序号	项目编码	项目名称	项目特征	计量单位	工程数量	金额（元）		
						综合单价	合价	其中：暂估价
10	031004006001	蹲式大便器		套	2	81.20	162.40	
11	031004014001	洗脸盆龙头	铜，$DN15$	个	2	8.72	17.44	
12	010101006001	人工挖土方		m^3	3.02	36.80	111.14	
		小计					2777	

电气工程分部分项工程工程量清单与计价表

工程名称：××办公楼

序号	项目编码	项目名称	项目特征	计量单位	工程数量	金额（元）		
						综合单价	合价	其中：暂估价
1	030404017001	总照明箱（M1）	箱体安装	台	1	160.90	160.90	
2	030404017002	户照明箱（XADP-P110）	箱体安装	台	4	120.00	480.00	
3	030404019001	自动开关	E4CB480CE + E4EL/300MA	个	1	90.80	90.82	
4	030404019002	自动开关	E4CB220CE	个	4	60.51	242.04	
5	030404019003	自动开关	E4CB110CE	个	12	55.62	667.44	
6	030404019004	单板开关		个	8	7.20	57.60	
7	030404019005	双板开关		个	4	9.20	36.80	
8	030404035001	二、三极双联暗插座	F901F910ZS	套	16	16.20	259.20	
9	030410003001	导线架设（BXF-35）	导线进户架设	km	120	9.70	1164.00	
10	030410003002	进户横担安装		组	1	120.00	120.00	
11	030409002001	接地装置	－40×4 镀锌扁钢；接地母线敷设	m	10	96.20	562.00	
12	030411011001	接地电阻测试		系统	1	168.56	168.56	
13	030412001001	G25 塑管	刨沟槽；电线管路敷设；接线盒，接座盒等安装；防腐油漆	m	9.02	9.10	82.08	
14	030412001002	SGM16 塑管	刨沟槽；电线管路敷设；接线盒，接座盒等安装；防腐油漆	m	160.00	8.10	1296.00	
15	030412004001	BV-10 铜线	配线；管内穿线	m	27.02	1.90	51.34	
16	030412004002	BV-2.5 铜线	配线；管内穿线	m	48.02	1.10	52.82	
17	030413005001	单管日光灯安装		套	12.00	30.20	362.40	
18	030413002002	吸顶灯装		套	6.00	50.40	302.40	
		小计					6456	

措施项目清单与计价表（一）

工程名称：××办公楼

序号	定额编号	项目名称	计量单位	工程数量或计算基数	金额（元）	
					综合单价或费率（%）	合价
1	ZA8-1	外墙砌筑脚手	百 m^2	1.99	530.21	1055.12
2	ZA8-20	内墙砌筑脚手	百 m^2	1.41	227.85	321.27
3	ZB7-1	垂直运输机械	百 m^2	1.16	232.56	269.77
		小计				1646
4	A1-1	环境保护费	元	19560	0.4%	
5	A1-2.2	文明施工费	元	19560	4.0%	782
6	A1-3	安全施工费	元	19560	3.0%	587
7	A1-4	临时设施费	元	19560	4.8%	
8	A1-10	工程定位复测、工程交点、场地清理费	元	19560	2.0%	
9	A1-11	生产工具用具使用费	元	19560	1.8%	
		小计		19560	16.0%	3130
		合计				4776

注：本表综合单价参照《2009 安徽省建筑、装饰装修计价定额综合单价》确定。11472 是人工费加机械费。

措施项目清单与计价表（二）

工程名称：××办公楼

序号	项目编码	项目名称	项目特征描述	计量单位	工程数量	金额（元）		
						综合单价	合价	其中：暂估价
1	011703002001	带形基础模板	支模高度小于 3.6m	m^2	12.19			
2	011703008001	构造柱模板	支模高度小于 3.6m	m^2	50.26			
3	011703013001	圈梁模板	支模高度小于 3.6m	m^2	47.38			
4	011703020001	无梁板模板	支模高度小于 3.6m	m^2	67.08			
5	011703028001	楼梯模板	支模高度小于 3.6m	m^2	85.8			
6	011703029001	挑檐模板	支模高度小于 3.6m	m^2	18.68			

注：模板费已在土建工程分部分项工程工程量清单与计价表中计算。

其他项目清单与计价表

工程名称：××办公楼

序号	项目名称		计量单位	金额（元）	备注
1	暂列金额		项	9000	明细详见表
2	暂估价	2.1 材料暂估价	项	3000	明细详见表
		2.2 专业工程暂估价	项	3000	明细详见表
3	计日工			13980	明细详见表
4	总承包服务费			1125	明细详见表
	合计			30105	

暂列金额明细表

工程名称：××办公楼

序号	项目名称	计量单位	金额（元）	备注
1	工程量清单中工程量偏差和设计变更	项	3000	明细详见表
2	政策性调整和材料价格风险	项	3000	明细详见表
3	其他	项	3000	明细详见表
	合计		9000	

材料暂估价表

工程名称：××办公楼

序号	项目名称	计量单位	金额（元）	备注
1				
2				

专业工程暂估价表

工程名称：××办公楼

序号	项目名称	工程内容	金额（元）	备注
1	防盗门安装	安装	3000	
2				

计日工表

工程名称：××办公楼

编号	项目名称	单位	暂定数量	综合单价	合价
一	人工				
1	普土	工日	60	30	1800
2	技工	工日	30	50	1500
	人工小计				3300
二	材料				
1	钢筋	t	1	5300	5300
2	水泥 42.5 级	t	2	600	1200
3	中砂	m^3	10	80	800
	材料小计				7300
三	施工机械				
1	起重机	台班	6	550	3300
2	灰浆搅拌机	台班	4	20	80
	施工机械小计				3380
	总计				13980

总承包服务费计价表

工程名称：××办公楼

序号	项目名称	项目价值（元）	服务内容	费率（%）	金额（元）
1	发包人发包专业工程	1500	1. 按专业工程承包人的要求提供施工工作面并对施工现场进行统一管理，对竣工资料进行统一整理汇总。 2. 为专业工程承包人提供垂直运输机械和焊接电源接点，并承担垂直运输费和电费。 3. 为塑钢门窗安装后进行补缝和找平并承担相应费用	7	1050
2	发包人供应材料	1500	对发包人供应的材料进行验收及保管和使用发放	0.5	75
	合计				1125

规费项目清单与计价表

工程名称：××办公楼

序号	定额编号	名称	计量单位	计算基数	金额（元）	
					费率（%）	合价
1	A4-1	养老保险费	元	16120	20%	
2	A4-1.2	失业保险费	元	16120	2%	
3	A4-1.3	医疗保险费	元	16120	8%	
4	A4-2	住房公积金	元	16120	10%	
5	A4-3	危险作业意外保险费	元	16120	0.5%	
		合计		16120	40.5%	6529

注：16120是分部分项项目清单人工费加施工技术措施项目清单人工费。

工程量清单综合单价分析表

工程名称：××办公楼

项目编码	010401001001	项目名称	砖基础	计量单位	m^3

清单综合单价组成明细											
定额编号	定额名称	定额单位	数量	单价				合价			
				人工费	材料费	机械费	管理费和利润	人工费	材料费	机械费	管理费和利润
ZA3-1	砖基础	m^3	1	43.68	224.73	3.02	19.15	43.68	224.73	3.02	19.15
人工单价		小计									
31.00元/工日		未计价材料费									
清单项目综合单价								290.58			

材料费明细	主要材料名称、规格、型号	单位	数量	单价（元）	合价（元）	暂估单价（元）	暂估合价（元）
	标准砖 240mm×115mm×53mm	百块	5.236	36.05	188.76		
	水泥混合砂浆 M5	m^3	0.236	151.00	35.64		
	水	m^3	0.105	3.20	0.336		
	其他材料费			—		—	
	材料费小计			—	224.73	—	

土建工程人工工日及材料分析表

工程名称：××办公楼

序号	项目名称	定额编号	工程内容	单位	数量	人工工日（工日）								
						单数	合数							
			土方工程											
1	平整场地	ZA1-8	平整场地	m^2	58.47	0.032	1.87							
2	挖基础土方	ZA1-4	挖土方	m^3	65.42	0.053	34.67							
		估	基底钎探	m^2	62.30	0.011	0.69							
3	基础土方回填	ZA1-11	基础土方回填	m^3	43.11	0.244	10.51							
	小计						17							
			砌筑工程			人工工日（工日）		砖（百块）		水泥砂浆（m^3）		水（m^3）		…
						单数	合数	单数	合数	单数	合数	单数	合数	
4	底层空心砖墙120mm厚	ZA3-1	砖基础	m^3	12.53	1.12	14.03	5.236	65.61	0.236	2.96	0.105	1.32	…
…	…	…	…	…	…		…	…	…	…	…	…	…	…

10.4 某办公楼造价实例配套施工图

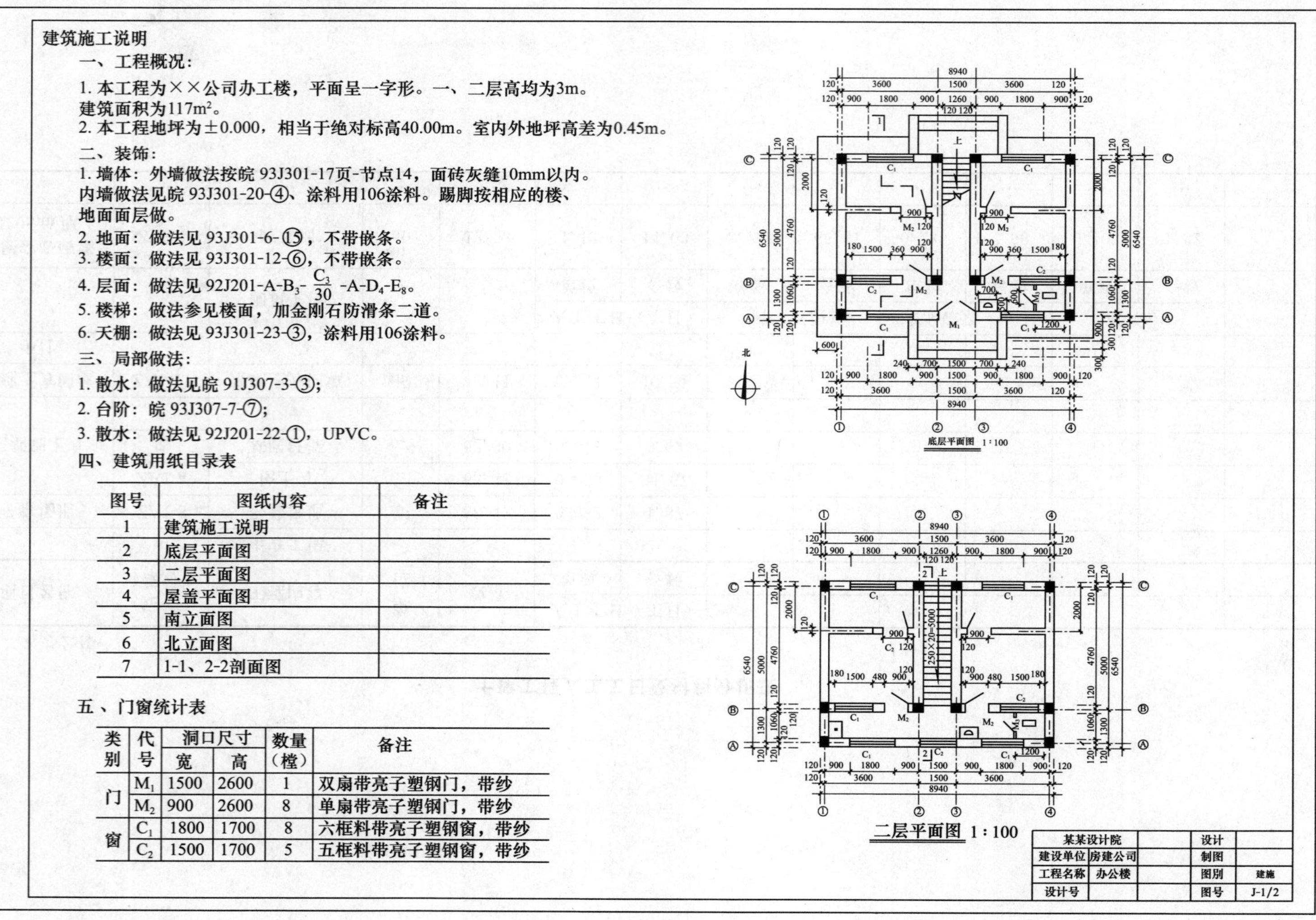

建筑施工说明

一、工程概况：

1. 本工程为××公司办工楼，平面呈一字形。一、二层高均为3m。建筑面积为117m²。
2. 本工程地坪为±0.000，相当于绝对标高40.00m。室内外地坪高差为0.45m。

二、装饰：

1. 墙体：外墙做法按皖 93J301-17页-节点14，面砖灰缝10mm以内。内墙做法见皖 93J301-20-④、涂料用106涂料。踢脚按相应的楼、地面面层做。
2. 地面：做法见 93J301-6-⑮，不带嵌条。
3. 楼面：做法见 93J301-12-⑥，不带嵌条。
4. 层面：做法见 92J201-A-B_3-$\frac{C_3}{30}$-A-D_4-E_8。
5. 楼梯：做法参见楼面，加金刚石防滑条二道。
6. 天棚：做法见 93J301-23-③，涂料用106涂料。

三、局部做法：

1. 散水：做法见皖 91J307-3-③；
2. 台阶：皖 93J307-7-⑦；
3. 散水：做法见 92J201-22-①，UPVC。

四、建筑用纸目录表

图号	图纸内容	备注
1	建筑施工说明	
2	底层平面图	
3	二层平面图	
4	屋盖平面图	
5	南立面图	
6	北立面图	
7	1-1、2-2剖面图	

五、门窗统计表

类别	代号	洞口尺寸 宽	洞口尺寸 高	数量（樘）	备注
门	M_1	1500	2600	1	双扇带亮子塑钢门，带纱
门	M_2	900	2600	8	单扇带亮子塑钢门，带纱
窗	C_1	1800	1700	8	六框料带亮子塑钢窗，带纱
窗	C_2	1500	1700	5	五框料带亮子塑钢窗，带纱

底层平面图 1:100

二层平面图 1:100

某某设计院		设计	
建设单位	房建公司	制图	
工程名称	办公楼	图别	建施
设计号		图号	J-1/2

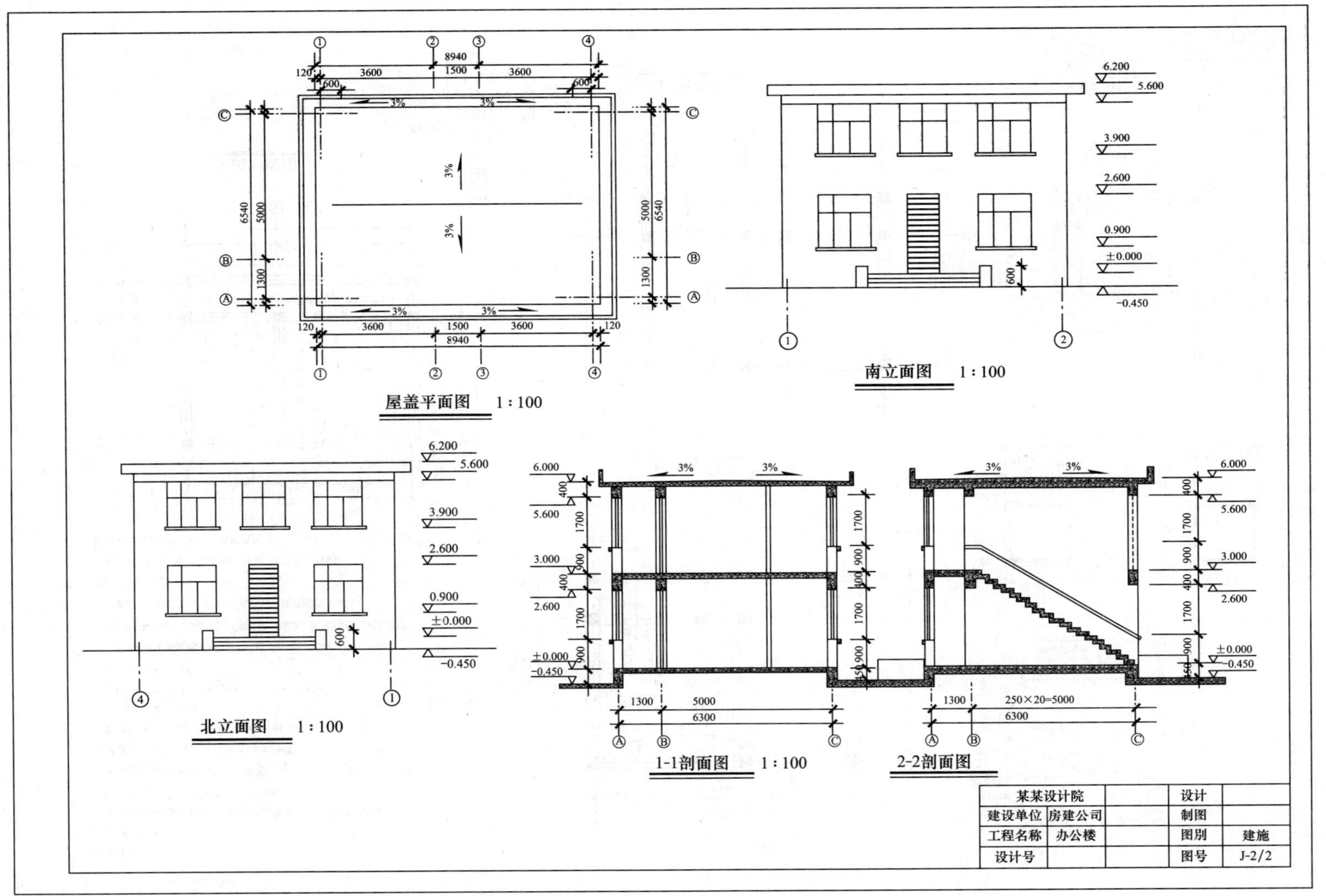
屋盖平面图　1∶100
南立面图　1∶100
北立面图　1∶100
1-1剖面图　1∶100
2-2剖面图
250×20=5000
某某设计院
建设单位　房建公司
工程名称　办公楼
设计号
设计
制图
图别　建施
图号　J-2/2

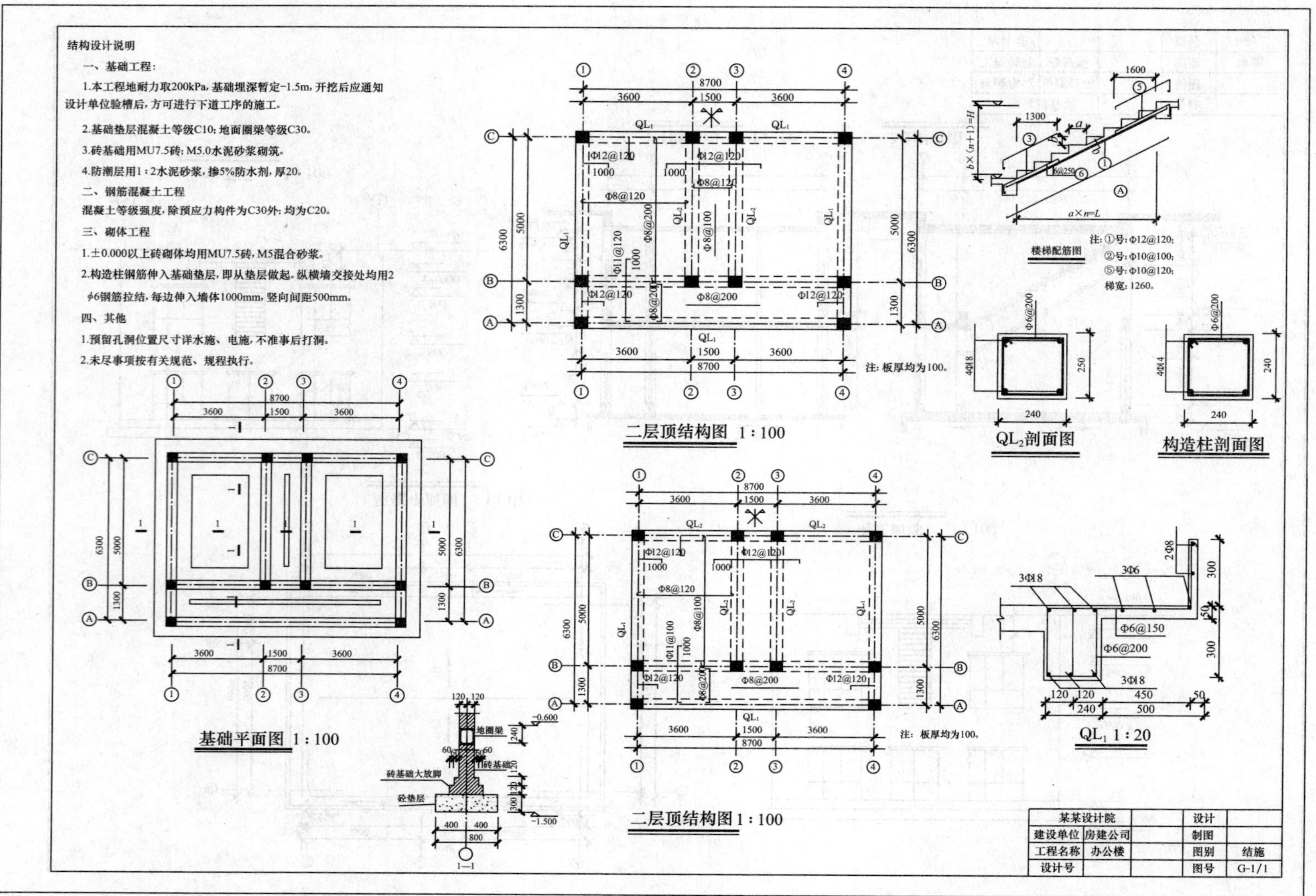
结构设计说明
一、基础工程:
1.本工程地耐力取200kPa,基础埋深暂定-1.5m,开挖后应通知设计单位验槽后,方可进行下道工序的施工。
2.基础垫层混凝土等级C10;地面圈梁等级C30。
3.砖基础用MU7.5砖;M5.0水泥砂浆砌筑。
4.防潮层用1:2水泥砂浆,掺5%防水剂,厚20。
二、钢筋混凝土工程
混凝土等级强度,除预应力构件为C30外;均为C20。
三、砌体工程
1.±0.000以上砖砌体均用MU7.5砖,M5混合砂浆。
2.构造柱钢筋伸入基础垫层,即从垫层做起。纵横墙交接处均用2φ6钢筋拉结,每边伸入墙体1000mm,竖向间距500mm。
四、其他
1.预留孔洞位置尺寸详水施、电施,不准事后打洞。
2.未尽事项按有关规范、规程执行。
二层顶结构图 1:100
注:板厚均为100。
楼梯配筋图
注:①号:Φ12@120;
②号:Φ10@100;
⑤号:Φ10@120;
梯宽:1260。
QL2剖面图
构造柱剖面图
基础平面图 1:100
地圈梁
砖基础
砖基础大放脚
砼垫层
1—1
二层顶结构图 1:100
注:板厚均为100。
QL1 1:20
某某设计院
建设单位 房建公司
工程名称 办公楼
设计号
设计
制图
图别 结施
图号 G-1/1

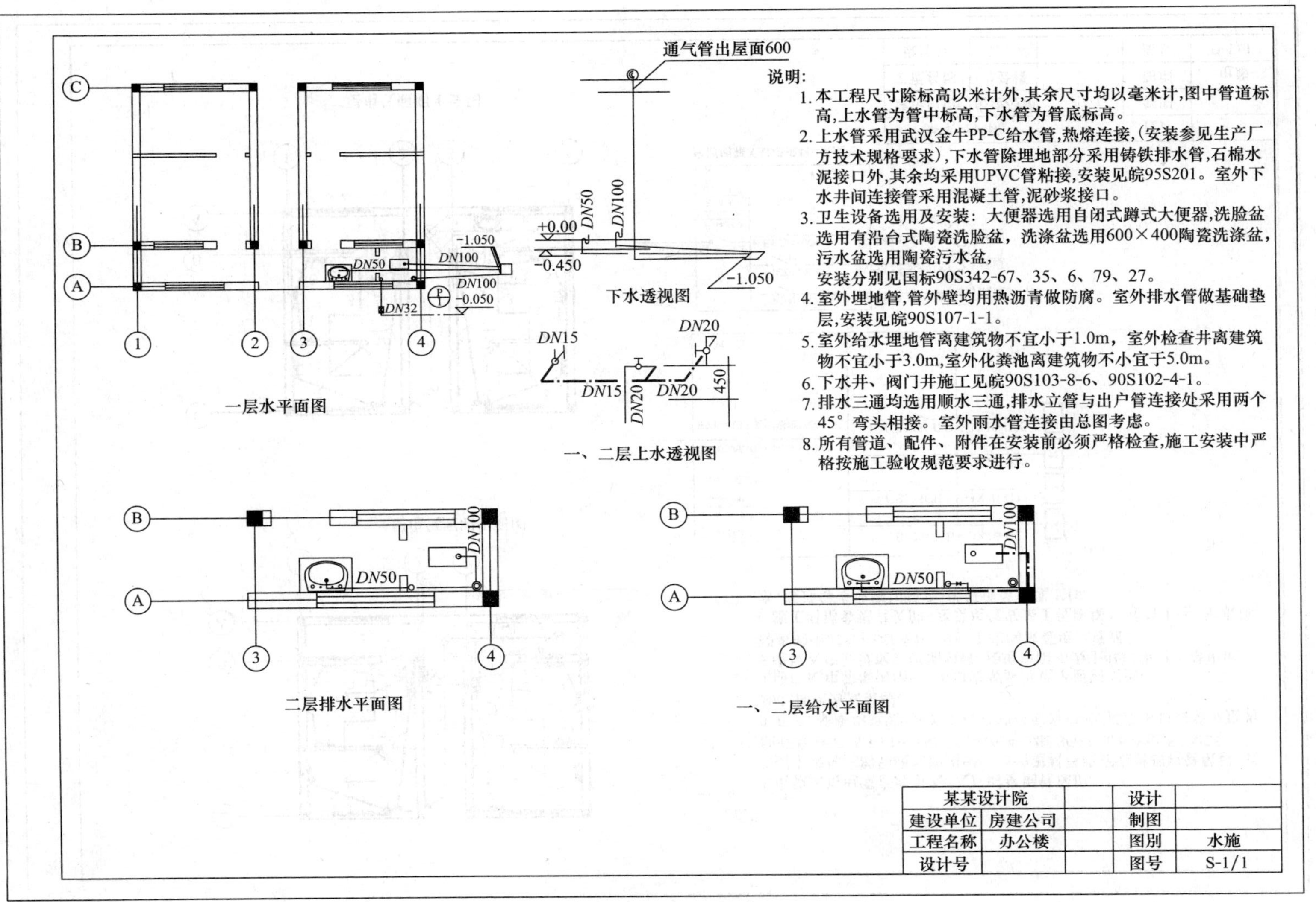
通气管出屋面600
说明:
1. 本工程尺寸除标高以米计外,其余尺寸均以毫米计,图中管道标高,上水管为管中标高,下水管为管底标高。
2. 上水管采用武汉金牛PP-C给水管,热熔连接,(安装参见生产厂方技术规格要求),下水管除埋地部分采用铸铁排水管,石棉水泥接口外,其余均采用UPVC管粘接,安装见皖95S201。室外下水井间连接管采用混凝土管,泥砂浆接口。
3. 卫生设备选用及安装：大便器选用自闭式蹲式大便器,洗脸盆选用有沿台式陶瓷洗脸盆，洗涤盆选用600×400陶瓷洗涤盆，污水盆选用陶瓷污水盆,
安装分别见国标90S342-67、35、6、79、27。
4. 室外埋地管,管外壁均用热沥青做防腐。室外排水管做基础垫层,安装见皖90S107-1-1。
5. 室外给水埋地管离建筑物不宜小于1.0m，室外检查井离建筑物不宜小于3.0m,室外化粪池离建筑物不小宜于5.0m。
6. 下水井、阀门井施工见皖90S103-8-6、90S102-4-1。
7. 排水三通均选用顺水三通,排水立管与出户管连接处采用两个45°弯头相接。室外雨水管连接由总图考虑。
8. 所有管道、配件、附件在安装前必须严格检查,施工安装中严格按施工验收规范要求进行。
C
B
A
1
2
3
4
-1.050
DN100
DN50
DN100
-0.050
DN32
一层水平面图
+0.00
-0.450
DN50
DN100
-1.050
下水透视图
DN15
DN20
DN15
DN20
DN20
450
一、二层上水透视图
DN100
DN50
二层排水平面图
DN100
DN50
一、二层给水平面图
某某设计院
建设单位　房建公司
工程名称　办公楼
设计号
设计
制图
图别　水施
图号　S-1/1

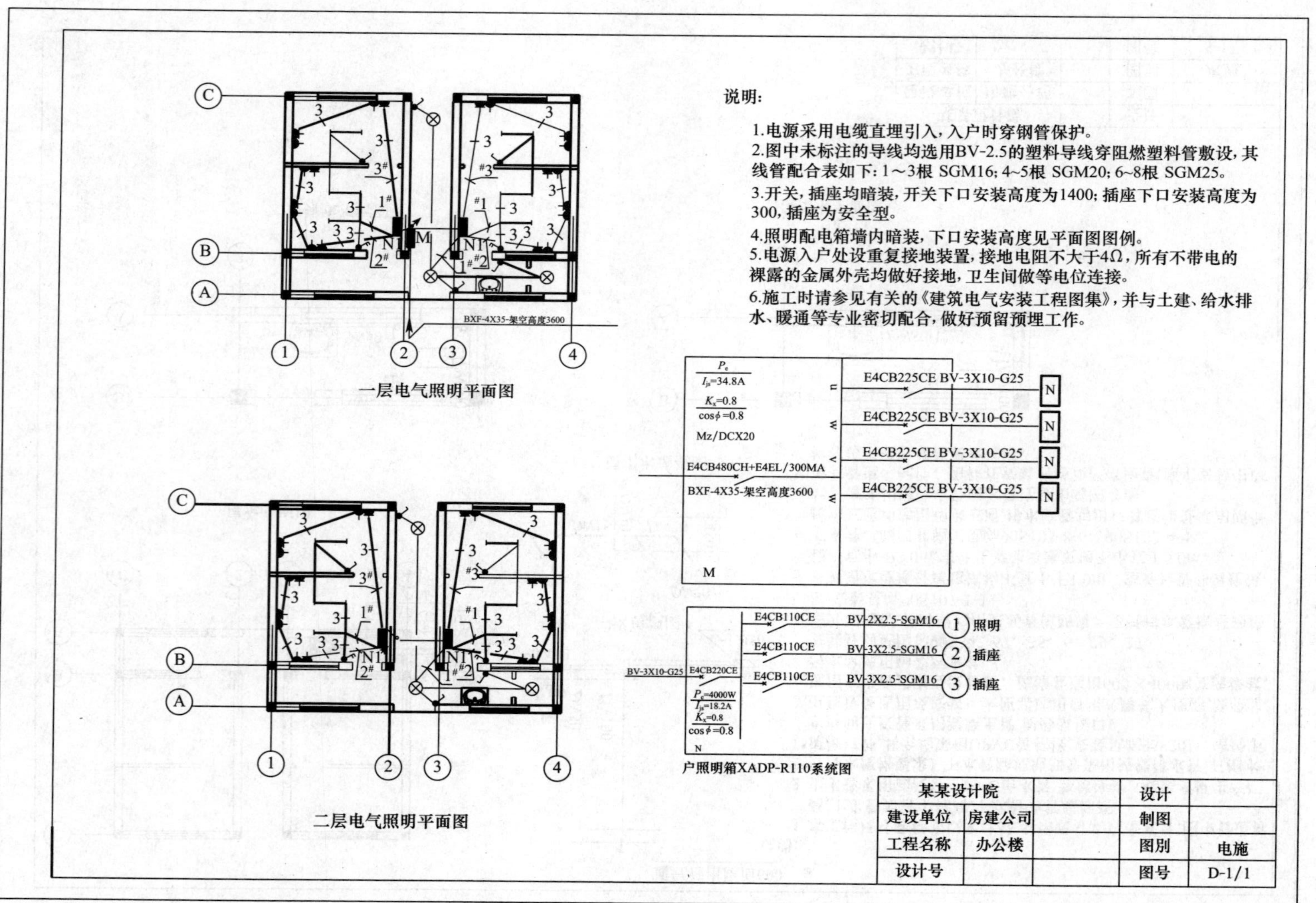
说明:
1.电源采用电缆直埋引入,入户时穿钢管保护。
2.图中未标注的导线均选用BV-2.5的塑料导线穿阻燃塑料管敷设,其线管配合表如下:1～3根 SGM16; 4～5根 SGM20; 6～8根 SGM25。
3.开关,插座均暗装,开关下口安装高度为1400;插座下口安装高度为300,插座为安全型。
4.照明配电箱墙内暗装,下口安装高度见平面图图例。
5.电源入户处设重复接地装置,接地电阻不大于4Ω,所有不带电的裸露的金属外壳均做好接地,卫生间做等电位连接。
6.施工时请参见有关的《建筑电气安装工程图集》,并与土建、给水排水、暖通等专业密切配合,做好预留预埋工作。
BXF-4X35-架空高度3600
一层电气照明平面图
二层电气照明平面图
Pe
Ijs=34.8A
Kx=0.8
cosϕ=0.8
Mz/DCX20
E4CB480CH+E4EL/300MA
BXF-4X35-架空高度3600
M
u
w
v
w
E4CB225CE BV-3X10-G25
E4CB225CE BV-3X10-G25
E4CB225CE BV-3X10-G25
E4CB225CE BV-3X10-G25
N
BV-3X10-G25
E4CB220CE
Pe=4000W
Ijs=18.2A
Kx=0.8
cosϕ=0.8
E4CB110CE
E4CB110CE
E4CB110CE
BV-2X2.5-SGM16
BV-3X2.5-SGM16
BV-3X2.5-SGM16
1 照明
2 插座
3 插座
户照明箱XADP-R110系统图
某某设计院
建设单位
房建公司
工程名称
办公楼
设计号
设计
制图
图别
电施
图号
D-1/1

附录　常用造价基本资料

附录1　标准砖等高式砖基础大放脚折加高度与增加断面积表

标准砖等高式砖基础大放脚折加高度与增加断面积　　**附表1**

放脚层数	折加高度（mm）						增加断面积（m^2）
	$\frac{1}{2}$砖（0.115）	1砖（0.24）	$1\frac{1}{2}$砖（0.365）	2砖（0.49）	$2\frac{1}{2}$砖（0.615）	3砖（0.74）	
一	0.137	0.066	0.043	0.032	0.026	0.021	0.01575
二	0.411	0.197	0.129	0.096	0.077	0.064	0.04725
三	0.822	0.394	0.259	0.193	0.154	0.128	0.0945
四	1.369	0.656	0.432	0.321	0.259	0.213	0.1575
五	2.054	0.984	0.647	0.482	0.384	0.319	0.2363
六	2.876	1.378	0.906	0.675	0.538	0.447	0.3308
七		1.838	1.208	0.900	0.717	0.596	0.4410
八		2.363	1.553	1.157	0.922	0.766	0.5670
九		2.953	1.742	1.447	1.153	0.958	0.7088
十		3.609	2.372	1.768	1.409	1.171	0.8663

注：1. 本表按标准砖双面放脚，每层等高12.6cm（二皮砖，二灰缝）砌出6.25cm计算。

2. 本表折加墙基高度的计算，以240mm×115mm×53mm标准砖、1cm灰缝及双面大放脚为准。

3. 折加高度（m）$=\frac{\text{放脚断面积（m}^2\text{）}}{\text{墙厚（m）}}$。

4. 采用折加高度数字时，取两位小数，第三位以后四舍五入。采用增加断面数字时，取三位小数，第四位以后四舍五入。

附录2　标准砖不等高式砖基础大放脚折加高度与增加断面积表

标准砖不等高式砖基础大放脚折加高度与增加断面积　　**附表2**

放脚层数	折加高度（mm）						增加断面积（m^2）
	$\frac{1}{2}$砖（0.115）	1砖（0.24）	$1\frac{1}{2}$砖（0.365）	2砖（0.49）	$2\frac{1}{2}$砖（0.615）	3砖（0.74）	
一	0.137	0.066	0.043	0.032	0.026	0.021	0.0158
二	0.343	0.164	0.108	0.080	0.064	0.053	0.0394
三	0.685	0.320	0.216	0.161	0.128	0.106	0.0788
四	1.096	0.525	0.345	0.257	0.205	0.170	0.1260
五	1.643	0.788	0.518	0.386	0.307	0.255	0.1890
六	2.260	1.083	0.712	0.530	0.423	0.331	0.2597
七		1.444	0.949	0.707	0.563	0.468	0.3465

续表

放脚层数	折加高度（mm）						增加断面积（m^2）
	$\frac{1}{2}$砖（0.115）	1砖（0.24）	$1\frac{1}{2}$砖（0.365）	2砖（0.49）	$2\frac{1}{2}$砖（0.615）	3砖（0.74）	
八			1.208	0.900	0.717	0.596	0.4410
九				1.125	0.896	0.745	0.5513
十					1.088	0.905	0.6694

注：1. 本表适用于间隔式砖墙基大放脚（即底层为二皮开始高 12.6cm，上层为一皮砖高 6.3cm，每边每层砌出 6.25cm。）

2. 本表折加墙基高度的计算，以 240mm×115mm×53mm 标准砖、1cm 灰缝及双面大放脚为准。

3. 折加高度（m）$=\frac{\text{放脚断面积（m}^2\text{）}}{\text{墙厚（m）}}$。

附录 3　常用钢筋种类、符号和强度标准值表

常用钢筋种类、符号和强度标准值　　附表 3

种类		符号	直径（mm）	强度标准值（N/mm^2）
热轧钢筋	HPB300（Q235）（或 HPB235）	Φ	6～22	235
	HRB335（20MnSi）	Φ	6～50	335
	HRB400（20MnSiV、20MnSiNb、20MnTi）	Φ	6～50	400
	RRB400（K20MnSi）	$Φ^R$	8～40	400

附录 4　常用金属材料密度表

常用金属材料密度　　附表 4

名称	密度（g/cm^3）	名称	密度（g/cm^3）
银	10.49	铅	11.34
铝	2.7	铁	7.87
金	19.3	钢材	7.85
铜	8.9	不锈钢	7.64～8.10，平均 7.87

附录 5　圆钢、方钢重量表

圆钢、方钢重量　　附表 5

圆钢						方钢		
直径（mm）	截面积（mm^2）	重量（kg/m）	直径（mm）	截面积（mm^2）	重量（kg/m）	对边（mm）	截面积（mm^2）	重量（kg/m）
4	12.60	0.099	18	254.50	2.000	7	49	0.39

附录 6 槽钢重量表

槽钢重量 附表 6

号数	高	腿长	腹厚	重量（kg/m）
	(mm)			
5	50	37	4.5	5.44
6.5	65	40	4.8	6.70
8	80	43	5.0	8.04
10	100	48	5.3	10.00
12	120	53	5.5	12.06
14A 14B	140	58 60	6.0 8.0	14.53 16.73
16A 16B	160	63 65	6.5 8.5	17.23 19.74
18A 18B	180	68 70	7.0 9.0	20.17 22.99
20A 20B	200	73 75	7.0 9.0	22.63 25.77
22A 22B	220	77 73	7.0 9.0	24.99 28.45

附录 7 六角钢重量表

六角钢理论重量 附表 7

序号	内切圆直径（mm）	断面面积（cm^2）	理论重量（kg/m）
1	8	0.5542	0.435
2	9	0.7015	0.551
3	10	0.866	0.680
4	11	1.048	0.823
5	12	1.247	0.979
6	13	1.463	1.15
7	14	1.697	1.33
8	15	1.948	1.53
9	16	2.217	1.74
10	17	2.490	1.96
11	18	2.806	2.20

续表

序号	内切圆直径（mm）	断面面积（cm^2）	理论重量（kg/m）
12	19	3.126	2.45
13	20	3.464	2.72
14	21	3.822	3.00
15	22	4.191	3.29
16	23	4.581	3.59
17	24	4.993	3.92
18	25	5.412	4.25
19	26	5.847	4.59
20	27	6.313	4.96
21	28	6.790	5.33
22	30	7.794	6.12
23	32	8.868	6.96
24	34	10.010	7.86
25	36	11.220	8.81
26	38	12.510	9.82
27	40	13.860	10.88
28	42	15.270	11.99
29	45	17.540	13.77
30	48	20.000	15.66

附录 8 轻型槽钢重量表

轻型槽钢重量 **附表 8**

号数	高	腿长	腹厚	重量（kg/m）
	(mm)			
5	50	32	4.4	4.84
6.5	65	36	4.4	5.9
8	80	40	4.5	7.05
10	100	46	4.5	8.59
12	120	52	4.8	10.4
14A	140	58	4.9	12.3
14B	140	62	4.9	13.3
16A	160	64	5.0	14.2
16B	160	68	5.0	15.3
18A	180	70	5.1	16.3
18B	180	74	5.1	17.4

续表

号数	高	腿长	腹厚	重量（kg/m）
	(mm)			
20A 20B	200 200	76 80	5.2 5.2	18.4 19.8
22A 22B	220 220	82 87	5.4 5.4	21.0 22.6
24A 24B	240 240	90 95	5.6 5.6	24.0 25.8
27	270	95	6.0	27.7
30	300	100	6.5	31.8
33	330	105	7.0	36.5
36	360	110	7.5	41.9
40	400	115	8.0	48.3

注：工字钢槽钢钢号后面带有 A、B 的表示腿宽和腹厚不同。

附录 9　镀锌钢管重量表

镀锌钢管重量　　　　**附表 9**

规格型号	公称口径（mm）	壁厚（mm）	每米重量（kg）
*DN*15	15	2.75	1.33
*DN*20	20	2.75	1.73
*DN*25	25	3.25	2.57
*DN*32	32	3.25	3.32
*DN*40	40	3.5	4.07
*DN*50	50	3.5	5.17
*DN*70	70	3.75	7.04
*DN*80	80	4	8.84
*DN*100	100	4	11.50
*DN*125	125	4.5	16.85
*DN*150	150	4.5	22.29

注：镀锌后的钢管重量按钢管重量加 6%。

附录 10　焊接钢管重量表

焊接钢管重量　　　　**附表 10**

规格型号	内径（mm）	外径（mm）	壁厚（mm）	理论重量（kg/m）	加厚钢管壁厚（mm）	加厚理论重量（kg/m）
*DN*15	15	21.25	2.75	1.25	3.25	1.44
*DN*20	20	26.75	2.75	1.63	3.50	2.01
*DN*25	25	33.50	3.25	2.42	4.00	2.91

续表

规格型号	内径（mm）	外径（mm）	壁厚（mm）	理论重量（kg/m）	加厚钢管壁厚（mm）	加厚理论重量（kg/m）
*DN*32	32	42.25	3.25	3.13	4.00	3.77
*DN*40	40	48.00	3.50	3.84	4.25	4.58
*DN*50	50	60.00	3.50	4.88	4.50	6.16
*DN*70	70	75.50	3.75	6.64	4.50	7.88
*DN*80	80	88.50	4.00	8.34	4.75	9.81
*DN*100	100	114.00	4.00	10.85	5.00	13.44
*DN*125	125	140.00	4.50	15.40	5.50	18.24
*DN*150	150	165.00	4.50	17.81	5.50	21.63

参考文献

[1] 中华人民共和国住房和城乡建设部. GB/T 50001—2010 房屋建筑制图统一标准. 北京：中国建筑工业出版社，2011

[2] 中华人民共和国住房和城乡建设部. GB/T 50103—2010 总图制图标准. 北京：中国计划出版社，2011

[3] 中华人民共和国住房和城乡建设部. GB/T 50104—2010 建筑制图标准. 北京：中国计划出版社，2011

[4] 中华人民共和国住房和城乡建设部. GB/T 50105—2010 建筑结构制图标准. 北京：中国建筑工业出版社，2011

[5] 中华人民共和国住房和城乡建设部. GB/T 50106—2010 建筑给水排水制图标准. 北京：中国建筑工业出版社，2011

[6] 中华人民共和国住房和城乡建设部. GB 50010—2010 混凝土结构设计规范. 北京：中国建筑工业出版社，2011

[7] 中国标准出版社编. 电气简图用图形符号国家标准汇编. 北京：中国标准出版社，2011

[8] 中国建筑标准设计研究院. 01G101—1 混凝土结构施工图平面整体表示方法制图规则和构造详图. 北京：中国计划版社，2006

[9] 中华人民共和国住房和城乡建设部. GB/T 4728. 11—2008 电气简图用图形符号　第 11 部分：建筑安装平面布置图. 北京：中国标准出版社，2008

[10] 中华人民共和国住房和城乡建设部. GB 50500—2013 建设工程工程量清单计价规范. 北京：中国计划出版社，2013

[11] 中华人民共和国住房和城乡建设部. GB 50854—2013 房屋建筑与装饰工程工程量计算规范. 北京：中国计划出版社，2013

[12] 中华人民共和国住房和城乡建设部. GB 50856—2013 通用安装工程工程量计算规范. 北京：中国计划出版社，2013